AutoUni – Schriftenreihe

Band 132

Reihe herausgegeben von/Edited by
Volkswagen Aktiengesellschaft
AutoUni

Die Volkswagen AutoUni bietet Wissenschaftlern und Promovierenden des Volkswagen Konzerns die Möglichkeit, ihre Forschungsergebnisse in Form von Monographien und Dissertationen im Rahmen der „AutoUni Schriftenreihe" kostenfrei zu veröffentlichen. Die AutoUni ist eine international tätige wissenschaftliche Einrichtung des Konzerns, die durch Forschung und Lehre aktuelles mobilitätsbezogenes Wissen auf Hochschulniveau erzeugt und vermittelt.

Die neun Institute der AutoUni decken das Fachwissen der unterschiedlichen Geschäftsbereiche ab, welches für den Erfolg des Volkswagen Konzerns unabdingbar ist. Im Fokus steht dabei die Schaffung und Verankerung von neuem Wissen und die Förderung des Wissensaustausches. Zusätzlich zu der fachlichen Weiterbildung und Vertiefung von Kompetenzen der Konzernangehörigen fördert und unterstützt die AutoUni als Partner die Doktorandinnen und Doktoranden von Volkswagen auf ihrem Weg zu einer erfolgreichen Promotion durch vielfältige Angebote – die Veröffentlichung der Dissertationen ist eines davon. Über die Veröffentlichung in der AutoUni Schriftenreihe werden die Resultate nicht nur für alle Konzernangehörigen, sondern auch für die Öffentlichkeit zugänglich.

The Volkswagen AutoUni offers scientists and PhD students of the Volkswagen Group the opportunity to publish their scientific results as monographs or doctor's theses within the "AutoUni Schriftenreihe" free of cost. The AutoUni is an international scientific educational institution of the Volkswagen Group Academy, which produces and disseminates current mobility-related knowledge through its research and tailor-made further education courses. The AutoUni's nine institutes cover the expertise of the different business units, which is indispensable for the success of the Volkswagen Group. The focus lies on the creation, anchorage and transfer of knew knowledge.

In addition to the professional expert training and the development of specialized skills and knowledge of the Volkswagen Group members, the AutoUni supports and accompanies the PhD students on their way to successful graduation through a variety of offerings. The publication of the doctor's theses is one of such offers. The publication within the AutoUni Schriftenreihe makes the results accessible to all Volkswagen Group members as well as to the public.

Reihe herausgegeben von/Edited by
Volkswagen Aktiengesellschaft
AutoUni
Brieffach 1231
D-38436 Wolfsburg
http://www.autouni.de

Weitere Bände in der Reihe http://www.springer.com/series/15136

Johanna Sandbrink

Gestaltungspotenziale für Infotainment-Darstellungen im Fahrzeug

Wie Komplexität, Displayposition und stereoskopisches 3D die Wahrnehmung und Fahrleistung bestimmen

 Springer

Johanna Sandbrink
AutoUni
Wolfsburg, Deutschland

Zugl.: Dissertation an der Technischen Universität Braunschweig, Fakultät für Lebenswissenschaften, 2018

Die Ergebnisse, Meinungen und Schlüsse der im Rahmen der AutoUni – Schriftenreihe veröffentlichten Doktorarbeiten sind allein die der Doktorandinnen und Doktoranden.

AutoUni – Schriftenreihe
ISBN 978-3-658-23941-1   ISBN 978-3-658-23942-8   (eBook)
https://doi.org/10.1007/978-3-658-23942-8

Die Deutsche Nationalbibliothek verzeichnet diese Publikation in der Deutschen National-bibliografie; detaillierte bibliografische Daten sind im Internet über http://dnb.d-nb.de abrufbar.

Springer ist ein Imprint der eingetragenen Gesellschaft Springer Fachmedien Wiesbaden GmbH und ist ein Teil von Springer Nature
Die Anschrift der Gesellschaft ist: Abraham-Lincoln-Str. 46, 65189 Wiesbaden, Germany

Gestaltungspotenziale für Infotainment-Darstellungen im Fahrzeug –

Wie Komplexität, Displayposition und stereoskopisches 3D die Wahrnehmung und Fahrleistung bestimmen

Von der Fakultät für Lebenswissenschaften

der Technischen Universität Carolo-Wilhelmina zu Braunschweig

zur Erlangung des Grades

einer Doktorin der Naturwissenschaften

(Dr. rer. nat)

genehmigte

Dissertation

von Johanna Sandbrink
aus Göttingen

1. Referent: Professor Dr. Mark Vollrath
2. Referent: Professor Dr. Josef F. Krems
eingereicht am: 19.02.2018
mündliche Prüfung (Disputation) am: 25.04.2018

Druckjahr 2018
Dissertation an der Technischen Universität Braunschweig,
Fakultät für Lebenswissenschaften

Vorveröffentlichungen der Dissertation

Teilergebnisse aus dieser Arbeit wurden mit Genehmigung der Fakultät für Lebenswissenschaften, vertreten durch den Mentor der Arbeit, in folgenden Beiträgen vorab veröffentlicht:

Tagungsbeiträge

Sandbrink, J., Rhede, J. & Vollrath, M. (2017). Der Einfluss von Displayposition und Anzeigenkomplexität auf die Fahraufgabe. Vortrag präsentiert auf dem 2. Kongress der Fachgruppe Verkehrspsychologie. Immer mehr Technik – von Smartphone zu Automaten, Februar 2017, Bergisch Gladbach.

Sandbrink, J., Rhede, J., Vollrath, M. & Flehmer, F. (2017). 3D-Displays – Das ungenutzte Potential? Die Wahrnehmung von stereoskopischen Informationen im Fahrzeug. In VDI Wissensforum (Hrsg.), Der Fahrer im 21. Jahrhundert – Der Mensch im Fokus technischer Innovationen (S. 153 - 164). Düsseldorf: VDI Verlag GmbH.

Danksagung

Diese Arbeit ist während meiner Tätigkeit als Doktorandin in der Konzernforschung der Volkswagen AG in den Jahren 2014 bis 2017 entstanden. In dieser Zeit bin ich vielen Menschen begegnet, die mich unterstützt und die Dissertation mitgestaltet haben. Ihnen allen möchte ich danken.

Ein besonderer Dank geht an meinen Doktorvater Prof. Dr. Mark Vollrath für seine fachliche Unterstützung, die jederzeit offenstehende Tür und seine interessierte und fundierte Betreuung. Ebenso danken möchte ich Prof. Dr. Josef Krems für die Übernahme der Zweitprüfung sowie Prof. Dr. Simone Kauffeld für die Übernahme des Prüfungsvorsitzes.

Meinen Vorgesetzten in der Abteilung Bedienkonzepte und Fahrer danke ich herzlich dafür, mir dieses hochinteressante Thema anvertraut und Freiräume für die Ausgestaltung eingeräumt zu haben. Ihr entgegengebrachtes Vertrauen und ihre Wertschätzung meiner Arbeit haben mich stets bestärkt.

Außerordentlich danken möchte ich meinem fachlichen Betreuer für seine allgegenwärtige Unterstützung. Seine wertvollen und wegweisenden Ideen und Anregungen sowie sein bemerkenswerter Wissensschatz haben wesentlich zur Erstellung dieser Arbeit beigetragen. Unsere zahlreichen Gespräche auf fachlicher und persönlicher Ebene werden mir immer als bereichernder Austausch in Erinnerung bleiben.

Neben ihm haben auch viele weitere Kollegen in der Abteilung immer ein offenes Ohr und unkomplizierte Unterstützung angeboten. Es war mir eine große Freude mit euch zu arbeiten. Großer Dank gilt auch meinen Studentinnen und Studenten, die mit viel Motivation und Kompetenz die Studien begleitet haben und sie durch ihre engagierte Grafikerstellung ermöglichten.

Besonders dazu beigetragen, dass ich gerne an meine Doktorandenzeit zurückdenke, hat unsere Doktorandenrunde. Ich danke euch für jede fachliche, methodische und informative Diskussion ebenso wie für die schönen persönlichen und ablenkenden Gespräche. Danke auch an meine Freunde, die immer Interesse und Verständnis gezeigt haben und gelinde gesagt dafür sorgten, dass ich oft genug die Arbeit aus dem Kopf bekam. Ganz besonders möchte ich meinem Freund danken, der mich darüber hinaus auch in den richtigen Momenten zu motivieren wusste.

Zuletzt und von ganzem Herzen möchte ich meiner Familie danken, die mich bei allen meinen Plänen unterstützt hat und mir immer ihr vorbehaltloses Vertrauen zeigt.

Johanna Sandbrink

Zusammenfassung

Die Verfügbarkeit von Informationen nimmt im Alltag stetig zu, wobei der Wunsch, diese jederzeit abrufen zu können, nicht nur außerhalb des Fahrzeugs existiert. Wenn Autofahrer während der Fahrt auf Informationen zugreifen möchten, steht dies jedoch häufig in Konkurrenz zur Fahraufgabe. Besonders die Nutzung von Mobile Devices stellt dabei ein Ablenkungspotenzial dar. Dadurch entsteht die Herausforderung, dem Fahrer den Zugriff auf eine steigende Anzahl von Funktionen zu ermöglichen und gleichzeitig die Fahrsicherheit zu gewährleisten.

Gegenstand dieser Arbeit ist die Identifikation von Gestaltungspotenzialen, mit denen die visuelle Darstellung von Infotainment-Anzeigen im Fahrzeug verbessert werden kann, um Fahrern den Zugriff auf erweiterte visuelle Informationen, Kommunikation und Unterhaltung während der manuellen Fahrt auf sichere Art und Weise zu ermöglichen. Um dem Ziel der weitgehend ablenkungsfreien visuellen Darstellung näher zu kommen, werden zur Analyse der Ausgangslage zunächst die Fahrerbedürfnisse mit einer Onlinestudie erhoben. Aufgrund der vielfältigen Arten von gewünschten Funktionen (u. a. Messaging, Telefonieren) erfolgen die anschließenden Untersuchungen jeweils für Texte, Listen und grafische Anzeigen mit unterschiedlichen Komplexitäten. Deren Auswirkungen werden zunächst im Zusammenhang mit verschiedenen Displaypositionen im Fahrzeug untersucht. Dabei liegt der Fokus auf einer möglichst umfassenden Erhebung der Effekte während einer Realfahrt, um die Einflüsse auf den Fahrer und sein Fahrverhalten zu bestimmen. Aus diesem Grund werden das Blickverhalten, die Umfeldwahrnehmung, die Quer- und Längsführung sowie die Aufgabenbearbeitung und subjektive Daten ausgewertet. Als zusätzliche Gestaltungsmöglichkeit wird die Nutzung von autostereoskopischen Displays zur Tiefenstaffelung von Anzeigeinhalten betrachtet. Zur Bestimmung der Vor- und Nachteile von dreidimensionalen Anzeigen im Fahrzeug wird die Wahrnehmung von Anzeigen mit binokularen Tiefenreizen im Vergleich zu zweidimensionalen Anzeigen sowohl im stehenden Szenario als auch während der Fahrt untersucht.

Aus den Erkenntnissen der Studien lässt sich ableiten, dass eine Integration von erweiterten Infotainment-Anzeigen in das gesamte HMI-Konzept erfolgen sollte, um den wachsenden Wunsch der Fahrer nach Infotainment-Funktionen zu erfüllen. Zur Anzeige dieser Funktionen sollte besonders die Verwendung von Head-up-Displays stärker in Betracht gezogen werden, weil dieses dem Fahrer ermöglicht, Informationen komfortabler abzulesen und die Fahrleistung verbessern kann. Für Head-down-Displays empfiehlt sich eine Ausrichtung an der vertikalen Sichtachse des Fahrers. Die Ergebnisse zeigen auf, dass ein horizontaler Versatz hin zur Mittelkonsole das Beanspruchungsempfinden der Fahrer und die Fahrleistung stärker beeinflusst als der vertikale Versatz des Kombiinstrumentes. Darüber hinaus belegen die zentralen Ergebnisse der Studien zu dreidimensionalen Anzeigen, dass stereoskopische Tiefenreize die Informationsaufnahme des Fahrers während der Fahrzeugführung unterstützen. Die Tiefenstaffelung ermöglicht eine fehlerfreiere Erfassung von Anzeigen bei deutlich verringerten Blickzuwendungen. Insgesamt stellt die stereoskopische Tiefenstaffelung einen effektiven Parameter für die Gestaltung von Anzeigen im Fahrzeug dar, der dezent integrierbar ist und keine negativen Effekte auf das Fahren oder den Komfort des Fahrers bewirkt. Stattdessen kann durch Reduzierung der benötigten Blickabwendungszeiten ein entscheidender Beitrag für die Fahrsicherheit geleistet werden.

Abstract

The availability of information in everyday life is steadily increasing, whereby the need for information is likewise true in the context of driving. Drivers want to access information during their trip, which often interferes with the driving task. Especially, the use of mobile devices implies a risk concerning driver's distraction. This leads to the challenge of providing access to an increasing number of functions while simultaneously ensuring driving safety.

Subject of this thesis is the identification of visual design potentials in order to satisfy the driver's needs towards information gathering and entertainment in a save way, by improving the illustration of infotainment. To achieve the goal of providing information without distracting the driver, an initial situation analysis of the driver's needs regarding information and function were conducted in an online study. Due to the diversity of desired notifications (e.g. messaging, calling) the following studies are carried out for texts, lists and graphical illustrations in different complexities. Initially, their effects were examined in combination with different display positions. To determine the influence on the driver and his driving behavior, the study focused on an almost holistic assessment in a real driving situation. For this reason, gaze behavior, perception of the environment, lateral and longitudinal driving performance, task performance, and subjective ratings have been evaluated. Additionally, autostereoscopic displays for the application of offsets in depth positioning were assessed. In order to determine the advantages of three-dimensional displays in a vehicle, information perception for binocular depth clues compared to two-dimensional illustrations are examined with a static scenario as well as in a real driving situation.

Results of the studies show that infotainment should be integrated into a holistic HMI concept to satisfy the driver's needs. Due to the facilitating effect in information acquisition, the use of the head-up-display should be placed special emphasis. Furthermore, this display enables a better perception of the surroundings and can enhance the driving performance. The position of head-down-displays should be aligned with the driver's vertical line of sight. Results show that a horizontal offset toward the center display affects subjective stress and driving performance more than a vertical offset of the instrument cluster. In addition, the main findings of the studies on three-dimensional displays show that stereoscopic depth stimuli support the driver's information recognition and enables precise and fast processing. Gaze duration is significantly reduced for illustrations with binocular depth clues, which can contribute to driving safety. Overall, offset in depth subtly applied, has no negative consequences for driving or comfort, supports information perception and therefore is an effective tool for designing vehicle HMIs.

Inhaltsverzeichnis

Abbildungsverzeichnis

Tabellenverzeichnis

Abkürzungsverzeichnis

AISS   Arnett Inventory of Sensation Seeking (Fragebogen)

AoI   Areas of Interest

BFI-K   Big Five Inventory – Kurzform (Fragebogen)

ESS   European Social Survey

FPK   Frei programmierbares Kombiinstrument

GEE   Generalized Estimation Equiation

HDD   Head-down-Display

HMI   Human Machine Interface

HUD   Head-up-Display

KUT   Kontrollüberzeugung im Umgang mit Technik (Fragebogen)

MFA   Multifunktionsanzeige

MLD   Multilayerdisplay

MMI   AUDI Mittelkonsolendisplay (Multi Media Interface)

NHTSA   National Highway Traffic Safety Administration

PDT   Peripheral Detection Task

PoI   Point of Interest

PVQ   Portrait Value Questionnaire

SEA   Skala zur Erfassung subjektiv erlebter Anstrengung

SRR   Steering Wheel Reversal Rate

1 Einleitung

Das Autofahren stellt eine komplexe Multitaskingaufgabe dar, da mehrere Aufgaben gleichzeitig zu bewältigen sind. Dennoch erleben Fahrer auch weniger beanspruchende Situationen, in denen sie nach Ablenkung suchen. Eine ablenkende Handlung, die in ihrer Häufigkeit zunimmt, stellt die Nutzung des Smartphones im Straßenverkehr dar (Caird, Johnston, Willness, Asbridge & Steel, 2014; Vollrath, Huemer, Teller, Likhacheva & Fricke, 2016). Gleichzeitig steigt die Anzahl an Unfällen. Im Jahr 2016 wurden 2,7 Prozent mehr Unfälle verzeichnet als im Vorjahr (Destatis, 2017).

Eine Analyse von Unfällen zeigt, dass bei vielen schweren Unfällen Fehlhandlungen aufgrund von Ablenkung und Unaufmerksamkeit als Ursache vorliegen (Vollrath, 2010). Laut Analysen von kontinuierlichen Beobachtungsstudien in Fahrzeugen, sogenannten Naturalistic Driving Studies, aus den USA, sind die Blicke von Fahrern kurz vor Unfällen zu einem großen Anteil auf Mobiltelefone gerichtet (Victor et al., 2014). Auch Studien in Deutschland belegen, dass die aktuell bedeutendste Ablenkung bei Autofahrern die Nutzung des Smartphones ist (Vollrath et al., 2016). Durch Kampagnen wie „BE SMART! Hände ans Steuer – Augen auf die Strasse!" (Mobil in Deutschland e.V., 2015) und „Tippen tötet" (Landesverkehrswacht Niedersachsen e.V., 2014) wird versucht dem Trend entgegen zu wirken. Bei den Fahrern soll ein Bewusstsein für das Risiko geschaffen werden, um deren Smartphonenutzung am Steuer zu reduzieren. Darüber hinaus setzt sich die Deutsche Verkehrswacht (2017) dafür ein, dass bei Wiederholungsfällen ein einmonatiges Fahrverbot im Gesetz verankert wird, um die rechtlichen Konsequenzen für das regelwidrige Verhalten zu erhöhen.

Es ist jedoch aufgrund der Verbreitung der Nutzung kaum damit zu rechnen, dass diese Maßnahmen alleine eine Verhaltensänderung bewirken, solange dem Fahrer keine Alternative geboten wird (McCartt, 2004; Rajalin, Summala, Pöysti, Anteroinen & Porter, 2005). Viele Organisationen und Automobilhersteller engagieren sich seit Jahren für die *Vision Zero*, nach der es in Zukunft keine Getöteten und Schwerverletzten im Straßenverkehr mehr geben soll. Mit Hilfe neuer Technologien für Fahrerassistenzsysteme (z. B. Spurhalte- oder Notbremssysteme) sollen Fahrer unterstützt und Unfälle vermieden werden (Volkswagen Aktiengesellschaft, 2016).

Auch für den Bereich der Smartphonenutzung wird durch die technische Integration ausgewählter Funktionen versucht, die Ablenkung durch diese Geräte zu reduzieren. So kann zum Beispiel durch eine Kopplung zwischen Fahrzeug und Smartphone per Sprachbedienung auf Telefonfunktionen zugegriffen werden, wodurch das reine Telefonieren relativ wenig Ablenkung und Risiko birgt (Fitch & Hanowski, 2011). Für neuere Funktionen, wie zum Beispiel das Lesen und Senden von Nachrichten über Messenger-Dienste, ist die ablenkungsfreie Anbindung aber eine noch größere Herausforderung. Selbst bei einer Erstellung der Texte per Spracheingabe wäre ein visuelles Feedback zur Kontrolle der Spracherkennung sinnvoll, wenn zum Beispiel Homophone enthalten sind. Es stellt sich also die Frage, ob es Gestaltungsmöglichkeiten für visuelle Informationen gibt, die

© Springer Fachmedien Wiesbaden GmbH, ein Teil von Springer Nature 2019
J. Sandbrink, *Gestaltungspotenziale für Infotainment-Darstellungen im Fahrzeug*,
AutoUni – Schriftenreihe 132, https://doi.org/10.1007/978-3-658-23942-8_1

den Fahrer weniger von der Fahraufgabe ablenken und deren Integration damit gegebenenfalls ein Sicherheitsgewinn wäre.

Bei der Betrachtung der Blickabwendung im Fahrzeug spielt die Position des betrachteten Objekts eine wichtige Rolle. Je nachdem auf welchen Punkt im Fahrzeug der Blick gerichtet ist, erlaubt das periphere Blickfeld eine bessere oder schlechtere Wahrnehmung der fahrrelevanten Umgebung (Lamble, Laakso & Summala, 1999; Wittmann et al., 2006). Deswegen werden bei der Gestaltung von Cockpits die Anzeigeelemente in der Regel möglichst nah am Blickfeld des Fahrers positioniert. Dabei muss darauf geachtet werden, dass die Anzeigeelemente nicht durch andere Stellteile verdeckt werden oder selbst die Sicht auf die Fahrszene einschränken (Bubb, Grünen & Remlinger, 2015). In den Produkten der Automobilhersteller werden unterschiedliche Konzepte bei der Positionierung der Displays realisiert. Innerhalb der möglichen Anzeigeorte werden die Informationen in der Regel nach Relevanz für die Fahraufgabe positioniert. Anzeigen, die zur Unterhaltung des Fahrers dienen, werden demnach grundsätzlich eher auf Displays angezeigt, die weiter von der Sichtachse entfernt liegen (Bubb, Bengler, Breuninger, Gold & Helmbrecht, 2015). Wenn die Relevanz dieser Anzeigen für den Fahrer aber größer und die angezeigten Funktionen komplexer werden, muss überlegt werden, ob diese Prämissen noch Gültigkeit besitzen oder andere Kriterien zur Anzeigegestaltung herangezogen werden sollten.

Neben den schon existierenden Technologien im Fahrzeug, können aber auch weitere technische Entwicklungen aus anderen Bereichen neue Gestaltungsmöglichkeiten bieten. Ein aktuell sehr populäres Thema ist u. a. die dreidimensionale Anzeigengestaltung (McIntire, Havig & Pinkus, 2015; Terzić & Hansard, 2016). Diese wird bereits in verwandten Bereichen, wie der Flugzeugführung, dem Militär oder für die Steuerung von Maschinen genutzt. Dort wird durch stereoskopische Tiefe zum Beispiel die Objekterkennung unterstützt. Da sich bereits für andere Technologien gezeigt hat, dass ein Transfer von der Flug- zur Fahrzeugführung sinnvoll sein kann, könnte dies auch für dreidimensionale Anzeigen gelten. Stereoskopische Tiefe wäre auch im Automobilbereich eine potenziell nützliche Methode, um die visuelle Salienz zu erhöhen, wenn klassische Designelemente wie Farbe, Größe oder Animation für das Human Machine Interface (HMI) nicht geeignet sind (Mancero & Wong, 2008; Szczerba & Hersberger, 2014).

In vielen automotiven Anzeigekonzepten ist der Trend zu entdecken, perspektivisch räumliche Darstellungen zu nutzen. Mittels dieser Technik werden Objekte plastischer dargestellt, strukturiert und in ein ansprechendes Design eingebettet. Auch für Navigationsgeräte und -ansichten werden verschiedene Techniken angewendet, um einen Tiefeneindruck entstehen zu lassen. Dabei wird das vorrangige Ziel verfolgt, dem Fahrer eine bessere Orientierung zu ermöglichen (Götzelmann & Katzer, 2012). Eine stereoskopische dreidimensionale Anzeigengestaltung wird jedoch bisher in Serienfahrzeugen nicht verwendet. Aus diesem Grund stellt sich die Frage, ob diese Technologie das Potenzial aufweist, visuelle Anzeigen für den Fahrer leichter erfassbar zu gestalten.

Ziel der vorliegenden Arbeit ist es daher zunächst herauszufinden, welche Infotainment-Inhalte für den Fahrer relevant sind, um dann gezielte Gestaltungsaspekte zu untersuchen, mit denen die visuelle Ablenkung durch das Anzeigen dieser Inhalte minimiert werden kann (Kapitel 4). Ein Fokus liegt dabei auf den verschiedenen Positionen der Displays, die im Hinblick auf ihre Auswirkungen auf den Fahrer betrachtet werden (Kapitel 5). Als weiteren Ansatz, um die Informationen effektiv und ablenkungsarm darzustellen, wird der Einsatz von Tiefenstaffelungen mittels autostereoskopischer Displays untersucht (Kapitel 6 und 7). Die Arbeit schließt mit einer Bewertung und Einordnung der gewonnenen Erkenntnisse hinsichtlich dieser Gestaltungspotenziale für die Darstellbarkeit von Infotainment-Inhalten (Kapitel 8).

2 Stand der Forschung

2.1 Grundlagen automobile Mensch-Maschine-Interaktion

Um das Zusammenwirken des Fahrers mit dem Fahrzeug besser beurteilen zu können, wird zu Beginn dieses Kapitels ein Überblick über die Prozesse der menschlichen Wahrnehmung und Verarbeitung von Informationen gegeben. Ein spezieller Fokus liegt dabei auf der visuellen Wahrnehmung, um die Grundlagen für die Bewertung der Informationsdarbietungen für den weiteren Verlauf der Arbeit zu legen. Darauf aufbauend erfolgt ein kurzer Überblick zur Modellbildung der Fahrzeugführung sowie dem damit verbundenen Beanspruchungsempfinden. Abschließend wird auf die visuellen Schnittstellen im Fahrzeug eingegangen, wobei Displaykonstellationen in Serienfahrzeugen charakterisiert werden. Der Fokus dieser Auswahl liegt dabei auf den Infotainment-Anzeigen.

2.1.1 Wahrnehmung und Verarbeitung von Informationen

Menschen nehmen über die verschiedenen Sinneskanäle eine Vielzahl an Informationen gleichzeitig wahr, können diese jedoch nur begrenzt aufnehmen und verarbeiten (Hagendorf, Krummenacher, Müller & Schubert, 2011). Für die Tätigkeit des Autofahrens spielt die Selektion und Verarbeitung der relevanten Informationen eine entscheidende Rolle, da die fahrrelevanten Informationen ausgewählt und bewertet werden müssen. Zum besseren Verständnis dieser Vorgänge wurden mehrere Modelle entwickelt, die einen Einblick in die Verarbeitung von Informationen beim Autofahren geben (Wickens, Hollands, Banbury & Parasuraman, 2013). Aufbauend auf verschiedenen Befunden der Aufmerksamkeitsforschung verfasste Broadbent (1969) die Filtertheorie. Er geht davon aus, dass es zu einer frühen Selektion der Reize auf Basis physikalischer Reizmerkmale kommt. Dabei werden die wahrgenommenen Reize nach dem Alles-oder-Nichts-Prinzip weitergeleitet und es gibt nur einen zentralen kapazitätslimitierten Prozess. Demnach kann jeweils nur eine Information gleichzeitig aufgenommen werden. In anderen Theorien wird von einer späteren Selektion ausgegangen, die erst nach einer abgeschlossenen Reizverarbeitung und der Aufnahme ins Kurzzeitgedächtnis vorgenommen wird (Deutsch & Deutsch, 1963). Die Selektion und kognitive Weiterverarbeitung erfolgt im Anschluss für den Reiz, der für die momentane Aufgabe am relevantesten ist. Es kann jedoch nur eine Handlung zu einem Zeitpunkt ausgewählt werden, da die kognitiven Prozesse der Antwortselektion einer zentralen Kapazitätsbegrenzung bzw. einem Engpass unterliegen (Pashler, 1997). Die Folge ist, dass verschiedene Aufgaben immer nur nacheinander ausgeführt werden können oder sich gegenseitig unterbrechen.

Dem entgegen stehen Modelle, die von mehreren verschiedenen Verarbeitungskapazitäten ausgehen. Eines davon ist das Modell multipler Aufmerksamkeits-ressourcen nach Wickens (2002). Er unterscheidet verschiedene Kapazitäten im Hinblick auf die Module: Modalität des Inputs (z. B. visuell, auditiv), Kodierung (z. B. räumlich, verbal), Verarbeitungsstadien der Handlung und Antwortmodalität. Im Gegensatz zu Modellen mit einer zentralen Kapazität können bei diesem mehrere Informationen weitgehend gleich-

© Springer Fachmedien Wiesbaden GmbH, ein Teil von Springer Nature 2019
J. Sandbrink, *Gestaltungspotenziale für Infotainment-Darstellungen im Fahrzeug*,
AutoUni – Schriftenreihe 132, https://doi.org/10.1007/978-3-658-23942-8_2

zeitig verarbeitet werden, solange die Kapazitätsgrenze je Modul nicht vollständig erreicht ist. Wenn sich zwei Handlungen in ihren Dimensionen ähneln, müssen die Kapazitäten zwischen ihnen aufgeteilt werden. Handlungen, die sich stark unterscheiden, können dagegen sehr gut parallel durchgeführt werden.

2.1.2 Visuelle Informationsaufnahme

Die wichtigste Modalität für die Informationsaufnahme beim Fahren ist die visuelle Wahrnehmung, da über 90 Prozent der Informationen, die für die Erfüllung der Fahraufgabe notwendig sind, visuell aufgenommen werden (Hills, 1980; Rockwell, 1972). Dementsprechend ist das Blickverhalten, welches durch die Vorgänge des Fixierens und peripheren Sehens charakterisiert wird, von zentraler Bedeutung. Mittels Fixationen werden fahrrelevante Informationen der Umgebung erfasst (z. B. Verkehrszeichen, Hindernisse, etc.) und gleichzeitig wird peripher die Umgebung wahrgenommen. Fixationen liegen im Bereich des fovealen Sehens, der ein bis zwei Grad umfasst und in dem Objekte am schärfsten wahrgenommen werden. Circa 90 Prozent der Fixationen entfallen auf einen Bereich von vier Grad um den *Focus of Expansion*, der vom Fahrer aus gesehen geradeaus auf Objekte gerichtet ist, die am Horizont auftauchen (Rockwell, 1972).

Die visuelle, periphere Wahrnehmung nimmt ausgehend vom direkten Blickpunkt mit zunehmendem Abstand stark ab (Hills, 1980; Solso, 2001). Das gesamte visuelle Blickfeld für ein Auge vom Punkt der Fixation gemessen beträgt 60 Grad nach oben und innen, 70 bis 75 Grad nach unten und 100 bis 110 Grad nach außen (Harrington, 1981; Rantanen & Goldberg, 1999). Es ist demnach vertikal kleiner als horizontal und zudem sehr kontrastabhängig (Strasburger & Rentschler, 1996). Darüber hinaus reduziert sich das Blickfeld in Abhängigkeit vom Workload (Kahneman, Beatty & Pollack, 1967; Strasburger & Rentschler, 1996; Williams, 1982, 1985). Zusätzlich stellten Rantanen und Goldberg (1999) fest, dass sich auch die Form des Blickfeldes in Abhängigkeit des Workloads verändert und sich in der vertikalen Achse stärker verkleinert als in der Horizontalen. Diese Aspekte beeinflussen die Wahrnehmung beim Fahren, die hauptsächlich eine Aufgabe des dynamischen peripheren Sehens ist (Rockwell, 1972). Über dieses werden die gezielten Fokussierungen gesteuert und unerwartete Ereignisse wahrgenommen. Darüber hinaus erfolgen dynamische Regulierungsprozesse, wie zum Beispiel die Querführung und die Geschwindigkeitswahrnehmung, über das periphere Sehen (Miura, 1986).

Während des Fahrens konkurrieren Blickzuwendungen, die der Fahraufgabe dienen, mit unterschiedlichen Nebenaufgaben, die ebenfalls visuelle Aufmerksamkeit fordern. Dazu zählen sowohl fahrzeugbezogene Tätigkeiten wie Spiegelblicke oder das Ablesen der Geschwindigkeit, aber auch fahrfremde Handlungen wie das Bedienen eines Radios oder der Klimaanlage. Dazu muss der Fahrer seine visuellen Kapazitäten zwischen den Aufgaben aufteilen. In der Literatur wird dies als *time-sharing* für visuelle Nebenaufgaben bezeichnet. Untersuchungen zeigen ein sehr einheitliches Bild im Hinblick auf diese Blickstrategien, bei denen der Blick des Fahrers bei Betrachtung von fahrirrelevanten Objekten nach durchschnittlich circa 700 Millisekunden und maximal circa 1600 Millisekunden wieder auf die Fahrszene gerichtet wird (Wierwille, 1993; Wikman, Nieminen & Summala, 1998). Nach dem Modell der Aufmerksamkeits-steuerung von Wierwille

(1993) wird nach dieser Zeit das Bedürfnis zur Kontrolle der Fahrsituation so groß, dass die Aufmerksamkeit zurück auf die Fahrszene gerichtet wird, auch wenn die Informationsaufnahme noch nicht abgeschlossen ist. Demnach wird dieser Mechanismus bei den Fahrern aufgrund von Unsicherheit bzw. eines inneren Drucks hervorgerufen. Wenn der Blick innerhalb kürzerer Zeit wiederholt von der Fahrbahn abgewendet werden muss, wird dieses vom Fahrer als unangenehm und kritisch empfunden. Dies liegt darin begründet, dass der Fahrer in der Situation nur eine unzureichende Menge an Verkehrsinformationen in seinem visuellen Arbeitsgedächtnis speichern konnte (Senders, Kristofferson, Levison, Dietrich & Ward, 1967; Zwahlen, Adams & DeBald, 1987).

Die effektive visuelle Aufmerksamkeitslenkung ist deswegen eine wichtige Kompetenz für das Führen eines Fahrzeugs, die Fahranfänger erwerben müssen (Vollrath & Krems, 2011). Junge Fahrer weisen ein anderes Blickverhalten auf als erfahrene Fahrer (Rockwell, 1972) und versuchen mehr Informationen foveal aufzunehmen (Mourant & Rockwell, 1972). Dabei zeigen sie eine größere Varianz in ihren Blickzuwendungen, bei denen sowohl eine größere Anzahl an kurzen und vermutlich ineffektiven als auch langen und riskanten Blicken auftreten (Wikman et al., 1998). Die durchschnittliche Blicklänge von Anfängern und erfahrenen Fahrern ist jedoch ähnlich (Nieminen & Summala, 1994). Autofahrer lernen also durch Erfahrung ihre Aufmerksamkeit effizient zu lenken. Dies betrifft *Top-Down*-Prozesse, die bewusst gesteuert werden können, wohingegen die Aufmerksamkeit zum Teil auch durch Reize unwillkürlich gelenkt wird (*Bottom-Up*). Horrey und Wickens (2006) stellen ein Modell vor, welches auf dem SEEV-Modell für die Flugzeugführung aufbaut (Wickens, Goh, Helleberg, Horrey & Talleur, 2003; Wickens et al., 2013) und die Richtung der Aufmerksamkeit auf verschiedene Bereiche der Szene um den Fahrer beschreibt. Dabei spielen vier Faktoren eine Rolle: *Salience (Salienz), Expectancy (Erwartung), Effort (Anstrengung)* und *Value (Wert)*. Den Faktoren „Salienz" und „Anstrengung" liegen *Bottom-up*-Prozesse zugrunde, die die Aufmerksamkeit des Fahrers unwillkürlich beeinflussen. Bei der Salienz geschieht dies durch eine Eigenschaft des Objektes, welche sich auffällig von den Eigenschaften anderer Objekte unterscheidet (z. B. Geschwindigkeit oder Farbe). Die Anstrengung wird durch den Aufwand bestimmt, der benötigt wird, um den Fokus auf ein neues Objekt zu richten. Je mehr Aufwand benötigt wird, desto unwahrscheinlicher wird diese Blickbewegung ausgeführt. Die „Erwartungen" und der „Wert" sind *Top-down*-Prozesse, die die Blicksteuerung anhand eines mentalen Modells beeinflussen. Der „Wert" beschreibt die Bedeutung der Aufgabe für den Fahrer und die „Erwartung" ist die vom Fahrer geschätzte Wahrscheinlichkeit, dass sich in dem zu betrachtenden Bereich der Szene neue relevante Informationen befinden.

Die visuelle Suche stellt einen besonderen Aspekt der Informationsaufnahme dar, bei der gezielt ein Objekt innerhalb einer Menge anderer Objekte (Distraktoren) gesucht wird (Duncan & Humphreys, 1989; Egeth, Jonides & Wall, 1972; Gardner, 1970). Dabei besitzt die Verbindung von Eigenschaften zwischen dem gesuchten Objekt und den Distraktoren die größte Bedeutung (Treisman, 1991; Wolfe & Horowitz, 2004). Bei der Suche nach einem Objekt, das dieselbe Haupteigenschaft aufweist wie die Distraktoren, erhöht sich die Suchzeit mit der Anzahl der Distraktoren. Dies wird als serielle Suche bezeichnet. Wenn aber nach einem Objekt gesucht wird, das sich durch ein Alleinstellungsmerkmal von den Distraktoren unterscheidet, hat die Anzahl der Distraktoren keinen Einfluss auf die Suchzeit (Treisman, 1988). Hierbei handelt es sich um einen wahrneh-mungsbasierten Pop-Out-Effekt des Zielreizes, der mit einer parallelen Suche erfasst werden kann (Treisman, 1988). Eine weiterführende Übersicht zur Literatur und Theorie der visuellen Suche gibt Wolfe (1994).

2.1.3 Fahrzeugführung

Die Fahrzeugführung stellt eine komplexe Aufgabe für den Fahrer dar, die sowohl wissensbasiertes als auch regelbasiertes und fertigkeitsbasiertes Verhalten erfordert (Rasmussen, 1983). Damit umfasst sie mehrere Verhaltensarten, die den Fahrer kognitiv unterschiedlich stark beanspruchen. Klassischerweise werden die Fahraufgaben in primäre und sekundäre Aufgaben unterteilt (Jürgensohn & Timpe, 2001). In den letzten Jahrzehn-ten haben sich jedoch die Tätigkeitsschwerpunkte beim Fahren, zum Beispiel aufgrund der Unterstützung durch Assistenzsysteme, gewandelt und dieser Trend wird im Hinblick auf zukünftige Automatisierungssysteme vermutlich weiter zunehmen (Jürgensohn & Timpe, 2001; Jürgensohn, 2008; Othersen, 2016). Aus diesem Grund stellt für den Fokus dieser Arbeit die Klassifizierung der Tätigkeiten nach Bubb (2015) ein geeigneteres Modell dar, um die Aufgaben des Fahrers zu klassifizieren. Er unterteilt diese in primäre, sekundäre und tertiäre Fahraufgaben. Zu den primären Aufgaben zählen die Navigation, die Führung und die Stabilisation. Diese Unterteilung geht zurück auf Donges (1982, zitiert nach Donges, 2012). Dabei beinhaltet die Navigationsaufgabe alle Aktivitäten, die zur Planung einer Fahrt nötig sind, wie beispielsweise die Auswahl einer geeigneten Route. Die Aufgaben zur Führung und Stabilisierung umfassen alle Handlungen, die in dem dynamischen Prozess des Fahrens eine Rolle spielen. Sie werden auch als Längs- und Querführung bezeichnet (Geiser, 1985). Als sekundäre Tätigkeiten gelten alle Handlun-gen, die in Abhängigkeit von den Fahranforderungen entstehen, aber nicht die Fahrzeug-kontrolle an sich betreffen wie zum Beispiel Hupen, Blinken und das Betätigen des Scheibenwischers. Alle Tätigkeiten, die der Fahrer ausführt, die aber nicht direkt mit der Fahraufgabe zu tun haben, werden als tertiäre Handlungen bezeichnet. Darunter fallen beispielsweise die Bedienung von Komfortfunktionen oder die Nutzung eines Smartpho-nes.

Die Handlung des Fahrens geht, wie jede andere Tätigkeit auch, mit einer Belastung auf den Ausführenden einher. In welchem Ausmaß diese Belastung in Beanspruchung mündet, ist dabei von den Fähigkeiten und Veranlagungen des Fahrers abhängig. In der Regel geht eine Erhöhung der Belastung zunächst mit einer Aktivierung und Leistungs-steigerung einher. Diese steht in einem direkten umgekehrt U-förmigen Zusammenhang mit der Leistungsfähigkeit (Yerkes & Dodson, 1908). Jeder Mensch erreicht bei einem bestimmten Grad der Aktivierung sein Leistungsoptimum. Aus diesem Grund kann sowohl eine zu hohe Aktivierung, zum Beispiel durch Stress, als auch eine zu geringe Aktivierung, zum Beispiel durch Langeweile oder Monotonie, unangenehm sein.

Ein Modell, welches diesen Zusammenhang im Kontext der Fahrzeugführung berücksich-tigt, ist die „Risk Homeostasis" von Wilde (1982). Nach dieser handeln Fahrer auf eine Art, die als homöostatischer Selbstregulationsprozess bezeichnet werden kann. Wilde (1982) geht davon aus, dass jeder Autofahrer ein individuelles Maß an Risiko eingehen möchte. Das gewünschte Risikolevel wird u. a. von Langzeitfaktoren (z. B. soziodemografische Variablen) und motivationalen Zuständen (z. B. Bedürfnis nach Stimulation) beeinflusst. Während des Fahrens gleichen die Fahrer dann kontinuierlich ihr aktuell erlebtes Risiko, zum Beispiel die Wahrscheinlichkeit in einen Unfall involviert zu werden, mit dem gewünschten Risiko ab. Wenn die beiden Risikolevel nicht übereinstimmen, passen die Fahrer ihr Verhalten an, um sie auszugleichen.

Eine weiteres Modell, welches den Workload bzw. die Arbeitsbelastung des Fahrers betrachtet, ist das „Task-capability Interface Model" von Fuller (2005). Anders als Wilde (1982) geht Fuller (2005) davon aus, dass die Aufgabenschwierigkeit im Mittelpunkt des Selbstregulierungsprozesses steht und nicht das Risikolevel. Die Aufgabenschwierigkeit entsteht demnach aus der Dynamik zwischen den Fahranforderungen und den Fähigkeiten des Fahrers. Jeder Fahrer präferiert einen eigenen Bereich an Aufgabenschwierigkeit und versucht seine wahrgenommene Aufgabenschwierigkeit in diesem präferierten Bereich zu halten.

Für seine Erläuterungen unterscheidet Fuller (2005) drei verschiedene Risikobegriffe: Das objektive Risiko, welches zum Beispiel der objektiven Unfallwahrscheinlichkeit entspricht, die subjektive Risikoeinschätzung, die sich auf die Einschätzung des Fahrers bezieht in einen Unfall verwickelt zu werden, und das Gefühl von Risiko. Letzteres bezieht sich auf das konkrete Erleben einer Emotion als Antwort auf eine Gefahr.

Während Wilde (1982) in seinem Modell der Risikohomöostase das subjektive Risiko und das Gefühl von Risiko miteinander verbindet, argumentiert Fuller (2005), dass diese Verbindung nur bei sehr überfordernden Situationen existiert. Er zeigte durch Studien auf, dass das gefühlte Risiko eng verbunden ist mit der empfundenen Aufgabenschwierigkeit, aber kein Zusammenhang zwischen dem gefühlten und dem objektiven Risiko besteht.

2.1.4 Displays und Fahrerinformationssysteme

In aktuellen Serienfahrzeugen sind in der Regel bis zu drei Anzeigedisplays zu finden (Abbildung 2.1). Das Kombiinstrument, welches unterhalb der Fahrersichtachse hinter dem Lenkrad verortet ist, stellt den primären Anzeigeort dar. Seine Position ist in fast allen Fahrzeugen ähnlich und liegt meistens 80 bis 120 Zentimeter vom Betrachter entfernt und ungefähr 15 bis 20 Grad vertikal nach unten versetzt (Knoll, 2012). Darüber hinaus ist in den meisten Fahrzeugen ein zentrales Display in der Mittelkonsole zwischen Fahrer und Beifahrer verbaut. Die Positionierung dieses Displays variiert in seiner vertikalen Anordnung zwischen den Herstellern. Den internationalen Guidelines entsprechend befindet es sich jedoch in der Regel nicht tiefer als 30 Grad unterhalb der Sichtachse (Alliance of Automobile Manufacturers, 2006; Japan Automobile Manufacturers Association, 2004).

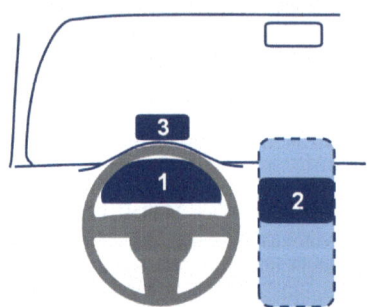

Abbildung 2.1:   Schematische Darstellung klassischer Displaypositionen im Fahrzeug (Position 1: Kombiinstrument, 2: Head-Unit, 3: HUD).

In einigen Oberklassefahrzeugen ist zudem ein Head-up-Display (HUD) verbaut. Die Besonderheit von HUDs ist ihre direkte Nähe zur Fahrszene, die durch eine Projektion von Anzeigeelementen auf eine weitestgehend transparente Fläche vor dem Fahrer erreicht wird. Im Falle eines Windshield-HUDs wird die Windschutzscheibe als transparente Fläche genutzt. Durch Verwendung mehrerer Spiegel wird mittels einer TFT-Anzeige eine optische Darstellung erzeugt, die in aktuellen Fahrzeugen für die Wahrnehmung des Fahrers circa zwei Meter vor der Windschutzscheibe liegt (Abel, Blume & Skabrond, 2006). Die Anzeigen werden auf der Straße nahe der Motorhaube positioniert, um möglichst wenig Anteile der Fahrszene zu überlagern. Eine Technik, bei der Überlagerungen bewusst genutzt werden, stellt das kontaktanaloge HUD dar. Dabei werden grafische Anzeigeelemente in der realen Welt verortet und interagieren mit dieser in Echtzeit. Einen Überblick zu dieser Thematik geben Gabbard, Fitch und Kim (2014). Eine allgemeine Limitation aller aktuellen HUDs ist die Anforderung, dass sich der Kopf des Fahrers in einem bestimmten Bereich, der sogenannten „Eye-Box", befinden muss, damit die Anzeige vom Fahrer gesehen werden kann.

Die verfügbaren Inhalte auf den Fahrzeugdisplays umfassen eine Vielzahl an Informationen, welche die Ausübung der primären, sekundären und tertiären Tätigkeiten im Fahrzeug unterstützen. Die Anzeigen der tertiären Aufgaben werden im Allgemeinen unter dem Begriff der Infotainment-Funktionen zusammengefasst. Sie dienen vorwiegend der Information, Kommunikation, Assistenz und Unterhaltung (Meroth, Tolg & Plappert, 2008). Es werden sowohl Informationen zum Fahrzeug, zur Position, zum Fahrzeugumfeld und zum Verkehr angeboten. Die Kommunikationsfunktionen dienen der Verbindung mit anderen Menschen und Fahrzeugen als auch Diensteanbietern und Drittgeräten. Hauptfunktion der Unterhaltung ist die Möglichkeiten zur Wiedergabe von gespeicherten Inhalten (Meroth et al., 2008). Infotainment-Funktionen sind in der Vergangenheit hauptsächlich im Mittelkonsolendisplay verortet worden. In den letzten Jahren entwickelte sich jedoch der Trend diese Anzeigen auch in die weiteren Displays zu integrieren, um sie dem Fahrer einfacher zugänglich zu machen.

Das Kombiinstrument stellt das zentrale Display für fahrrelevante Informationen am Rande des primären Blickfeldes dar. Seit Beginn der Entwicklung des Kombiinstruments ist die Geschwindigkeitsanzeige das Hauptelement dieses Anzeigebereichs (Mitchell, 2010). Darüber hinaus stellt es den zentralen Anzeigeort für Warnungen und weitere fahrtbezogene Anzeigen wie den Drehzahlmesser und die Tankanzeige dar. Im Zusammenhang mit der technischen Weiterentwicklung der Displaytechnologien wandelte sich das Kombiinstrument und analoge Anzeigen wurden durch digitale Displays ergänzt und ersetzt (Abel et al., 2006). Eine Ergänzung besteht zum Beispiel aus der Multifunktionsanzeige (MFA), einem digitalen Display zwischen den runden Zeigerelementen im Kombiinstrument (Abbildung 2.2). Durch diese Entwicklung entstand die Möglichkeit auch weniger fahrrelevante Anzeigen im Kombiinstrument darzustellen. In aktuellen MFAs oder frei programmierbaren Kombiinstrumenten werden neben den fahrtbezogenen Informationen auch Fahrerassistenzsysteme und Inhalte aus dem Infotainment-Bereich angezeigt (Abbildung 2.3).

Abbildung 2.2: Kombiinstrument mit Multifunktionsanzeige (MFA) im AUDI A6 (2012) mit freundlicher Genehmigung von © AUDI AG 2018. All Rights Reserved.

Abbildung 2.3: Frei programmierbares Kombiinstrument (FPK) im Ford Mondeo Kombi (2017) mit freundlicher Genehmigung von © Ford of Europe GmbH 2018, Pressemappe Ford Mondeo: http://mondeo.fordpresskits.com/. All Rights Reserved.

Die zentrale Anzeigeeinheit in der Mittelkonsole bietet sich aufgrund ihrer relativen Größe und der Möglichkeit zur Mitnutzung für die Anzeige von Infotainment-Funktionen an (Abbildung 2.4). Darüber hinaus werden dort üblicherweise die Navigation, Fahrzeugeinstellungen und zum Teil auch Onlinedienste angeboten. Für die Anbindung von Onlinediensten bieten die Hersteller oftmals eigene Systeme wie zum Beispiel Car-Net Dienste (VW) und ConnectedDrive (BMW) an. Viele Hersteller stellen auch Schnittstellen für die Kopplung von Smartphones zur Verfügung (z. B. Apple CarPlay, Android Auto), mit denen Smartphonefunktionen im Infotainment-Display angezeigt werden können. Ebenso haben die Fahrer dabei die Möglichkeit ihre Apps dort zu bedienen. Teilweise kann auf einzelne Funktionen wie zum Beispiel das Telefonbuch auch über die Lenkradtasten zugegriffen werden, während eine Anzeige der Kontakte beispielsweise in der MFA erfolgt.

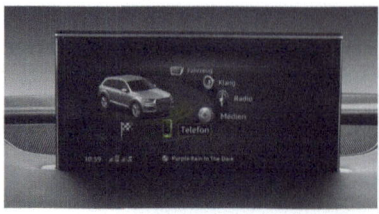

Abbildung 2.4: Beispiele für Mittelkonsolendisplays: AUDI Q7 (oben links, 2015, mit freundlicher Genehmigung von © AUDI AG 2018. All Rights Reserved), VW Polo (oben rechts, 2017, mit freundlicher Genehmigung von © Volkswagen AG 2018. All Rights Reserved), Volvo XC90 (unten links, 2016, mit freundlicher Genehmigung von © Vovo Car Germany GmbH 2018. All Rights Reserved), Renault SCENIC (unten rechts, 2016, mit freundlicher Genehmigung von © Renault Communication/ Planimonteur 2018. All Rights Reserved).

Für das 2017 in Serie gebrachte Model 3 hat der Hersteller Tesla sein Anzeigenkonzept vollständig auf ein Display in der Mittelkonsole ausgerichtet und auf andere Displays verzichtet (Abbildung 2.5). Dadurch werden sowohl fahrrelevante Informationen wie beispielsweise die Geschwindigkeit, als auch Fahrzeugzustands- und Infotainment-Funktionen auf einem Display angezeigt.

Im HUD werden in aktuellen Serienfahrzeugen fahrrelevante Informationen redundant zum Kombidisplay angezeigt. Dazu zählen die Geschwindigkeit, die Turn-by-turn-Navigation (Anzeige der Richtungsänderung) und aktivierte Fahrerassistenzsysteme (Abbildung 2.6).

Abbildung 2.5: Mittelkonsolendisplay des Tesla Model 3 (2017, mit freundlicher Genehmigung von © Tesla Germany GmbH 2018. All Rights Reserved).

Abbildung 2.6: Head-up-Display in der Mercedes-Benz C-Klasse (2014, mit freundlicher Genehmigung von © Daimler AG. All Rights Reserved).

Darüber hinaus eignet es sich besonders für kritische Warnungen, da der Abstand zur Fahrszene unter allen Displays am geringsten ist. Laut National Highway Traffic Safety Administration (NHTSA) sollte das HUD wenig Text und keine nicht-fahrrelevanten Informationen beinhalten (Campbell et al., 2016). Vereinzelt beginnen Hersteller jedoch aufgrund der Nähe zur Sichtachse auch reduzierte Infotainment-Inhalte im HUD anzuzeigen (Abbildung 2.7).

Abbildung 2.7: Head-up-Display im 3er BMW mit Infotainment-Inhalten (2014, mit freundlicher Genehmigung von © BMW AG 2018. All Rights Reserved).

2.2 Nebentätigkeiten und Ablenkung

Auswertungen von Naturalistic Driving Studies zeigen, dass Blickabwendungen einen bedeutenden Schlüsselfaktor für Unfälle darstellen (Dingus et al., 2006; Klauer, Dingus, Neale, Sudweeks & Ramsey, 2006; Victor et al., 2014). Dingus et al. (2006) weisen in ihrer Analyse der 100-Car Naturalistic Driving Study nach, dass fast 80 Prozent aller Unfälle und 65 Prozent aller Beinaheunfälle eine Blickabwendung des Fahrers weg von der vorderen Fahrszene unmittelbar vorausgeht. Die Unaufmerksamkeit, welche den größten Zusammenhang mit Unfällen und Beinaheunfällen aufweist, ist die Ablenkung durch tertiäre Aufgaben. Die Blickanalysen einer weiteren Naturalistic Driving Study von Victor et al. (2014) zeigen, dass kurz vor Unfällen die Blicke der Fahrer vorwiegend auf Mobiltelefone und Interieurobjekte gerichtet sind und erst ungefähr 1,5 Sekunden vor einem Unfall wieder auf die vordere Fahrszene gerichtet werden.

Im diesem Teilkapitel wird aus diesem Grund auf Faktoren eingegangen, die Nebentätig-keiten und damit das Blickverhalten maßgeblich beeinflussen. Einerseits zählen dazu Aspekte, die von Automobilhersteller gestaltet werden können, um Ablenkung durch integrierte Fahrerinformationssysteme zu reduzieren. Andererseits fahrerinitiierte Ablen-kungen, die zum Beispiel durch die Interaktion mit mobilen Geräten bewusst eingegangen werden. Darüber hinaus wird eine Übersicht zum Vorkommen und dem Risiko der Ablenkung gegeben und auf typisches Nutzerverhalten eingegangen.

2.2.1 Richtlinien zur Gestaltung von Fahrzeuginformationssystemen

Die ISO 15008:2009 legt Richtwerte für die ergonomische Gestaltung der visuellen Informationsdarbietung im Fahrzeug fest. In den „European Statements of Principles on Human Machine Interface for In-Vehicle Information and Communication Systems" der Kommission der Europäischen Union (2007) sind verschiedene Empfehlungen für Automobilhersteller und Zulieferer festgehalten. Diese beziehen sich sowohl auf Grund-sätze der Installation zum Beispiel Positionierung der optischen Anzeigen nahe der Fahrersichtachse als auch auf die Darstellung, die Interaktion und das Systemverhalten.

Einen hohen Stellenwert für die visuelle Informationsdarbietung nehmen die Gestaltungs-richtlinien ein, die sich auf die Blickabwendung von der Fahrszene beziehen. Die Alliance of Automobile Manufacturers (2006) hat u. a. die Okklusionstechnik und die Blickverhal-tensbeobachtung als Messmethoden konkretisiert, um Kriterien zur Anzeigengestaltung und Menübedienungen auf Head-down-Displays (HDD) zu bewerten. Diese besagen, dass die mittlere Blickdauer auf ein Display unter zwei Sekunden für das 85 - % Perzentil der Stichprobe liegen sollte und die Gesamtblickdauer pro ausgeführter Aufgabe (z. B. Einstellen eines Radiosenders) 20 Sekunden nicht überschreiten darf (Alliance of Auto-mobile Manufacturers, 2006). Ähnlich formulierte die Japan Automobile Manufacturers Association (2004) ihre Richtlinie, bei der die Gesamtblickdauer einer Aufgabe jedoch bei einem kürzeren Limit von acht Sekunden liegt. Die aktuellste und einzige Richtlinie, die keine Selbstverpflichtung darstellt, hat die National Highway Traffic Safety Administrati-on [NHTSA] (2013) veröffentlicht. Nach dieser sollen die folgenden Kriterien zum Beispiel anhand von Fahrsimulatorstudien evaluiert werden:

a. Für mindestens 21 von 24 Teilnehmer gilt: nicht mehr als 15 Prozent (aufzurunden) der einzelnen Blicke außerhalb der vorwärts gerichteten Fahrszene sind länger als zwei Sekunden.

b. Für mindestens 21 von 24 Teilnehmer gilt: die durchschnittliche Dauer aller Blicke außerhalb der vorwärts gerichteten Fahrszene ist ≤ zwei Sekunden.

c. Für mindestens 21 von 24 Teilnehmer gilt: die totale Blickzeit außerhalb der vorwärts gerichteten Fahrszene ist ≤ zwölf Sekunden.

Auch die 2013 veröffentlichte Guideline der NHTSA bezieht sich auf HDD und legt keine Kriterien für die Anzeigegestaltung im HUD fest. Bisher veröffentlicht ist eine Handlungsempfehlung mit Designgestaltungen für Fahrzeuginterfaces, in der beratend dargelegt wird, dass aufgrund geringer Studienaussagen über das HUD dieses ausschließlich für kritische Warnungen genutzt werden sollte (Campbell et al., 2016).

2.2.2 Einfluss von Displaypositionen

Die Displayposition übt einen großen Einfluss auf verschiedene Parameter der Fahrzeugführung aus, was durch eine große Anzahl an Studien festgestellt wurde. Viele dieser Studien beschäftigen sich mit dem Vergleich von HUDs und HDDs, deren Ergebnisdarstellung im Rahmen dieser Arbeit jedoch nicht zielführend ist. Daher sei für diese Thematik auf folgende Autoren verwiesen: Ablaßmeier, Poitschke, Wallhoff, Bengler und Rigoll (2007), Charissis und Papanastasiou (2010), Ecker (2013). Einzelne Veröffentlichungen beschäftigen sich darüber hinaus mit spezifischeren Fragestellungen zu Displaypositionen beispielsweise in Verbindung mit abgesetzten Bedienteilen (Tian et al., 2014) oder Navigationsgeräten (Zheng et al., 2016). Auch diese Arbeiten haben keinen Einfluss auf das Thema der Arbeit. Stattdessen wird der Fokus der Betrachtungen auf Untersuchungen gelegt, die einen Vergleich von unterschiedlichen HDDs einschließen. Die berichteten Ergebnisse beziehen sich jeweils auf Fahrzeuge, die als Linkslenker für den Rechtsverkehr ausgelegt wurden.

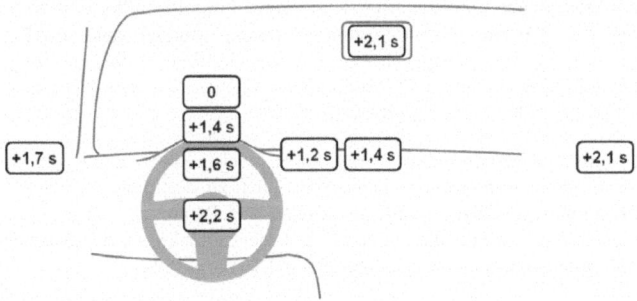

Abbildung 2.8: Verzögerung der Reaktionszeit in Sekunden in Abhängigkeit von den verwendeten Displaypositionen nach Lamble et al. (1999).

Eine der ersten Studien stammt vom Lamble et al. (1999). Sie untersuchten in einer Realfahrt die Reaktionszeit der Probanden auf eine Verzögerung des Vorderfahrzeugs in

Abhängigkeit von verschiedenen Displaypositionen. Die Probanden folgten dem Vorderfahrzeug mit einer Geschwindigkeit von 50 km/h und lasen dabei Ziffern von einem
Display ab. Die Verlängerung der Reaktionszeit von den Probanden auf die Verzögerung
des Vorderfahrzeugs ist für die jeweiligen Displaypositionen in Abbildung 2.8 dargestellt.
Es ist zu erkennen, dass eine Position rechts des Lenkrades auf der Instrumententafel die
geringste Verlängerung der Reaktionszeit bewirkt.

Schattenberg (2002) untersuchte in mehreren Fahrsimulatorstudien die Auswirkungen von
Displaypositionen auf die periphere Spurhaltegüte und die periphere Aufgabenbearbeitung
auf den Displays. Er betrachtete dabei vier verschiedene Positionen, die in Abbildung 2.9
eingezeichnet sind. Die Probanden wurden einmal instruiert die Fahraufgabe foveal
auszuführen und peripher die Nebenaufgabe zu bearbeiten und einmal den Blickfokus auf
die Nebenaufgabe zu richten und peripher zu fahren. Die Nebenaufgabe bestand aus dem
Identifizieren von Plus- und Minussymbolen auf einem bekanntem Display und der
manuellen Rückmeldung über die Art des Symbols per Lenkradtasten.

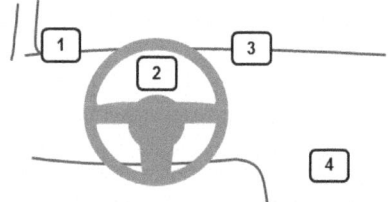

Abbildung 2.9:   Verwendete Displaypositionen zur Evaluation der Spurhaltegüte nach Schattenberg
                       (2002).

Schattenberg (2002) stellte dabei fest, dass die Spurhaltung peripher am besten ausgeführt
werden kann, wenn die Aufgabe auf der Displayposition drei bearbeitet wird. Ebenso
bewerteten die Probanden die subjektive Schwierigkeit bei dieser Position am geringsten.
Darüber hinaus wird bei peripherer Systembearbeitung weniger lange auf Position drei
geschaut als auf die anderen Displays. Zusammenfassend kommt Schattenberg (2002) zu
dem Schluss, dass ein Display an Position rechts oben neben dem Lenkrad am besten
geeignet ist für eine sichere Fahrzeugführung.

Eine weitere Simulatorstudie führten Wittmann et al. (2006) durch, um die relative
Sicherheit von fahrzeugintegrierten Displaypositionen zu bestimmen. Dazu erfassten sie
die Auswirkungen von sieben Displaypositionen auf Parameter der Fahrleistung, des
Blickverhaltens, der Aufgabenbearbeitung und der subjektiven Beanspruchung. Die
betrachteten Displaypositionen sind in Abbildung 2.10 dargestellt.

Die Instruktion für die Probanden lautete, das Fahrzeug in der Spur zu halten und bei
Erscheinen eines roten Lichts in der Fahrszene das Bremspedal zu betätigen. Für die
Nebenaufgabe sollten die Probanden einmal durchgängig das entsprechende Display
beobachten und einmal konnten sie ihre visuelle Aufmerksamkeit frei zwischen Fahrszene
und Displays verteilen.

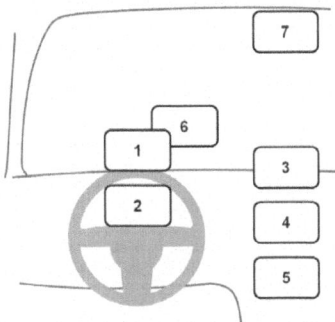

Abbildung 2.10: Verwendete Displaypositionen der Fahrsimulatorstudie nach Wittmann et al. (2006).

Bei dauerhafter Fokussierung der Anzeige zeigte sich beim HUD (Position 6), gefolgt vom Display oben auf der Mittelkonsole (Position 3), die geringste Spurabweichung. Darüber hinaus konnten geringe Reaktionszeiten festgestellt werden und das Blickverhalten wurde als angemessen bewertet. Konnten die Probanden ihr Blickverhalten frei verteilen, zeigten sich ebenfalls diese Displays als geeignet. Das Display auf der Mittelkonsole ermöglichte die beste Spurhaltung und die Nutzung des HUD bewirkte die geringsten Bremsreaktionszeiten. Über beide Bedingungen betrachtet eignet sich laut Wittmann et al. (2006) das HUD am besten, gefolgt vom Display auf der Mittelkonsole und dem Display auf der Hutze (Position 1).

Aufgrund der erhobenen Daten kommen Wittmann et al. (2006) zu dem Schluss, dass Displayinformationen die Fahrleistung stören und zwar als eine exponentielle Funktion der Entfernung zwischen Sichtachse zur Fahraufgabe und den Displaypositionen. Dabei scheint ihrer Ansicht nach der vertikale nach unten gerichtete Abstand zur Sichtachse einen größeren negativen Einfluss zu besitzen als der horizontale bzw. seitliche Abstand.

In Tabelle 2.1 ist eine umfassende Übersicht von Studien zum Einfluss von Displaypositionen auf das Fahrverhalten dargestellt. Die angegebenen Displaypositionen beziehen sich dabei auf die in Abbildung 2.11 dargestellten Bezeichnungen.

Die Ergebnisse der Untersuchungen zu verschiedenen Displaypositionen legen nahe, Displays möglichst nahe an der Sichtachse zu positionieren. Je näher sie an dieser liegen, desto geringere Auswirkungen ergeben sich auf die Fahrzeugführung, die Beanspruchung und die Akzeptanz der Fahrer. Dabei scheint sich der Versatz der Displays in der vertikalen Achse anders auszuwirken als in der Horizontalen. Displays rechts neben dem Lenkrad auf der Instrumententafel und hohe Mittelkonsolendisplays erzeugen oftmals einen geringeren negativen Effekt als das Kombiinstrument, obwohl sie vom absoluten Winkelgrad weiter entfernt liegen. Es wird jedoch von verschiedenen Autoren angemerkt, dass auch HUDs Risiken bergen können, da sie die Fahrszene überlagern und aufgrund ihrer Nähe zum Sichtbereich einen erhöhten visueller Workload hervorrufen können (Liu, 2003; Mahlke, Rösler, Seifert, Krems & Thüring, 2007).

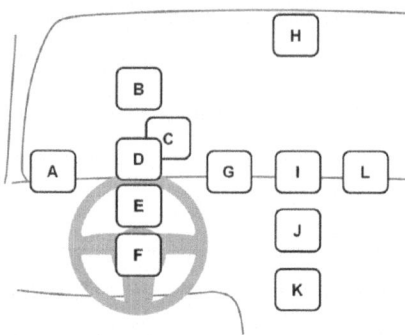

Abbildung 2.11:   Schematische Displaypositionen zum Überblick der Studienlage (vgl. Tabelle 2.1).

Tabelle 2.1:   Überblick der veröffentlichten Studien zum Vergleich von Displaypositionen.

Autoren	Untersuchte Positionen nach Abbildung 2.11	Kriterien	Ergebnisse
Hada (1994)	Positionen: ▪ C ▪ E ▪ I	▪ Mittlere Blickdauer ▪ Blickfrequenz ▪ Anteil Blickdauer	Aufgabe der Fahrer war es auf die Displays zu schauen, solange sie sich sicher fühlten. ▪ Geringe Unterschiede im Blickverhalten in Abhängigkeit von der Displayposition; ▪ Fahrer schauen am längsten ins hohe Mittelkonsolendisplay; ▪ Kombiinstrument mit der kürzesten mittleren Blickdauer
Summala, Nieminen und Punto (1996)	Positionen: ▪ D ▪ E ▪ K	▪ Querführung (Entfernung bis Spurverlassen) ▪ Blickzuwendungen zur Fahrszene ▪ Aufgabenerfüllung	▪ Querführungsqualität nimmt mit Abstand des Displays von der Fahrszene ab; ▪ Für erfahrene Fahrer ist die Querführung beim Display auf der Hutze und Kombiinstrument gut, bei unerfahrenen Fahrern ist diese nur beim Display auf der Hutze akzeptabel ▪ Ansteigende Blickzuwendungen mit Abstand des Displays zur Fahrszene

Lamble et al. (1999)	Positionen: ▪ D ▪ E ▪ F ▪ G ▪ H ▪ I Bzw. Abbildung 2.8	▪ Reaktionszeit auf Verzögerung des Vorderfahrzeugs	▪ Reaktionszeit an Position rechts vom Lenkrad auf der Instrumententafel am geringsten, gefolgt von der hohen Position auf der Mittelkonsole und der Hutze
Burns, Andersson und Ekfjorden (2001)	Positionen: ▪ E ▪ G ▪ J ▪ K ▪ L	▪ Reaktionszeit auf periphere Events ▪ Verpasste Events ▪ Aufgabenerfüllung ▪ Subjektive Präferenz	▪ Keine Unterschiede zwischen den drei Displays auf Höhe des Kombiinstruments für Reaktionszeit, verpasste Events und Aufgabenerfüllung ▪ Position Mittelkonsole und tiefe Mittelkonsole erzielen für alle Variablen schlechtere Ergebnisse ▪ Präferierte Displayposition ist rechts vom Lenkrad Höhe Kombiinstrument
Schattenberg (2002)	Positionen: ▪ A ▪ E ▪ G ▪ K Bzw. Abbildung 2.9	▪ Standardabweichung des Lenkradwinkels ▪ Anzahl Blickzuwendungen ▪ Kumulative Blickzuwendungszeit ▪ Subjektive Beanspruchung ▪ Aufgabenerfüllung	▪ Spurhaltung, subjektive Beanspruchung und kumulative Blickzuwendungszeit sprechen für die Verwendung eines Displays oben rechts neben dem Lenkrad auf dem Dashboard
Horrey und Wickens (2004)	Positionen: ▪ B ▪ C ▪ K	▪ Spurabweichung ▪ Standardabweichung der Geschwindigkeit ▪ Reaktionszeit auf kritische Events ▪ Aufgabenerfüllung	▪ Größere Varianz in der Spurabweichung durch die tiefe Mittelkonsole ▪ Reaktionszeit auf kritische Events im tiefen Mittelkonsolendisplay größer
Wittmann et al. (2006)	Positionen: ▪ C ▪ D ▪ E ▪ H ▪ I ▪ J ▪ K Bzw. Abbildung 2.10	▪ Dauer Spurabweichung ▪ Bremsreaktionszeit ▪ Reaktionszeit Blickbewegung ▪ Sichtbarkeit Events Fahrszene ▪ Subjektiver Workload ▪ Aufgabenerfüllung	▪ Je größer Abstand zwischen Sichtachse und Display, desto schlechter Fahrleistung und subjektive Bewertung; ▪ Ausnahme: Hohe Mittelkonsole hat weniger negativen Einfluss als Kombiinstrument; ▪ Head-up-Display am besten
Tretten (2008)	Positionen: ▪ D ▪ E ▪ I ▪ K	▪ Usability ▪ Subjektive Bewertung	▪ Nach subjektiver Einschätzung konnten Nebenaufgaben im HUD am besten bearbeitet werden; ▪ kein Unterschied zwischen Kombi und hoher Mittelkonsole; tiefe Mittelkonsole deutlich schlechter

2.2.3 Prävalenz und Risiko der Fahrerablenkung

Laut Lee, Young und Regan (2009) stellt Fahrerablenkung eine Teilmenge von Unaufmerksamkeit dar. Sie kann willentlich oder unwillentlich erfolgen, im Fahrzeug oder außerhalb des Fahrzeuges begründet liegen und internale Aktivitäten beinhalten. Zusammenfassend bezeichnet Fahrerablenkung die Verschiebung der Aufmerksamkeit von den Handlungen, die für eine sichere Fahrzeugführung wesentlich sind, hin zu einer konkurrierende Beschäftigung (Lee et al., 2009).

Für diese Arbeit spielt besonders die willentliche Ablenkung aufgrund von Tätigkeiten im Fahrzeug eine Rolle. Unter diese Nebentätigkeiten fallen verschiedene Handlungen, die sich in „technologiebasierte" und „nichttechnologische" Aktivitäten unterteilen lassen (Bayly, Young & Regan, 2009). Nichttechnologische Handlungen sind zum Beispiel Essen, Trinken und Rauchen, Unterhaltungen mit Mitfahrern, Körperpflege und das Greifen nach Objekten. Der Fokus dieser Arbeit liegt jedoch auf der Ablenkung durch technologische Systeme wie ins Fahrzeug integrierte Informations- und Kommunikationssysteme und die Nutzung von mobilen Geräten wie beispielsweise Smartphones. Aufgrund der großen Anzahl an Studien zu diesem Bereich wird im Folgenden ein Überblick gegeben.

Ferdinand und Menachemi (2014) berichten nach ihrer Analyse von 206 Veröffentlichungen aus 280 Studien, dass bei 80 Prozent der Studien ein negativer Einfluss der Nebentätigkeiten auf die Fahrleistung nachgewiesen wurde. Bei 10,3 Prozent konnte ein protektiver Zusammenhang und nur bei 9,7 Prozent gar kein Zusammenhang gefunden werden. Der größte Anteil der Studien beschäftigt sich mit der Nutzung von Mobiltelefonen (52,5 %), aber auch andere Tätigkeiten wie Musik hören (8,2 %), Gespräche mit Mitfahrern (12,9 %) und das Interagieren mit Fahrzeuginformationssystemen (9,3 %) wurden betrachtet. Ferdinand und Menachemi (2014) stellen fest, dass bei Studien zur Mobiltelefonnutzung die Wahrscheinlichkeit einen negativen Einfluss auf die Fahrleistung zu erkennen noch einmal um 16 Prozent ansteigt.

Dem gegenüber kommen Vollrath, Huemer, Nowak und Pion (2014) in ihrer umfangreichen Metaanalyse zur Wirkung von Informations- und Kommunikationssystemen im Fahrzeug auf deutlich geringere Werte. Den höchsten Anteil an Beeinträchtigungen finden sie beim Schreiben und Lesen von SMS mit 69 Prozent, aber auch die Bedienung des Fahrerinformationssystems, um Betriebsinformationen zu erhalten, führt in 34 Prozent der Studien zu Beeinträchtigungen. Eine Übersicht ihrer Ergebnisse ist in Abbildung 2.12 zu finden.

Die in den Studien ermittelten Risiken, die zum Großteil im Fahrsimulator oder auf Teststrecken erhoben wurden, lassen jedoch nicht direkt auf das Risiko im realen Straßenverkehr schließen (Fitch & Hanowski, 2011; McCartt, Hellinga & Bratiman, 2006). Die künstlichen Situationen können demnach ein unnatürliches Fahrerverhalten hervorrufen, zum Beispiel durch das nicht vorhandene Verletzungsrisiko. Darüber hinaus lässt die Instruktion den Probanden oftmals wenig Spielraum ob und in welcher Situation sie die Nebentätigkeit ausführen.

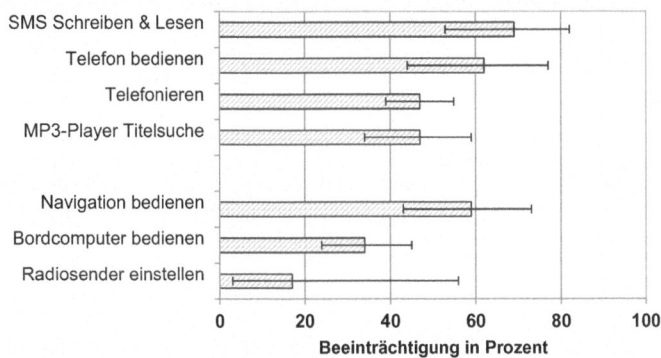

Abbildung 2.12: Anteil von Beeinträchtigungen bei verschiedenen Nebentätigkeiten im Fahrzeug nach Vollrath et al. (2014). Dargestellt sind die Prozentsätze mit den entsprechenden 95 % - Vertrauensintervallen.

Im realen Straßenverkehr spielt der aktuelle Fahrerzustand sowie die, in der Situation herrschende, Belastung eine wichtige Rolle. Zu dieser Erkenntnis kommen auch Fitch und Hanowski (2011), die sich in ihrer Analyse mit der Nutzung des Mobiltelefons beschäftigen. Als Datenbasis nutzen sie Daten aus Naturalistic Driving Studien von Olson, Hanowski, Hickman und Bocanegra (2009) sowie Klauer et al. (2006) und kommen zu dem Ergebnis, dass die Nutzung von Mobiltelefonen je nach Situation einen negativen oder positiven Effekt bewirken kann. Wenn die Fahraufgabe einer geringen Beanspruchung entspricht, bewirkt die Nutzung von Mobiltelefonen nur beim Vorgang des Wählens ein erhöhtes Risiko. Bei einer mittleren Beanspruchung kommt es dagegen zu einer generellen Erhöhung des Risikos. Dieses ist nach Fitch und Hanowski (2011) jedoch auf Handlungen zurückzuführen, die in Verbindung mit dem Telefonieren ausgeführt werden (z. B. Anruf initiieren), und nicht auf das Telefonieren selbst. Dieses ist eher mit einem verringerten Risiko verbunden. Aus demselben Grund kommt es bei einer hohen Beanspruchung durch die Fahraufgabe zu einer Verringerung des Risikos, da Fahrer in beanspruchenden Situationen nur telefonieren, aber keine weiteren Tätigkeiten mit dem Mobiltelefon ausführen. Auch Atchley und Chan (2011) sowie Hickman, Hanowski und Bocanegra (2010) belegen, dass Telefonieren eine protektive Wirkung ausüben kann.

Analysen zum Risiko durch Nebentätigkeiten mit den Daten aus einer Naturalistic Driving Study durch Victor et al. (2014) zeigen einen ähnlichen Effekt (Tabelle 2.2). Das Telefonieren an sich birgt kein Risiko, aber andere Tätigkeiten mit dem Mobiltelefon wie das Texten führen zu einem erhöhten Unfallrisiko. Dingus et al. (2016) kommen bei ihrer Analyse von Daten aus derselben Datenerhebung zu der Einschätzung, dass das relative Risiko eines Unfalls durch die Bedienung eines touchbasierten Fahrerinformationssystems um dem Faktor 4,6 erhöht wird.

Tabelle 2.2:   Odds Ratio für verschiedene Nebentätigkeiten beim Autofahren nach Victor et al. (2014).

Tätigkeiten	Beinahe-Unfall	Unfall + Beinahe-Unfall	Unfall
Telefonieren	0.1 (n. s.)	0.1	0 (n. s.)
Telefonanruf annehmen (inkl. Mobiltelefon lokalisieren und ergreifen)	1 (n. s.)	1.7 (n. s.)	2.5 (n. s.)
Texten mit dem Mobiltelefon	7	5.6	3.5 (n. s.)
Bedienen/ Beobachten des Radios	1.7 (n. s.)	2.3 (n. s.)	-

Neben dem potenziellen Risiko durch die Nebentätigkeiten spielt auch die Nutzungshäufigkeit eine Rolle. Die reellen Anteile der Nutzung in Bezug zur gefahrenen Zeit lassen sich ebenfalls am verlässlichsten aus den objektiven Aufzeichnungen im Rahmen von Naturalistic Driving Studies ermitteln. Hier zeigt eine Studie aus den USA von Stutts et al. (2005) aus den Jahren 2000 und 2001, dass Fahrer im Mittel 3,8 Prozent ihrer Fahrzeit Fahrzeugsysteme und zusätzlich 1,4 Prozent der Zeit ein ins Fahrzeug integriertes Musiksystem bedienen. Darüber hinaus wird 1,3 Prozent der Fahrzeit das Mobiltelefon verwendet, wobei dies alle Handlungen umfasst, die zum Telefonieren benötigt werden. Für die Einordnung dieser Werte ist zu bedenken, dass in heutigen Serienfahrzeugen das Audiosystem in der Regel ins Fahrzeuginformationssystem integriert und die Anzahl der Funktionen deutlich angestiegen ist. Darüber hinaus hat die Verbreitung von Mobiltelefonen seit 2001 stark zugenommen. Metz, Landau und Just (2014) kommen bei ihrer Studie in Deutschland auf ähnliche Zahlen, wobei sie herausstellen, dass das Verhalten sehr abhängig von Mitfahrern ist. Sind keine Mitfahrer im Fahrzeug, werden 3,8 Prozent der Zeit das integrierte Fahrzeugsystem eingestellt, 1,4 Prozent telefoniert und 3,4 Prozent das Mobiltelefon bedient. Sind Mitfahrer anwesend, liegen die Anteile dieser Nebentätigkeiten deutlich niedriger.

Die absolute Dauer der Ablenkung durch die Bedienung ist demnach im Mittel relativ gering. Dies trifft dagegen nicht auf den Anteil der Fahrer zu, die diese Handlungen ausführen. Vollrath et al. (2014) kommen nach der Analyse von 21 internationalen Studien zu dem Ergebnis, dass bei Befragungen, in denen die generelle Nutzung erhoben wurde, 89 Prozent der Fahrer das Audiosystem und 34 Prozent die Navigation bedienen, 52 Prozent telefonieren und 49 Prozent SMS schreiben. Laut Daten aus einer eigenen Studie von Vollrath et al. (2016), in der die Tätigkeiten der letzten 30 Minuten abgefragt wurden, gaben 34 Prozent der Fahrer an, ihr Radio bedient zu haben, 20 Prozent telefonierten und fünf Prozent bedienten ihr Telefon manuell.

Eine aktuellere Beobachtungsstudie aus Deutschland, bei denen Fahrer von außen beobachtet wurden, deutet darauf hin, dass die Anteile der Nebentätigkeiten mit dem Smartphone bei deutschen Fahrern sehr hoch liegen im internationalen Vergleich. Vollrath et al. (2016) zeigen durch Erhebungen in Hannover, Berlin und Braunschweig aus dem Jahr 2015, dass 8,4 Prozent aller Fahrer ihr Smartphone nutzen. Die Ablenkung durch das Telefonieren war dabei mit 3,9 Prozent vergleichsweise gering im Gegensatz zum Lesen und Schreiben auf dem Smartphone, die bei 4,5 Prozent liegt.

Auch Persönlichkeitsfaktoren sind für die Betrachtung von Nebentätigkeiten von Bedeutung, weil sie die Bereitschaft sich ablenken zu lassen beeinflussen können. Diese wurden im Zusammenhang mit der Smartphonenutzung bisher allerdings wenig untersucht. Chen (2007) stellt fest, dass aggressive Fahrer das Smartphone zwar etwas mehr nutzen als weniger aggressive Fahrer, dieser Unterschied aber relativ gering ist. Chen, Donmez, Hoekstra-Atwood und Marulanda (2016) zeigen, dass selbstberichtete Fahrerablenkungen mit den Persönlichkeitsfaktoren Impulsivität, Risikofreudigkeit, Sensation Seeking und einem vermehrten Anteil an unsicherem Fahrverhalten verbunden sind.

2.2.4 Strategische Adaption und Kompensationsstrategien

Ein entscheidender Punkt beim Thema Fahrerablenkung ist die Selbstregulation bzw. -kompensation (vgl. Kapitel 2.1.3). Fahrer können ihre Nebentätigkeiten und ihr Fahrverhalten auf strategischer oder operationaler Ebene aufeinander abstimmen oder anpassen (Pöysti, Rajalin & Summala, 2005; Young & Regan, 2007). Zu den strategischen Entscheidungen zählt die Wahl, das Smartphone während der Fahrt zu nutzen oder dies zu vermeiden. Auf der operationalen Ebene tendieren Fahrer dazu Beanspruchung, die durch Nebenaufgaben entsteht, durch Reduzierung der Beanspruchung durch die Fahraufgabe auszugleichen. Zu den typischen Kompensationsverhalten zählt eine Reduzierung der Geschwindigkeit (Alm & Nilsson, 1994; Engström, Johansson & Östlund, 2005; Jamson & Merat, 2005; Oviedo-Trespalacios, Haque, King & Washington, 2017b; Rakauskas, Gugerty & Ward, 2004) und eine Erhöhung des Sicherheitsabstands zum Vorderfahrzeug (Strayer & Drews, 2004; Young & Lenné, 2010).

Schömig, Schoch, Neukum, Schumacher und Wandtner (2015) kommen in ihrem Bericht zu dem Ergebnis, dass Leistungseinbußen durch die Nutzung eines Smartphones beim Fahren feststellbar seien, diese jedoch nicht generell gravierende Auswirkungen auf die Fahrsicherheit darstellen. Das jeweilige Ausmaß sei von der Art der Anwendung und dem Bedienkontext abhängig. Fahrer seien nach Schömig et al. (2015) in der Lage einzuschätzen, in welchen Verkehrssituationen die Ausführung von Nebenaufgaben gefahrlos möglich sei. Aus diesem Grund würden sie sich selbst regulieren und ihre Nebentätigkeiten und deren zeitliche Ausführung an die Fahraufgabe anpassen. Horrey und Lesch (2009) dagegen kommen nach ihrer Teststreckenstudie zu dem Schluss, dass Fahrer trotz des Wissens über die folgenden Fahranforderungen weder ihre Nebentätigkeiten verschieben noch ihre Handlungen strategisch an die Fahrstrecke anpassen. Stattdessen entscheiden sie sich bewusst für die Ablenkung während der Fahrt und nehmen dafür Fahrfehler in Kauf. Auch die Untersuchungen von Liang, Horrey und Hoffman (2015) bestätigen dieses Verhalten. Sie stellen fest, dass Fahrer das Lesen einer SMS auch während hoher Fahranforderungen direkt beginnen, obwohl sie wissen, dass später eine weniger beanspruchende Fahrstrecke erreicht wird. Auch weitere Autoren postulieren, dass Fahrer aktiv Nebenaufgaben initiieren (Lee & Strayer, 2004) bzw. sich selbst dazu entscheiden sich abzulenken (Lerner, 2005). Allerdings passen die Fahrer ihr Blickverhalten an die Ansprüche der

Fahraufgabe an und schauen in anspruchsvollen Situationen anteilig vermehrt auf die Fahrszene (Liang et al., 2015; Metz, Schömig & Krüger, 2011).

Untersuchungen, die sich mit dem Fahrverhaltensadaptionen im Zusammenhang mit Persönlichkeitsfaktoren beschäftigen, zeigen jedoch, dass nicht alle Fahrer ihr Verhalten anpassen, um das Risiko zu verringern. Laut Oviedo-Trespalacios, Haque, King und Washington (2017a) reduzieren Low-Sensation-Seeker ihre Geschwindigkeit nicht. Darüber hinaus kann eine hohe individuelle Risikobereitschaft von Autofahrern dazu führen, dass der Blick deutlich länger von der Straße abgewendet wird (Donmez, Boyle & Lee, 2010).

Nach Betrachtung der Studien ist es nicht möglich ein zusammenfassendes Fazit hinsichtlich der strategischen Entscheidung der Fahrer Nebentätigkeiten auszuführen zu ziehen. Unbestreitbar ist jedoch, dass es in einigen Fällen zu einer Adaption des Verhaltens kommt, der Verzicht auf die Tätigkeit dagegen sehr unwahrscheinlich ist.

2.2.5 Einflussfaktoren zur Smartphonenutzung

In vielen Studien wurden das Lesen und Senden von Nachrichten und das Telefonieren mit dem Smartphone beim Autofahren untersucht. Wobei sowohl versucht wurde die Häufigkeit des Verhaltens zu erfassen (Stutts, Hunter & Huang, 2003; Young & Lenné, 2010) als auch die Motivatoren dafür (Seiler, 2015). Es ist im Rahmen dieser Arbeit nicht möglich alle Studien vorzustellen, deswegen wird im Folgenden auf einige besonders relevante Ergebnisse eingegangen.

Die Bestimmung der Prädiktoren für die Nutzung des Smartphones beim Autofahren basiert in vielen Untersuchungen auf der „Theory of planned behavior". Dabei werden die Einflüsse von Normentypen und Überzeugungen auf die Verhaltensabsicht bzw. Intention und das tatsächliche Verhalten bestimmt. Die am häufigsten verwendete Methode zur Datenerhebung waren Onlinefragebögen. Ein Überblick der Studien zu diesem Thema aus verschiedenen Ländern ist in Tabelle 2.3 dargestellt, wobei die bedingenden Faktoren getrennt nach ihrem Einfluss auf Intention und Verhalten aufgeführt werden. Sie ergeben allerdings kein einheitliches Bild und sind aufgrund von unterschiedlichen Itemformulierungen nur schwer zu vergleichen, da diese sich vermutlich auf die Interpretationen der Normen, Überzeugungen und Einstellungen auswirken. Dennoch scheinen die persönlichen Einstellungen zum Nutzen des Smartphones, eigene Wertvorstellungen und das wahrgenommene Risiko bedeutende Aspekte für das Lesen und Schreiben von Textnachrichten zu sein.

Während laut Chen (2007) kein Unterschied der Nutzung zwischen den Altersklassen der Fahrer besteht, berichten andere Autoren, dass jüngere Fahrer das Smartphone häufiger verwenden (Stutts et al., 2003; Vollrath et al., 2016; Young & Lenné, 2010; Zhou, Rau, Zhang & Zhuang, 2012). Dafür finden Chen (2007) sowie Thulin und Gustafsson (2004) Nachweise dafür, dass Frauen das Smartphone seltener benutzen. In anderen Studien finden sich diese Unterschiede nicht (Benson, McLaughlin & Giles, 2015; Nemme & White, 2010; Zhou et al., 2012).

Tabelle 2.3: Studienübersicht zu Prädiktoren der Smartphonenutzung beim Autofahren.

Autoren/ Erhebungsgebiet	Häufigkeiten Smartphonenutzung	Einflussfaktoren auf Intention	Einflussfaktoren auf Verhalten
Nemme und White (2010) Australien	Im Wochenrückblick: ▪ 65,7 % Nachrichten gelesen ▪ 47,3 % Nachrichten geschrieben	▪ Persönliche Einstellungen bedingen Schreiben und Lesen ▪ Eigene Norm und wahrgenommene Verhaltenskontrolle bedingen Schreiben aber nicht Lesen	▪ Moralische Norm prädiziert Schreiben und Lesen
Zhou et al. (2012) China (Peking)	Tendenz Telefonanrufe anzunehmen: ▪ 31,1 % mit Telefon in der Hand ▪ 56,9 % über eine Freisprecheinrichtung	▪ Wahrgenommenes Risiko und Verhaltenskontrolle prädiziert Anrufannahme ▪ Gefolgt von Einstellungen und subjektive Normen ▪ Vergangenes Verhalten Prädiktor für Hand-held Telefonnutzung	
Benson et al. (2015) England	▪ 73,3 % haben jemals Textnachricht gelesen ▪ 57,3 % haben jemals Textnachricht geschrieben	▪ Moralische Normen haben größten Einfluss auf das Schreiben ▪ Gefolgt von Einstellung und Selbstwirksamkeit	
Musicant, Lotan und Albert (2015) Israel	Gelegentliche Nutzung: ▪ 73 % Telefonieren ▪ 35 % Schreiben Regelmäßige Nutzung: ▪ 44 % Telefonieren ▪ 11 % Schreiben		▪ Wahrgenommenes Bedürfnis und wahrgenommenes Risiko prädizieren regelmäßiges Telefonieren ▪ Wahrgenommenes Bedürfnis prädiziert Schreiben
Prat, Gras, Planes, Gonzáles-Iglesias und Sullmann (2015) Spanien	▪ Im Mittel wurden in der Woche vor Erhebung 1.31 ($SD = 2.83$) Nachrichten gelesen und 0.67 ($SD = 1.95$) geschrieben	▪ Einstellung und wahrgenommene Selbstkontrolle hat Einfluss auf Lesen und Schreiben ▪ Wahrgenommenes Risiko hat Einfluss auf Senden ▪ Subjektive Norm hat keinen Einfluss	▪ Wahrgenommenes Risiko prädiziert Lesen letzte Woche ▪ Subjektive Norm hat keinen Einfluss

Nach Seiler (2015) ist das Schreiben von Nachrichten beim Fahren ein erlerntes Verhalten, welches dadurch begünstigt wird, dass es mittlerweile häufig zu beobachten sei. Die stärksten Gründe Nachrichten zu schreiben sind arbeitsbezogen, gefolgt von „just to say hi" (Kontaktsuche ohne Notwendigkeit) und Abstimmungen zum Beispiel zu Terminen. Benson et al. (2015) stellen darüber hinaus fest, dass ein mittlerer positiver Zusammenhang zwischen den Einstellungen „Schreiben während des Fahrens spart Zeit" und „verhindert Langeweile" sowie der Absicht zu schreiben besteht.

2.2.6 Subjektives Erleben und Risikobewertung

Laut Young und Lenné (2010) sind sich Fahrer bewusst, dass ein erhöhtes Unfallrisiko besteht, wenn sie Nebentätigkeiten, wie beispielsweise die Smartphonenutzung, ausführen. Dennoch führt diese Einschätzung nicht immer zum Verzicht auf diese Tätigkeiten. Huemer und Vollrath (2011) stellen in einer Interviewstudie zu Nebentätigkeiten während des Fahrens fest, dass Risikobewertungen von Fahrern je nach Bezugsrahmen unterschiedlich ausfallen. Wenn sie sich auf das generelle Risiko durch eine Tätigkeit beziehen, bewerten beispielsweise mehr als 60 Prozent der Fahrer die Interaktion mit integrierten Fahrzeuginformationsgeräten als gefährlich. Dagegen benennen nur zehn Prozent der Fahrer die Situation als gefährlich, in der sie selbst zuletzt diese Tätigkeit ausgeführt haben. Gründe dafür könnten sein, dass Fahrer generell die Gefahr unterschätzen oder sie in der Lage sind die Tätigkeiten nur in Situationen auszuführen, die eine geringe Beanspruchung aufweisen (Huemer & Vollrath, 2011).

In einer groß angelegten Fragebogenstudie von Thulin und Gustafsson (2004) gaben 90 Prozent der Probanden an, dass der Gebrauch eines Mobiltelefons ohne Freisprecheinrichtung das Unfallrisiko erhöht. Davon erklärten 52 Prozent, dass sie die Erhöhung des Risikos als beträchtlich bezeichnen würden. Für die Verwendung des Mobiltelefons mit Freisprecheinrichtung schätzten immer noch 63 Prozent der Fahrer das Unfallrisiko als hoch ein, aber nur noch neun Prozent empfanden es als beträchtlich.

Lamble, Rajalin und Summala (2002) stellen fest, dass gerade Fahrer, die das Mobiltelefon nutzen, für eine Unterbindung dieses Verhaltens sind. In ihrer Studie in Finnland gaben 68 Prozent der Befragten an, das Telefon während des Autofahrens zu nutzen. Die Hälfte von ihnen hat deswegen schon einmal eine gefährliche Situation erlebt. 48 Prozent der Fahrer plädierten dafür, dass die Regierung verhindern sollte, dass Fahrer ihr Telefon in der Hand benutzen und 27 Prozent glaubten, dass es komplett verboten werden sollte. Die Fahrer, die das Mobiltelefon am häufigsten nutzten, waren am ehesten dafür, dass es Restriktionen geben müsse.

Zusammenfassend wird deutlich, dass Autofahrer sich des potenziellen Risikos durch die Nutzung von Smartphones bewusst sind. Ihre Risikoeinschätzung führt jedoch nicht immer zu einem Verzicht, sondern vielmehr zu einer Situationsauswahl, in der die Ausführung vermeintlich sicher ist.

2.3 Stereoskopische Darstellungen

Die stereoskopische Darstellung von Informationen, welche im Folgenden auch als dreidimensionale Darstellung bezeichnet wird, ist ein vergleichsweise wenig behandeltes Thema im Automobilkontext. Aus diesem Grund soll in diesem Kapitel ein ausführlicher Überblick über verschiedene Aspekte gegeben werden, die für die Einordnung dieser Technik im Fahrzeug eine Rolle spielen. Dazu werden zunächst die Grundlagen der stereoskopischen Wahrnehmung erläutert, gefolgt von einer Darstellung der technischen Umsetzbarkeit von autostereoskopischen Anzeigen im Fahrzeug. Eine Schnittstelle dieser beiden Aspekte stellt die potenzielle Herausforderung durch eine visuelle Überbeanspruchung der Fahrer dar, deren mögliche Ursachen veranschaulicht werden. Davon unbeeinflusst zeigt der folgende Abschnitt ein Bild der Potenziale dreidimensionaler Anzeigen, beruhend auf den Forschungsergebnissen der letzten Jahrzehnte. Abschließend folgt ein ausführlicher Überblick des Stands der Forschung zur Verwendung stereoskopischer Displays im Fahrzeug.

2.3.1 Grundlagen der stereoskopischen Wahrnehmung

Die tiefenbezogene Wahrnehmung und die damit verbundene Verortung von Objekten im Raum bzw. zueinander erfolgt durch die Verarbeitung von okulomotorischen, monokularen und binokularen Tiefenreizen. Okulomotorische Tiefenreize entstehen durch die Anpassung der Augen während der Fokussierung eines Objektes. Die Konvergenz ist eine nach innen gerichtete Bewegung der Augen bei der Betrachtung von nahen Objekten. Durch die Akkommodation verändert sich die Form der Augenlinse bei der Fokussierung von Objekten in unterschiedlicher Distanz (Goldstein, 2008). Monokulare Tiefenreize können mit einem Auge wahrgenommen werden und stellen die Art von Tiefenreizen dar, die auch einem zweidimensionalen Film oder Bild Tiefe verleihen können. Diese umfassen Verdeckung, relative Höhe, relative Größe, perspektivische Konvergenz, vertraute Größe, atmosphärische Perspektive, Texturgradient, Schatten sowie bewegungsinduzierte Tiefe. Eine detaillierte Übersicht zu monokularen Tiefenreizen bieten Blake und Sekuler (2006).

Binokulare Tiefeninformationen, auch binokulare Disparität genannt, resultieren aus den unterschiedlichen Abbildern der Umwelt der beiden Augen. Weil beide Augen horizontal versetzt sind, empfangen beide Augen leicht unterschiedliche Bilder auf der Retina. Das Gehirn kann bei der Verarbeitung der beiden Bilder Tiefeninformationen extrahieren und Objekte in Bezug auf einen fixierten Punkt räumlich einordnen. Objektpunkte, die auf korrespondierende Netzhautpunkte projiziert werden, also die gleiche Entfernung zur Fovea aufweisen, liegen auf einem sogenannten Horopter (Abbildung 2.13). Diese Objekte werden als gleich weit entfernt wahrgenommen. Bei Objektpunkten, die nicht auf dem Horopter liegen, fallen die Projektionen im linken und rechten Auge auf unterschiedliche Netzhautpunkte. Die Distanz zwischen diesen Punkten wird Querdisparität genannt und je weiter das Objekt vom Horopter entfernt liegt, desto größer ist die Disparität. Der Tiefeneindruck, der dadurch entsteht, wird Stereopsis genannt. Bei Objekten, die bis zu einem bestimmten Abstand vom Horopter entfernt liegen (Panum-Areal), werden die Bilder des linken und des rechten Auges verschmolzen, ein Vorgang, der als Fusion bezeichnet wird. Alle Objekte, die außerhalb des Panum-Areals liegen, werden doppelt wahrgenommen, da die Querdisparität zu groß ist, als dass sie fusioniert werden könnten (Helmholtz, Nagel, Gullstrand & Kries, 1910).

Für die Fusion müssen zum einen die identischen Objekte in beiden Bildern einander zugeordnet werden und zum anderen muss der Versatz in der relativen Position eingeschätzt werden (Barlow, Blakemore & Pettigrew, 1967; Julesz, 1960). Physiologisch betrachtet geschieht dies durch Neuronen, die darauf abgestimmt sind, auf unterschiedlich starke Querdisparitäten zu reagieren (Barlow et al., 1967). Durch stereoskopische Aufgaben zur Tiefenwahrnehmung werden großflächige Bereiche der menschlichen Großhirnrinde aktiviert. Darin eingeschlossen sind viele Bereiche zur visuellen Wahrnehmung, aber auch Regionen außerhalb des okzipitalen Cortex hin zur Parietalrinde (Parker, Smith & Krug, 2016). Dennoch sind die Zusammenhänge zwischen der binokularen Disparität und der neuronalen Verarbeitung nicht gänzlich geklärt. Weiterführende Erläuterungen zu beteiligten Regionen des Gehirns sowie der weiteren Verarbeitung von Tiefeninformationen geben Park und Mun (2015), Parker (2007) und Wang et al. (2016).

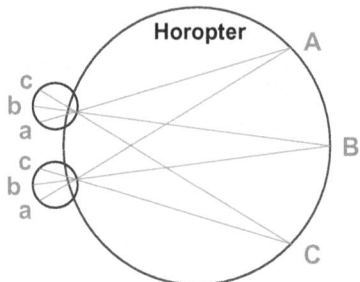

Abbildung 2.13: Schematische Abbildung des Horopters und der Wahrnehmung von gleichweit entfernten Objekten.

Im künstlich erzeugten, digitalen Raum können verschiedene Tiefenreize im Konflikt zueinander stehen. Nach Cutting und Vishton (1995) ist in dem Falle die Verdeckung dominant gegenüber allen anderen Reizen (Cutting & Vishton, 1995). Für die direkte Umgebung des Beobachters spielt darüber hinaus die binokulare Disparität sowie die bewegungsinduzierte Perspektive eine wichtige Rolle. Die relative Größe und die Akkommodation und Konvergenz ist dem untergeordnet ebenso wie die relative Dichte.

Allerdings unterscheiden sich Menschen in ihrem stereoskopischen Sehen. Eine wichtige Rolle spielt dabei die Distanz zwischen den Pupillen, da sie Auswirkungen auf die Disparität und wahrgenommene Tiefe hat. Die interpupillare Distanz ist abhängig von Geschlecht, Alter und ethnischer Herkunft. Für die Mehrheit der Erwachsenen liegt sie in einem Bereich von 50 bis 70 Millimetern, wobei im Mittel von circa 63 Millimetern ausgegangen werden kann (Dodgson, 2004). Menschen mit einer kleineren interpupillaren Distanz erleben mehr Tiefe als Personen mit einer großen Distanz. Ein weiterer Faktor ist das Alter, da sich die Struktur der Augen mit den Jahren verändert. Die Fähigkeit zur Akkommodation nimmt ab einem Alter von circa 40 Jahren ab (Lambooij, IJsselsteijn & Heynderickx, 2007). Ein großer Einschnitt für die Fähigkeit zur Tiefenwahrnehmung liegt bei circa 60 Jahren. Zaroff, Knutelska und Frumkes (2003) stellten fest, dass nur 37 Prozent der über Sechzigjährigen und 25 Prozent der über Siebzigjährigen innerhalb des menschlichen Normbereichs für das stereoskopische Sehen liegen. Darüber hinaus ist es für einige Menschen gar nicht möglich stereoskopisch zu sehen. Dieses Phänomen wird Stereoblindness genannt und betrifft circa fünf bis zehn Prozent der Bevölkerung (Lambooij, IJsselsteijn, Fortuin & Heynderickx, 2009).

2.3.2 Technische Umsetzung stereoskopischer Anzeigen

Dreidimensionale Darstellungen werden zu einem Großteil mit Techniken umgesetzt, die auf der Nutzung von Brillen als Hilfsmittel basieren. Diese sind für den automobilen Kontext weniger geeignet, da sie aus Komfortgründen zu Akzeptanzproblemen führen könnten. Displaytechnologien, die keine Hilfsmittel benötigen und deswegen für die Verwendung im Fahrzeug besser geeignet sind, werden als autostereoskopisch bezeichnet. Detaillierte Erläuterungen zu diesen Techniken sind unter anderem bei Halle (1997), Havig, McIntire, Dixon, Moore und Reis (2008), Holliman, Dodgson, Favalora und Pockett (2011), Lueder (2012) und Dodgson (2005) zu finden.

Im Folgenden wird speziell auf die Technologie der Parallaxendisplays eingegangen. Diese besitzen eine Oberfläche, durch welche Licht in unterschiedliche Richtungen abgestrahlt wird (Halle, 1997). Dabei überwiegen zwei Techniken, die Parallaxenbarriere und die Lentikularlinsen. Bei Displays mit Parallaxenbarriere werden abwechselnd transparente und nicht-transparente Streifen verwendet, welche jeweils eine Pixelreihe für ein Auge verdecken, während sie für das andere Auge sichtbar ist. So nimmt jedes Auge ein eigenes Teilbild wahr. Ein Nachteil dieser Technik besteht in der Reduzierung der Leuchtstärke des Displays aufgrund der Verdeckungseffekte (Halle, 1997; Tauer, 2010).

Für Fahrzeugdisplays ist eine hohe Leuchtintensität notwendig, um auch bei Sonnenschein und Lichtreflexionen die Ablesbarkeit des Displayinhalts zu gewährleisten. Aus diesem Grund werden im Rahmen dieser Arbeit Displays mit Lentikulartechnik verwendet und im Folgenden näher beschrieben.

Die Anfänge der Nutzung von Lentikularlinsen zur Erstellung von dreidimensionalen Abbildungen begannen bereits Ende der 1920er Jahre. Seit dieser Zeit wurde das Prinzip zum Beispiel für 3D-Postkarten („Wackelbilder") genutzt. Einen Überblick zur Entwicklung der Lentikulartechnik für Autostereoskopie gibt Roberts (2003). Grundlage der Technik ist eine transparente Folie, die auf einem Display angebracht wird und aus einem linearen Raster mit schmalen, plankonvexen, zylindrischen Linsen besteht. Durch die Linsen wird das Licht der Pixel bzw. Subpixel abhängig vom Eintrittswinkel unterschiedlich stark gebrochen und so können unterschiedliche Teilbilder für beide Augen produziert werden (Dodgson, 2005). Eine schematische Darstellung des Konzepts ist in Abbildung 2.14 zu sehen.

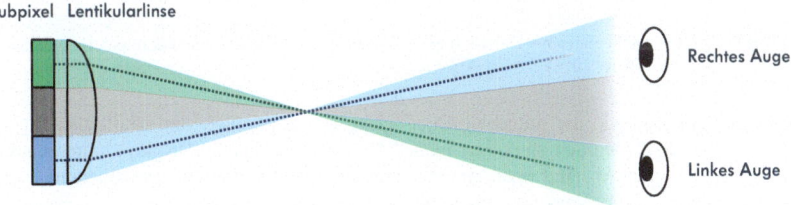

Abbildung 2.14: Schematische Darstellung der Funktionsweise für eine Linse eines Lentikularlinsendisplays.

Ein Nachteil dieser Technik ist die Notwendigkeit, dass sich der Betrachter immer in einem so genannten „Sweet spot" befinden muss, um die stereoskopische Abbildung sehen zu können (Dodgson, 2005). Dieser Bereich ist durch die Auslegung der Linsen bestimmt und definiert die notwendige Entfernung vom Display und den Blickwinkel des Betrachters. Verlässt der Betrachter diesen Sichtbereich, empfängt das jeweilige Auge nicht mehr das für sich bestimmte Teilbild und es kann kein korrektes dreidimensionales Bild wahrgenommen werden. Um diesem Effekt entgegen zu wirken, können mehrere Ansichten erzeugt werden, wodurch sich der Sweet spot vergrößert und der Betrachter mehr Bewegungsfreiraum erhält. Durch die Nutzung der Lentikularlinsentechnik verringert sich jedoch die Auflösung der Darstellung in Abhängigkeit von der Anzahl der Ansichten (Holliman et al., 2011). So reduziert sich die Auflösung der Darstellung bei fünf Ansichten beispielsweise auf circa ein Fünftel der ursprünglichen Auflösung des Displays.

Die Differenz zwischen den unterschiedlichen Sichtwinkeln der Augen wird als Parallaxe bezeichnet. Wenn der Blick auf ein Objekt gerichtet ist, welches vor der Displayebene (genannt Nullebene) zu liegen scheint, kreuzen sich die Blicklinien der beiden Augen. Dieses wird negative Parallaxe genannt. Liegt ein Objekt hinter der Nullebene, kreuzen sich die beiden Blicklinien entsprechend hinter der Nullebene. In diesem Fall wird von einer positiven Parallaxe gesprochen. Eine schematische Darstellung der Parallaxen ist in Abbildung 2.15 abgebildet. Eine technische Erklärung sowie Berechnungsmöglichkeiten sind bei McIntire et al. (2015) zu finden.

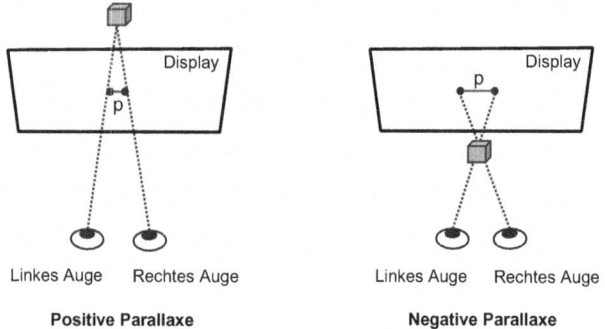

Positive Parallaxe   **Negative Parallaxe**

Abbildung 2.15: Schematische Darstellung der positiven und negativen Parallaxe (angelehnt an Broy, 2016).

Eine weitere Technik, die mit unterschiedlichen Tiefen arbeitet, sind Multilayerdisplays (MLD). Bei dieser werden zwei oder mehr LCDs (Liquid Crystal Display) hintereinander mit einem kleinen Abstand positioniert. Dahinter befindet sich eine gemeinsame Lichtquelle, welche die Displays von hinten beleuchtet und ermöglicht, dass die Informationen auf der hinteren Ebene durch die Vordere zu sehen sind (Bell, Craig, Paxton, Wong & Galbraith, 2008; Dünser, Billinghurst & Mancero, 2008). Im Vergleich zu anderen Displays wird hierbei eine physikalische Tiefe genutzt. Dies ist ein Vorteil, da die Tiefe somit für alle Personen und unabhängig von einem „Sweet spot" wahrnehmbar ist. Zudem entstehen weniger Auflösungsprobleme. Allerdings kann keine durchgehende Dynamik dargestellt werden, weil kein tiefenbezogener Raum sondern nur statische Ebenen existieren. Die MLD-Technik stellt eine Möglichkeit dar, Studien zur stereoskopischen Wahrnehmung durchzuführen, wird in dieser Arbeit jedoch nicht verwendet (Dünser et al., 2008; Wong et al., 2005). Aufgrund der unterschiedlichen Techniken ist über die Vergleichbarkeit der Ergebnisse an dieser Stelle keine Aussage möglich.

2.3.3 Visueller Diskomfort

Ein Problem bei der Nutzung von stereoskopischen 3D-Techniken mit künstlichen Tiefen ist die visuelle Überforderung bzw. der visueller Diskomfort (Lambooij et al., 2007; Lambooij et al., 2009; Terzić & Hansard, 2016). Das Betrachten von dreidimensionalen Darstellungen kann von Menschen als unangenehm empfunden werden. Je nach Studie betrifft dies 14 bis 50 Prozent der Probanden (McIntire et al., 2015; Read & Bohr, 2014; Solimini, 2013). Symptome sind unter anderem müde Augen, Augenschmerzen, das Gefühl von Druck in den Augen, verschwommene Sicht, Kopfschmerzen, Schmerzen in Nacken und Schultern sowie eine verringerte Arbeitseffizienz und Konzentrationsschwäche. Eine detaillierte Übersicht der Symptome ist bei Lambooij et al. (2007) zu finden.

Die Ursachen von visuellem Diskomfort sind vielseitig (Bando, Iijima & Yano, 2012; Kooi & Toet, 2004; Lambooij et al., 2007, 2007; Lambooij et al., 2009; Urvoy, Barkowsky & Le Callet, 2013). Zu den am meisten diskutierten Gründen zählen die folgenden Aspekte:

- Überzogene Disparität: Die beiden Bilder der Augen weisen eine zu große Disparität auf, sodass die Fusion der Bilder nicht mehr funktioniert. Welche Werte als zu große Disparität empfunden werden, ist individuell unterschiedlich. Dennoch sollten maximal 70 - 90 Winkelminuten genutzt werden (Tauer, 2010).

- Akkommodation-Konvergenz-Diskrepanz: Akkommodation, Konvergenz und Pupillengröße sind drei Mechanismen, die in der natürlichen Umwelt gemeinsam reagieren, wenn einer der drei stimuliert wird (Tauer, 2010). Bei der künstlichen dreidimensionalen Bildwiedergabe bleibt die Akkommodation gleich, die Konvergenz wechselt jedoch häufig (Abbildung 2.16). Diese Entkopplung von Akkommodation und Konvergenz kann zu Unwohlsein führen.

  In der Literatur ist dies ein häufig genannter Grund für Diskomfort, jedoch nicht unumstritten. Es spricht vieles dafür, dass die Disparität von geringen Einfluss für den Diskomfort ist, wenn sie nicht mehr als ein Grad Verschiebung aufweist (Lambooij et al., 2007). Die Stärke des Effekts hängt jedoch auch von der Blickdistanz ab (Shibata, Kim, Hoffman & Banks, 2011).

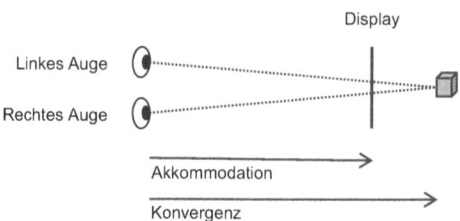

Abbildung 2.16:   Schematische Darstellung der Akkommodations-Konvergenz-Diskrepanz bei dreidimensionalen Displayanzeigen (angelehnt an Broy, 2016).

- Unnatürliche Schärfe und Unschärfe: Diskrepanz zwischen dem Grad der Schärfedarstellung in künstlichen dreidimensionalen Grafiken und der natürlichen Schärfewahrnehmung. Bei sehr hoch aufgelösten Displays können Darstellungen in der Tiefe immer noch sehr scharf dargestellt sein, obwohl sie natürlicherweise weniger scharf sein sollten im Vergleich zu weiter vorne liegenden Objekten. Dies trifft aber nicht auf autostereoskopische Displays mit mehreren Sichten zu (Lambooij et al., 2007). Auf der anderen Seite können bei der Erzeugung von stereoskopischen Bildern Artefakte oder eine Verschwommenheit entstehen, die keiner natürlichen Unschärfe entspricht (Lambooij et al., 2007).

- Crosstalk: Vermischung der Bilder für das rechte und linke Auge. Crosstalk kann zu Geisterbildern oder verschwommenen Bildern führen und wird als ein Hauptgrund für visuellen Diskomfort gesehen (Kooi & Toet, 2004). Für autostereoskopische Displays mit mehreren Sichten wird er allerdings zum Teil bewusst genutzt, um Bildsprünge zu verringern, was den Komfort wiederum erhöhen kann (Lambooij et al., 2007).

Eine Übersicht, wie diesen Ursachen für visuellen Diskomfort entgegengewirkt bzw. wie das Auftreten dessen verhindert werden kann, geben Terzić und Hansard (2016).

2.3.4 Wahrnehmung und Einsatz stereoskopischer Anzeigen

Eine grundlegende Entdeckung zeigt sich im Hinblick auf visuelle Suchaufgaben, wie sie bereits in Kapitel 2.1.2 erläutert wurden. Wenn ein Zielobjekt in einer Gruppe von den Distraktoren identifiziert werden soll, kann eine stereoskopische Tiefenstaffelung der Objekte die Suchleistung verbessern. Die Arbeitsgruppe um Nakayama belegt, dass eine Suche innerhalb einer Tiefenebene durchgeführt werden kann, ohne von Distraktoren in einer anderen Ebene beeinflusst zu werden (He & Nakayama, 1992; Nakayama & Silverman, 1986; Nakayama & Joseph, 1998). In den folgenden Jahren bestätigten auch viele weitere Studien die verbesserte Leistung durch stereoskopische Reize bei Suchaufgaben (Dent, Braithwaite, He & Humphreys, 2012; Dünser et al., 2008; O'Toole & Walker, 1997; Parrish, Williams & Nold, 1994; Reis, Liu, Havig & Heft, 2011). Nakayama und Joseph (1998) sowie McIntire, Havig und Geiselman (2014) bezeichnen dies als einen wahrnehmungsbasierten Pop-Out des Zielreizes. Andere Untersuchungen weisen allerdings auf einige Einschränkungen hin. So sei die visuelle Suchaufgabe mit Tiefeninformationen nicht vollständig unabhängig von der Anzahl der Distraktoren, was gegen eine einfache Einteilung in eine parallele Suchform spricht (O'Toole & Walker, 1997). Außerdem machten La Rosa, Moraglia und Schneider (2008) darauf aufmerksam, dass die parallele Suche nur bei großen Disparitäten auftritt und bei kleineren Disparitäten die Tiefenebenen nicht so einfach getrennt werden können. Außerdem scheint die stereoskopische Eigenschaft nicht so effektiv zu sein wie Farbe oder Form (Chau & Yeh, 1995; Dünser et al., 2008).

McIntire et al. (2014) betrachten in ihrer Metaanalyse mehr als 180 Experimente aus über 160 Publikationen, in denen die Aufgabenerfüllung mit stereoskopischen und ohne stereoskopische Darstellungen verglichen werden. Über alle Studien hinweg kommen sie zu dem Ergebnis, dass es in einem überwiegenden Teil (60 %) eine Leistungssteigerung durch stereoskopische Darstellungen gibt. In 15 Prozent der Studien wurden nur geringe Vorteile oder gemischte Effekte berichtet und in 25 Prozent konnten keine Vorteile nachgewiesen werden. Darüber hinaus gibt es nach ihrer Analyse nur sehr seltene Fälle, bei denen eine Verschlechterung der Leistung beobachtet wurde. Für die Bewertung ordnen sie alle Studien in die folgenden sechs Kategorien ein:

- Urteile über Positionen und Distanzen
- Finden, Identifizieren und Klassifizieren von Objekten
- Räumliche Manipulation von Objekten
- Navigation
- Räumliches Verständnis, Erinnerung und ins Gedächtnis rufen
- Lernen, Trainieren oder Planen

Da für den Rahmen dieser Arbeit besonders die ersten beiden Kategorien von Bedeutung sind, werden diese im Folgenden näher betrachtet. In den 28 Experimenten, in denen Urteile über Positionen oder Distanzen getroffen werden mussten, zeigte sich in 57 Prozent ein klarer Vorteil durch 3D. Dabei lagen bei 14 Prozent gemischte Ergebnisse vor und in 29 Prozent der Fälle wurde kein Unterschied festgestellt. Die Studien, die keinen klaren positiven Effekt aufwiesen, zeigten oftmals, dass monokulare Tiefenreize genauso hilfreich waren wie binokulare (Ntuen, Goings, Reddin & Holmes, 2009; Reising & Mazur, 1990).

In das Themengebiet „Finden, Identifizieren und Klassifizieren von Objekten" fallen 26 Experimente, von denen 65 Prozent eine deutliche Leistungsverbesserung durch stereoskopische Darstellungen nachweisen. In nur acht Prozent der Studien zeigen sich gemischte Effekte und in 27 Prozent der Studien wurde kein Unterschied deutlich. Ein Beispiel für Studien, bei denen keine klaren Vorteile für eine 3D-unterstützte Darstellung gefunden wurden, sind zum Beispiel die Experimente von Peinsipp-Byma, Rehfeld und Eck (2009). Sie testen 2D- und 3D-Ansichten von Satellitenbildern zur Identifikation von Objekten und fanden lediglich deskriptive Vorteile für 3D. Ebenso stellen McKee, Watamaniuk, Harris, Smallman und Taylor (1997) in einer Grundlagenuntersuchung zu 3D-Wahrnehmung und Bewegung fest, dass stereoskopische Ansichten sehr nützlich für das Detektieren von einzelnen statischen Objekten in einer Gruppe von Distraktionen sind, aber weniger helfen, wenn sich die Objekte bewegen. Einen Nachteil für stereoskopische Abbildungen identifizierten Steiner und Dotson (1990), bei denen Flugzeuge auf dem Radar in einer zweidimensionalen Darstellung schneller identifiziert werden konnten als in einer dreidimensionalen Abbildung.

McIntire et al. (2015) fassen zusammen, dass 3D keinen Vorteil gegenüber 2D beinhaltet bei Aufgaben:

- die einfach und unkompliziert sind
- in denen Probanden bereits ausgeprägte Fähigkeiten haben
- bei denen Tiefeninformationen nicht erforderlich sind
- bei denen andere starke und hochqualitative monokulare Tiefenreize vorliegen
- bei denen eine zu geringe Disparität vorliegt

Insgesamt kommen sie jedoch zu dem Fazit, dass stereoskopische Darstellungen in vielen Fällen die Leistung bei tiefenbezogenen Aufgaben verbessert. Dies trifft besonders auf komplexe und anspruchsvolle Aufgaben zu sowie auf Aufgaben, die nicht gut trainiert sind (McIntire et al., 2014).

Ein großer Anteil der Studien, die leistungsbezogene Vorteile aufzeigen, kommt aus dem medizinischen Fachbereich und beschäftigt sich mit dreidimensionalen Abbildungen in bildgebenden Verfahren zur Identifikation bestimmter Gewebearten (Byrn et al., 2007; Nelson, Ji, Lee, Bailey & Pretorius, 2008). Weitere intensiv erforschte Bereiche stellen die militärische Forschung und die Flugzeugführung dar (Parrish et al., 1994; Watkins, Heath, Phillips, Valeton & Toet, 2001; Wickens, 2000).

Neben den leistungsbezogenen Maßen, die größtenteils auf Reaktionszeiten und Aufgabenerfüllung fokussieren, existieren nur wenige Studien, die sich mit dem Workload beschäftigen. Dan und Reiner (2016) weisen jedoch durch EEG-Messungen nach, dass stereoskopische Darstellungen die kognitive Anstrengung reduzieren können. In ihrer Studie falteten Probanden Origamifiguren. Als Vorlage wurden ihren zum einen ein zweidimensionaler und zum anderen ein stereoskopischer Film gezeigt. Die Auswertung zeigte, dass die Probanden einer höheren kognitiven Anstrengung ausgesetzt waren, wenn sie der zweidimensionalen Vorlage folgten. Darüber hinaus profitierten Probanden mit geringem räumlichen Vorstellungsvermögen stärker von der stereoskopischen Darstellung als Probanden, die über ausgeprägte räumliche Fähigkeiten verfügten.

Neben stereoskopischen Tiefenreizen können auch monokulare Tiefenreize die Erfüllung von tiefenbezogene Aufgaben unterstützen. Diese Stilmittel werden bereits in der überwiegenden Anzahl von Darstellungen für die Flugzeug- oder Fahrzeugführung verwendet und als 2,5D oder perspektivisches 3D bezeichnet. Zusammenfassende Erläuterungen zu den Effekten von 2D und 2,5D geben Naikar (1998) und Dixon, Fitzhugh und Aleva (2009). Sie schlussfolgern, dass reine zweidimensionale Darstellungen besser für quantitative Urteile wie beispielsweise über relative Höhe und Distanz geeignet sind. Dahingegen eigenen sich 2,5D-Darstellungen besonders für Aufgaben, bei denen qualitative Urteile getroffen werden müssen, zum Beispiel die Identifikation von Objekten.

2.3.5 Stereoskopische Anzeigen im automobilen Kontext

Nutzen und Grenzen von 3D-Anzeigen bei Krüger (2008)

Zur Nutzung von autostereoskopischen Displays im automobilen Fahrzeugkontext existieren bisher nur wenige veröffentlichte Arbeiten. Einige der ersten Studien stammen von Krüger (2008), die sich im Rahmen ihrer Dissertation mit den Nutzungspotenzialen von 3D-Anzeigen im Fahrzeugkontext beschäftigt. Ihrer Herleitung folgend besteht deren größtes Potenzial in einer räumlich kompatiblen Darstellung der Fahrerassistenzanzeigen zur Fahrerperspektive. Dementsprechend evaluierte sie die optimale perspektivische Darstellung eines Abstandsregeltempomaten und untersuchte mögliche Vorteile für die räumliche Distanzschätzung auf autostereoskopischen Displays. Dafür führte sie in der Zeit von 2003 bis 2005 fünf Studien mit monokularen und binokularen Tiefenreizen sowie klassischen 2D-Ansichten durch. Zusammenfassend zeigte sich, dass stereoskopische 3D-Anzeigen keinen besonderen Nutzen erbringen. In einer Simulatorstudie mit einem Lentikularlinsendisplay mit zwei Ansichten von je 640 x 600 Pixel, bewirkten autostereoskopische Ansichten sogar eine reduzierte Wahrnehmungsgeschwindigkeit bei der Abstandsschätzung sowie eine größere Streuung des Lenkradwinkels während des Fahrens. Allerdings wies sie in ihren Studien eine positive subjektive Bewertung des autostereoskopischen Displays für die Faktoren „Attraktivität" und „Akzeptanz" nach. Darüber hinaus sprachen die Ergebnisse jedoch für eine Verwendung von Anzeigen mit monokularen Tiefenreizen (2,5D).

Evaluation von stereoskopischen User Interfaces bei Broy (2016)

Eine weitere Dissertation, die sich mit autostereoskopischen Displays im Fahrzeug beschäftigt, wurde von Broy (2016) angefertigt. Ihr zentrales Thema war die Verbesserung der Benutzerschnittstelle im Fahrzeug durch stereoskopische Anzeigen. Dafür untersuchte sie sowohl Aspekte der grundlegenden Tiefenwahrnehmungen, um Gestaltungsrichtlinien zur Strukturierung von Informationen zu erstellen, als auch realitätsnahe Kombiinstrument-Konzepte.

In Laborstudien zur Tiefenstaffelung zeigte Broy (2016), dass Objekte besser und schneller auf einer Ebene als zusammengehörig wahrgenommen werden können, wenn die Objekte nahe beieinander liegen und es wenig Tiefenebenen aber große Distanzen dazwischen gibt (Broy, Schneegass, Alt & Schmidt, 2014). Darüber hinaus besitzen Probanden eine individuell sehr unterschiedliche Komfortzone für Parallaxenverschiebungen, die sich aber symmetrisch in positiver und negativer Parallaxe verhält (Broy, Alt, Schneegass, Henze & Schmidt, 2013). Das räumliche Verhältnis zweier Objekte kann laut Broy et al. (2013) jedoch schneller eingeordnet werden, wenn diese sich in der positiven Parallaxe befinden (Broy et al., 2013). Die Ergebnisse dieser Studien basieren auf Untersuchungen mit der Shuttertechnologie, die auf dem Einsatz von elektronisch schaltbaren Brillen basiert, welche abwechselnd das linke und rechte Auge abdunkeln.

Eine weitere Studie mit dieser Technologie wurde im Hinblick auf den erlebten Workload beim Bedienen eines Fahrzeuginformationssystems mit dreidimensionaler Gestaltung durchgeführt (Broy, Andre & Schmidt, 2012). In der Untersuchung erfüllten Probanden auf einem seitlich positionierten 3D-Display Nebenaufgaben, während sie auf einem weiter entfernt stehendem Fernsehbildschirm einen Peripheral Detection Task (PDT) ausführten. Die Nebenaufgaben bestanden aus Infotainment-Eingaben wie dem Auswählen eines Songtitels und dem Starten einer Navigation. Die Analyse deutet darauf hin, dass die stereoskopischen Anzeigen keinen höheren kognitiven Workload erzeugen als die zweidimensionalen Anzeigen. Zudem wiesen die dreidimensionalen Gestaltungen eine höhere Bewertung der Attraktivität und User Experience auf.

In ihren weiteren Untersuchungen fokussierte sich Broy (2016) auf das Kombiinstrument. Bei Betrachtungen von verschiedenen User Interfaces (Nutzerschnittstellen) von Kombiinstrumenten wurde deutlich, dass Tiefenreize einen starken Einfluss auf die wahrgenommene Qualität ausüben. Binokulare Tiefenreize wurden als überzeugender und attraktiver empfunden, wobei nicht auszuschließen ist, dass sie dadurch eine größere Ablenkung darstellen. Darüber hinaus stellte sie fest, dass eine Bewegungsparallaxe durch Head-tracking (Verfolgung der Kopfbewegung) keinen Mehrwert im Hinblick auf Nützlichkeit, Ablesbarkeit oder Attraktivität erwirkt (Broy, Zierer, Schneegass & Alt, 2014).

In einer Fahrsimulatorstudie evaluierten Broy, Alt, Schneegass und Pfleging (2014) die Effekte von 2D und 3D auf die Fahraufgabe sowie die Nebenaufgabenerfüllung. Dabei nutzten sie sowohl ein autostereoskopisches Display als auch die Shuttertechnologie. Als User Interface dienten Rundinstrumente, einmal mit geringer und einmal mit hoher Anzeigenkomplexität. Das Interface mit klassischen Kombianzeigeelementen befand sich im Bereich der positiven Parallaxe, während Warnungen in der negativen Parallaxe angezeigt wurden. Als primäre Fahraufgabe sollten die Probanden in der Simulation einem Vorderfahrzeug mit 100 km/h und konstantem Abstand folgen und gleichzeitig in der Nebenaufgabe auf angekündigte und unerwartete Anzeigeereignisse reagieren. Während sich für die Fahrleistung kein Unterschied zwischen der zweidimensionalen und stereoskopischen Ansicht zeigte, unterschieden sich aber die beiden stereoskopischen Anzeigetechnologien. Unter Verwendung der autostereoskopischen Technik konnte eine höhere Querführungsqualität erzielt werden als mit der Nutzung der Shutterbrille. Für das Blickverhalten zeigte sich kein Unterschied, aber bei der Nebenaufgabe wurde in der stereoskopischen Darstellung auf unerwartete Events schneller reagiert und die erwarteten Events genauer in ihrer Distanz geschätzt.

Abschließend führte Broy (2016) zwei Realfahrtstudien durch, um die Nebenaufgabenleistung mit 3D-Kombiinstrument und die Nützlichkeit von stereoskopischen Interfaces zu evaluieren. Die Nebenaufgabe bestand jeweils aus dem manuellen Quittieren einer Notifikation. Eine erste Expertenstudie deutete darauf hin, dass es zwar keinen Unterschied in der Nebenaufgabenbearbeitung zwischen 2D und 3D gibt, 3D aber als attraktiver bewertet wird. Außerdem betonten die Experten die Nützlichkeit des dreidimensionalen Designs, um Relationen zwischen Objekten darzustellen und Distanzen zu schätzen. Auch in einer zweiten Probandenstudie konnte bei einer leicht geänderten Aufgabenstellung kein Unterschied zwischen 2D und 3D in der Reaktionszeit und der Qualität der Aufgabenbearbeitung festgestellt werden. Allerdings wurde ein Unterschied in der wahrgenommenen Dringlichkeit berichtet. Zwar unterschieden sich 2D und 3D nicht, aber die Anzeige von Symbolen in der negativen Parallaxe erhöht die wahrgenommene Dringlichkeit (Broy, Guo, Schneegass, Pfleging & Alt, 2015). Die stereoskopische Ansicht übte darüber hinaus auch keinen Einfluss auf die subjektive Beanspruchung aus.

Zusammenfassend können stereoskopische Displays laut Broy (2016) einen deutlichen Mehrwert ins Fahrzeug bringen, wenn die verbleibenden Herausforderungen gemeistert werden. Dazu zählt der visuelle Diskomfort ebenso wie eine bisher unzureichende Qualität der autostereoskopischen Displays. Einen besonderen Vorteil der stereoskopischen Displays im Fahrzeug sieht sie, neben der Möglichkeit zur räumlichen Tiefenstaffelung von Informationen, in der Steigerung der User Experience und Attraktivität durch den Einsatz als Innovation.

Einsatz stereoskopischer Kontrollleuchten bei Szczerba und Hersberger (2014)

Szczerba und Hersberger (2014) untersuchten den Nutzen von stereoskopischen Tiefenreizen für die Wahrnehmung von Kontrollleuchten im Kombiinstrument. Dabei wurde ein 10,1 Zoll Barrierendisplay mit einem klassischen Cadillac-Interface mit drei Tuben verwendet, um welche verschiedenfarbige Kontrollleuchten angeordnet waren. Szczerba und Hersberger (2014) verglichen die Reaktionszeit beim Suchen einer Kontrollleuchte sowie die Sensitivität der Probanden für Statusveränderungen bei zwei- und dreidimensionalen Anzeigen. Die Darstellung der Kontrollleuchten in der stereoskopischen Ansicht erfolgte in der negativen Parallaxe. Die Studie zeigte, dass die Anwesenheit einer Kontrollleuchte durch eine stereoskopische Ansicht nicht schneller erkannt wurde als in 2D, aber deren Abwesenheit. Außerdem konnte die Statusänderung einer Kontrollleuchte nach einer Displayausblendung eher festgestellt werden, wenn sie mit einem stereoskopischen Tiefenreiz codiert war. Allerdings galt dies nur für ein Set von einer oder drei angezeigten Kontrollleuchten und nicht bei fünf oder sieben.

Nutzen durch stereoskopische Tiefenreize bei Pitts, Hasedžić, Skrypchuk, Attridge und Williams (2015)

Pitts et al. (2015) verfolgten in drei Studien das Ziel, die Wirksamkeit von autostereoskopischen Displays für tiefencodierte Inhalte beim Fahren festzustellen. Dabei fokussierten auch sie sich auf die Verwendung eines 3D-Displays als Kombiinstrument. In einer ersten Fahrsimulatorstudie untersuchten sie mit einem 10,1 Zoll Barrierendisplay die Tiefenwahrnehmung von monoskopischen und stereoskopischen Anzeigen, die in der positiven Parallaxe verschoben waren. Die Probanden konnten dabei die Verschiebung eines von drei Ringen in 3D fehlerfreier beurteilen und benötigten dafür im Mittel weniger Blickzuwendungszeit. Besonders deutlich wurde der Effekt bei einer geringen Parallaxe. In den folgenden beiden Studien untersuchten sie Rahmenbedingungen für die Anzeigengestaltung im Standversuch mit einem 13,3-Zoll Lentikularlinsendisplay. Sie stellten fest, dass die Qualität der Darstellungen eng mit der Stärke der Parallaxenverschiebung korreliert, wobei ein Qualitätsverlust nicht grundsätzlich unakzeptabel für den Nutzer ist. Darüber hinaus bestimmten sie die minimale Parallaxe, die notwendig ist, um einen Tiefeneindruck zu erzeugen. Zusammenfassend kommen Pitts et al. (2015) dennoch zu dem Schluss, dass tiefencodierte Informationen präziser wahrgenommen werden als 2D-Anzeigen. Stereoskopische Displays haben ihrer Auffassung nach damit das Potenzial die Sicherheit im Fahrzeug zu erhöhen, weil sie Fahrer unterstützen können Informationen bei kritischen Ereignisse besser zu erkennen.

Zusammenfassend ist festzustellen, dass Stereoskopie für den Einsatz im Fahrzeug nicht umfassend untersucht ist und insbesondere Erkenntnisse über den positiven Nutzen für die Wahrnehmung von Informationen fehlen. Darüber hinaus kann keine Aussage darüber getroffen werden, wie sich stereoskopische Ansichten auf das Fahr- und Blickverhalten im realen Verkehr auswirken. Viele Ansätze aus der Grundlagenforschung sowie aus verwandten Bereichen der Automobilindustrie deuten jedoch darauf hin, dass der Einsatz von Tiefenstaffelungen einen Vorteil für die Informationsaufnahme bewirken kann.

3 Zielsetzung der Arbeit

In dem vorhergehenden Kapitel wurde der Mensch in seiner Rolle als Fahrzeugführer und die Konkurrenz der Hauptaufgabe des Fahrens mit Nebentätigkeiten dargestellt. Ein besonders starker Trend zeigt sich bei der Ablenkung durch Mobile Devices. Diese halten immer mehr Einzug in die Fahrzeuge und werden auch während der Fahrt genutzt, wobei die damit einhergehende visuelle Ablenkung ein Risiko für die Fahrsicherheit darstellt. Die Verwendung der externen Geräte ist insbesondere im Hinblick auf die Komplexität und Darstellungsart der Informationen sowie deren Bedienbarkeit nicht auf den automobilen Gebrauch abgestimmt. Obwohl in vielen Ländern, wie auch in der Bundesrepublik Deutschland, die Interaktion mit dem Smartphone in der Hand verboten ist, ist eine starke Verbreitung dieser Handlung zu beobachten. Das Bedürfnis der Fahrer die Funktionen ihres Smartphones zu nutzen, übersteigt demnach sowohl das Bestreben zur Einhaltung der Gesetze als auch das eigene Risikoempfinden. Die Erfüllung dieses offensichtlichen Kundenbedürfnisses und die gleichzeitige Sicherstellung der Fahrsicherheit stellt eine große Herausforderung dar, der sich die Fahrzeughersteller annehmen sollten. Aus diesem Grund soll im Rahmen dieser Arbeit in Kooperation mit der Konzernforschung der Volkswagen AG die Frage beantwortet werden:

Wie können Infotainment-Anzeigen im Fahrzeug visuell ablenkungsfreier dargestellt werden, um das stetig wachsende Informationsbedürfnis der Fahrer ohne Beeinträchtigung der Fahrzeugführung zu erfüllen?

Dazu ist es zunächst erforderlich, die relevanten Bedürfnisse der Fahrer in Bezug auf Information und Funktion zu identifizieren. Auf Basis der bisher existierenden Beobachtungsstudien sind keine Schlussfolgerungen darüber möglich, welche Funktionen neben dem Telefonieren genutzt werden. Darüber hinaus existieren nur wenige Daten zur Smartphonenutzung im Fahrzeug aus Deutschland (Vollrath et al., 2014). Auf Basis heutiger Anwendungen soll jedoch definiert werden, wie umfassend Informationen angezeigt werden müssen und in welchem Umfang eine Lösungsfindung notwendig ist. Zur begründeten Festlegung dieses Rahmens ist es wichtig, die Motive der Fahrer zu verstehen, um den Stellenwert der Smartphonenutzung im Fahrzeug zu begreifen. Zudem darf nicht außer Acht gelassen werden, dass Fahrer unterschiedliche Beweggründe haben und auch ihre Persönlichkeitseigenschaften von Bedeutung sein können.

Sind die Art und der Umfang der erforderlichen Inhalte definiert, soll die Frage beantwortet werden, wie diese mit möglichst minimaler Ablenkung dargestellt werden können. Ein zentraler Punkt besteht dabei in der Wahl des Displays bzw. seiner Position, welche im ersten Schritt untersucht wird. Ausgehend von den, in Kapitel 2.1.4 beschriebenen, klassischen Fahrzeugdisplays muss geprüft werden, welche Positionen für die Betrachtung von Infotainment-Anzeigen am wenigsten Auswirkungen auf die Fahraufgabe ergeben. Der Fokus bisheriger Fahrstudien liegt vor allem auf der peripheren Wahrnehmung der Umgebung und der Spurhaltung (Lamble et al., 1999; Summala et al., 1996).

© Springer Fachmedien Wiesbaden GmbH, ein Teil von Springer Nature 2019
J. Sandbrink, *Gestaltungspotenziale für Infotainment-Darstellungen im Fahrzeug*,
AutoUni – Schriftenreihe 132, https://doi.org/10.1007/978-3-658-23942-8_3

Ganzheitliche Untersuchungen wurden bisher nur in geringer Zahl im Fahrsimulator durchgeführt (Wittmann et al., 2006). Aus diesem Grund sollen im Rahmen dieser Arbeit verschiedene Aspekte der sicheren Fahrzeugführung betrachtet werden, wie zum Beispiel die Umfeldwahrnehmung, das Blickverhalten und die Quer- und Längsführung. Darüber hinaus ist die Bearbeitung der Nebenaufgaben von Bedeutung, da die Fahrer beim Erfassen der Informationen unterstützt werden sollen und ihre Optimierung einen Beitrag zur sicheren Fahrzeugführung darstellt.

Als zweiter Schwerpunkt wird der Einsatz von dreidimensionalen Darstellungen betrachtet, um Informationen effektiv und ablenkungsarm anzuzeigen. In Kapitel 2.3.4 ist dargelegt, dass stereoskopische Darstellungen in ähnlichen Bereichen, wie beispielsweise der Luftfahrt, erfolgreich eingesetzt werden, um Betrachtern die Erfassung von Informationen zu erleichtern. Für den Fahrzeugkontext wurde diese Technik bisher nur in geringem Maße betrachtet (vgl. Kapitel 2.3.5). Dabei lag der Fokus zudem hauptsächlich auf der User Experience und der Eignung der Anzeige für Fahrassistenzsysteme und Warnungen (Broy, 2016; Krüger, 2008). Im Rahmen dieser Arbeit soll darüber hinaus festgestellt werden, ob die stereoskopische Darbietung von Infotainment-Inhalten einen Nutzen für den Fahrer bietet und die wahrgenommene Komplexität reduziert. Aufgrund der Neuartigkeit der Technik im automobilen Kontext und der Abhängigkeit der Leistungsergebnisse von den verwendeten Technologien, müssen zur Beantwortung der Frage zunächst grundlegende Erkenntnisse ohne Einflüsse der Fahraufgabe zur geeigneten Umsetzung der Inhalte gewonnen werden.

Für die Verwendung im Fahrzeug ist es entscheidend, ob die Technologie der Stereoskopie auch für die Verwendung während der Fahrt geeignet ist. Krüger (2008) rät auf Basis der damals zur Verfügung stehenden Technik von einer Verwendung autostereoskopischer Displays im Fahrzeug ab. Eine Aussage über die generelle Sinnhaftigkeit von autostereoskopischen Displays im Fahrzeug kann jedoch nicht getroffen werden, da die Ergebnisse mit der heutigen Technologie möglicherweise anders ausfallen könnten. Allerdings kann auch Broy (2016) in ihrer Realfahrtstudie keinen Effekt der stereoskopischen Darstellung auf die Wahrnehmung feststellen. Aber auch zu dieser Fragestellung existieren keine ganzheitlichen Studien, von denen sich umfassende Bewertungen hinsichtlich der Wirkung von stereoskopischen Anzeigen auf den Fahrer und sein Verhalten schließen lassen. Aus diesem Grund soll zum Abschluss dieser Arbeit in einer Realfahrtstudie geprüft werden, welchen Nutzen stereoskopische Infotainment-Darstellungen während der Fahrt besitzen und welche Wirkung diese Anzeigen im Vergleich zu zweidimensionalen Anzeigen auf den Fahrer sowie seine Fahrleistung ausüben.

Insgesamt soll so ein Beitrag geliefert werden, um Infotainment-Anzeigen visuell besser darstellen zu können. Als Bewertungsrahmen für die Unterstützung des Fahrers und die optimale Anzeigengestaltung dient die menschliche Fahrzeugführung beim manuellen, assistierten und teilautomatisierten Fahren (Automationsstufen 0 bis 2 nach SAE), bei denen der Fahrer keine fahrirrelevante Nebentätigkeiten ausführen sollte (SAE J3016). Der Aufbau der vorliegenden Arbeit entspricht der hier beschriebenen Vorgehensweise.

4 Onlinestudie zum infotainment-bezogenen Nutzerwunsch

4.1 Fragestellung

Infotainment-Systeme sind mit dem Ziel gestaltet, den Fahrer zu informieren und zu unterhalten und gleichzeitig geringstmöglich von der Fahraufgabe abzulenken. Dies ist einer der Gründe für den eingeschränkten Funktionsumfang von fahrzeugeigenen Infotainment-Systemen im Vergleich zu anderen Infotainment-Geräten wie zum Beispiel Smartphones oder Tablets. Ein weiterer Grund sind die Produktlebenszyklen von Kraftfahrzeugen, welche deutlich länger als in der Unterhaltungs- und Informationselektronikbranche sind. In dieser dominieren sehr kurze Produktionszyklen und darüber hinaus steigt die Zahl an Funktionen durch regelmäßige Softwareupdates auch innerhalb eines Produktzyklus rasant an. Dem Nutzer stehen deswegen im Alltag eine kaum begrenzte Anzahl an Funktionen und Informationen zur Verfügung, die den Funktionsumfang von fahrzeugeigenen Infotainment-Systemen deutlich übersteigt. Dies ist ein Hauptgrund für die vermehrte Nutzung von Mobile Devices im Fahrzeug (vgl. Kapitel 2.2.3). Gleichzeitig nimmt durch die verstärkte Nutzung von Mobile Devices das Risiko im Straßenverkehr zu und die Unfallwahrscheinlichkeit steigt, da diese Geräte nicht für den automobilen Kontext ausgelegt sind (vgl. Kapitel 2.2.3). Dadurch stehen die Automobilhersteller vor der Herausforderung, die Bedürfnisse ihrer Kunden zu erfüllen und gleichzeitig eine sichere Fahrzeugführung zu ermöglichen.

Für die Feststellung der spezifischen Bedürfnisse der Fahrer ist es notwendig zu erheben, welche Funktionen Autofahrer im Fahrzeug nutzen möchten. Dieses Wissen sollte aufgrund der Schnelllebigkeit nicht nur in Bezug auf die aktuell zur Verfügung stehenden Funktionen gesammelt werden, sondern generalisierende Aussagen ermöglichen. Deswegen müssen die Gründe für das Informationsbedürfnis sowie deren Gewichtung erhoben werden. Da anzunehmen ist, dass Autofahrer hinsichtlich ihres Informationsbedürfnisses keine homogene Gruppe sind, sollen unterschiedliche Nutzergruppen charakterisiert werden, um bedarfsgerecht Informationen anbieten zu können. Für die Charakterisierung sollen sowohl soziodemografische als auch persönlichkeitsspezifische Aspekte berücksichtigt werden. Die Erhebung dieser Fahrerbedürfnisse bildet einen Ansatzpunkt für die Entscheidung, welche Funktionen ins fahrzeugeigene Infotainment integriert werden sollten.

Für diese Untersuchung der Kundenbedürfnisse, ihrer Stärke und den Gründen zur Nutzung werden keine Hypothesen aufgestellt. Vielmehr soll deskriptiv analysiert werden, auf welche Art und Weise Funktionen verwendet werden und welche Einflussfaktoren dabei von Bedeutung sind. Ebenso soll die Identifizierung und Charakterisierung der Nutzergruppen explorativ erfolgen.

© Springer Fachmedien Wiesbaden GmbH, ein Teil von Springer Nature 2019
J. Sandbrink, *Gestaltungspotenziale für Infotainment-Darstellungen im Fahrzeug*,
AutoUni – Schriftenreihe 132, https://doi.org/10.1007/978-3-658-23942-8_4

4.2 Methodik

Um das Informationsbedürfnis möglichst konkret zu erfassen, soll das Smartphone als Zugangsmedium dienen. Dieses Device wird von weiten Teilen der Bevölkerung genutzt und war 2016 mit 81 Prozent das meistgenutzte Gerät für den Internetzugang (Destatis, 2016). Mehr als 17 Prozent der Nutzer verwenden das Smartphone täglich über zwei Stunden, um mobiles Internet zu nutzen (Statista, 2016). Somit kann davon ausgegangen werden, dass Autofahrer ihr Informationsbedürfnis durch das Smartphone weitestgehend befriedigen können und nahezu alle für sie wichtigen Funktionen darauf verfügbar sind. Die Besonderheit, das Nutzerbedürfnis über ein Medium zu erheben, welches rechtmäßig nur sehr eingeschränkt im Fahrzeug verwendet werden darf und ein Sicherheitsrisiko darstellen kann, muss bei der Bewertung der Ergebnisse berücksichtigt werden. Auf der anderen Seite kann dadurch die Stärke des Bedürfnisses umfangreicher erfasst werden, wenn das Smartphone trotz der eingeschränkten Nutzungserlaubnis verwendet wird. Darüber hinaus stellt der Anteil der Fahrer, die ein Smartphone beim Autofahren verwenden, eine besondere Zielgruppe dar. Sie erlebt mehr Stress und Beanspruchung beim Autofahren als andere Fahrer (Chen, 2013). Außerdem gehört sie zu einer Risikogruppe, für die ein erhöhtes Unfallpotenzial besteht (Vollrath et al., 2014). Die Betrachtung dieser Nutzergruppe ist zudem zielführend, da sie voraussichtlich ein stärkeres Informationsbedürfnis empfindet und verstärkt unterstützt werden sollte. Zwar existieren bereits viele Studien zur Smartphonenutzung (vgl. Kapitel 2.2.5), es liegen aber nur wenige Daten aus Deutschland vor (Vollrath et al., 2016). Zudem handelt es sich um eine schnelllebige Entwicklung, die es notwendig macht aktuelle Daten zu erheben (McCartt et al., 2006; Vollrath et al., 2014).

Für die Erhebung wurde eine Onlinebefragung durchgeführt, die es ermöglicht, einen Gesamteindruck auf Basis einer großen heterogenen Stichprobe einzufangen. Darüber hinaus eignen sich Befragungsstudien, um zu erheben, welche Funktionen mit dem Mobiltelefon genutzt werden, da diese Information in Beobachtungsstudien schwer zu erheben ist (Metz et al., 2014; Vollrath et al., 2014). Ein weiterer Vorteil der Onlinebefragung liegt in der ökonomischen Durchführung. Durch die ersichtliche Anonymität der Befragungsart wird zudem die Bereitschaft gestärkt, Fehlverhalten, wie beispielsweise die Smartphonenutzung beim Autofahren, zuzugeben. Darüber hinaus kann ein Selbstbericht durch Onlinebefragungen auch nicht aufgezeichnete Handlungen erfassen und ist vergleichsweise reliabel und weitgehend frei vom Bias der sozialen Erwünschtheit (Duffy, Smith, Terhanian & Bremer, 2005; Mühlenfeld, 2004). So berichten zum Beispiel Boufous et al. (2010) von einer sehr verlässlichen Quote an selbstberichteten Unfällen.

4.2.1 Erhebung

Der vorliegende Datensatz wurde durch einen Onlinefragebogen anonym mittels Schneeballsystem per E-Mail und Veröffentlichung auf Onlineplattformen gewonnen. Der Erhebungszeitraum umfasste August bis Dezember 2015. Voraussetzung für die Teilnahme war der Besitz eines Führerscheins und eines Smartphones. Insgesamt wurde der Umfragelink 689 Mal aufgerufen und 563 Personen begannen mit dem Ausfüllen. Vor Beginn der statistischen Analyse wurde der Datensatz bereinigt. Dabei wurden alle

Probanden gelöscht, die die Voraussetzungen nicht erfüllt haben oder den ersten Teil des Fragebogens nicht vollständig ausfüllten. Eine Übersicht der zur Verfügung stehenden Daten ist im Anhang A.1 zu finden. Darüber hinaus wurden die Items der standardisierten Fragebögen nach Vorgabe umcodiert und Skalenwerte berechnet.

4.2.2 Erhebungsinstrument

Für die Erhebung des Nutzerwunsches wurden sowohl validierte Fragebögen genutzt als auch selbstformulierte und -definierte Items verwendet. Im Folgenden wird ein kurzer Überblick über die Befragungselemente gegeben, welche in zwei Teile aufgeteilt sind. Der vollständige Fragebogen ist im Anhang A.2 zu finden.

Der erste Teil des Onlinefragebogens bestand aus Fragen zur Soziodemografie und Smartphonenutzung, wobei insbesondere die Art und Häufigkeit der Nutzung sowohl für den Alltag als auch im Fahrzeug abgefragt wurde. Es wurden Gründe für die Verwendung des Smartphones sowie für die Nicht-Nutzung erhoben.

Um ein einheitliches Verständnis für die Beantwortung der Fragebogenitems zu gewährleisten, wurden in den Instruktionen Handlungsbeschreibungen definiert. Diese orientierten sich an den geltenden Gesetzen, um eine Kategorisierung in legale und verbotene Handlungen zu ermöglichen. Das Führen des Fahrzeugs bzw. Autofahren wurde wie folgt definiert: *„Unter Autofahren ist auf den nächsten Seiten immer die Situation zu verstehen, bei der Sie auf dem Fahrersitz sitzen, der Motor läuft und Sie sich auf einer öffentlichen Straße oder einem öffentlichem Gelände befinden."*

Die Verwendung des Smartphones wurde folgendermaßen abgegrenzt: *„Zur Nutzung zählt jede Aktion, die Sie mit Ihrem Smartphone ausführen (inkl. Telefonieren, Messaging, Navigation, etc.). Dabei ist es egal, ob Sie das Smartphone mit dem Fahrzeug gekoppelt haben, es sich in einer Halterung befindet oder Sie es in der Hand halten."*

Darüber hinaus wurde die Regelkenntnis der Teilnehmer sowie deren Einhaltung erfragt. In diesem Abschnitt war zudem eine Abfrage zur Unfallbeteiligung innerhalb der letzten fünf Jahre enthalten. Im Anschluss wurde abgefragt, wie häufig Probanden typische Tätigkeiten im Fahrzeug ausführen, die nicht im Zusammenhang mit der primären Fahraufgabe stehen. Nach Abschätzung der Häufigkeit dieser Tätigkeiten wurde eine Einschätzung dazu erfragt, wie risikohaft die Probanden diese Tätigkeiten einschätzen, ob sie ein gutes Gewissen haben, wenn sie die Tätigkeiten ausführen und wie wohl bzw. unwohl sie sich dabei fühlen. Die Items für diesen Teil des Fragebogens wurden neu formuliert und durch Expertenbeurteilungen abgesichert.

Im zweiten Teil des Fragebogens wurden verschiedene Persönlichkeitsfaktoren und Veranlagungen der Probanden abgefragt. Für die Erfassung der Persönlichkeitsfaktoren wurde auf validierte Fragebögen zurückgegriffen, deren Konstrukte im Folgenden erläutert sind.

Kontrollüberzeugung im Umgang mit Technik

Die Kontrollüberzeugung im Umgang mit Technik (KUT) ist ein Persönlichkeitskonstrukt, welches entwickelt wurde, um die Gestaltung und Bewertung von technischen Systemen in der Mensch-Maschine-Interaktion zu unterstützen und legt einen Fokus auf den automobilen Kontext (Beier, 2004). Der Fragebogen berücksichtigt sowohl internale als auch externale Kontrollüberzeugungen, wobei das Konstrukt im Zusammenhang mit dem Umgang mit technischen Geräten sowie dem emotionalen Erleben während der Interaktion steht (Beier, 2004).

Der allgemeine Fragebogen besteht aus acht Items, die sich auf die Kontrollüberzeugung gegenüber Technik im Ganzen beziehen. Als weitere Einflussfaktoren postulierte Beier (2004) den Fahrstil bzw. Fahrertyp sowie das Kontrollbedürfnis. Er zeigte, dass anhand der Skala „Fahrertyp" zwei Cluster von Fahrern zu identifizieren sind, die offensiven Fahrer und die defensiven. Offensive Fahrer wählten in seinen Untersuchungen deutlich häufiger Unterstützungsvarianten von Systemen, die ihnen Informationen geben. Darüber hinaus entwickelte er eine Skala, die handlungsbezogen das Kontrollbedürfnis der Menschen im Umgang mit Technik erfasst.

Für die Untersuchungen im Rahmen dieser Arbeit wurde der allgemeine Fragebogen zur Kontrollüberzeugung im Umgang mit Technik verwendet sowie neun bzw. acht Items der Skalen zum Fahrertyp und dem Kontrollbedürfnis.

Big Five

Der BFI-K ist eine Kurzversion des Big Five Inventory (John & Srivastava, 1999) und wurde von Rammstedt und John (2005) entwickelt, um ein ökonomisches und dennoch valides Instrument zur Erfassung der Persönlichkeit zur Verfügung zu stellen. Der Fragebogen erfasst mit 21 Items die fünf Persönlichkeitsfaktoren Extraversion, Verträglichkeit, Gewissenhaftigkeit, Neurotizismus (jeweils vier Items) und Offenheit für Erfahrungen (fünf Items) und ist trotz seiner Kürze hinreichend reliabel und valide (Rammstedt & John, 2005). Extraversion umfasst unter anderem Eigenschaften wie Gesprächigkeit, Durchsetzungsfähigkeit, Begeisterungsfähigkeit und Aktivitätsdrang. Verträglichkeit bezieht sich auf Empathie, Kooperationsbereitschaft und Nachgiebigkeit. Gewissenhaftigkeit bezeichnet das Pflichtbewusstsein, das Streben nach Leistung und Organisation sowie Besonnenheit und Selbstdisziplin. Neurotizismus zeigt sich in der Vulnerabilität, Unsicherheit, Ängstlichkeit und Impulsivität. Dahingegen umfasst Offenheit für Erfahrungen die Bereitschaft sich auf Neues einzulassen, Kreativität sowie den Wunsch nach Abwechslung und Flexibilität. Eine Übersicht über die Geschichte des Big-Five-Ansatzes und die renommiertesten Erhebungsinstrumente geben Lang und Lüdtke (2005).

Sensation Seeking

Das Persönlichkeitskonstrukt der „Sensation Seeker" geht zurück auf eine Gruppe um Marvin Zuckerman und basiert auf den individuellen Beurteilungen eines optimalen Levels an Stimulation bzw. Arousal. Zuckerman, Bone, Neary, Mangelsdorff und Brustman (1972) definieren einen Sensation Seeker als Person, die abwechslungsreiche und neue Empfindungen und Erfahrungen benötigt, um ihr bestmögliches Erregungsniveau aufrecht zu halten. Zur Messung dieses Persönlichkeitskonstruktes entwickelte er die verbreitete Sensation Seeking Scale, welche über viele Jahre weiterentwickelt wurde (Zuckerman, Kolin, Price & Zoob, 1964; Zuckerman, 1979, 1996). Diese steht jedoch in der Kritik, weil sie Betätigungsmöglichkeiten voraussetzt, die nur von wenigen Personen mit genügend Geld, Freizeit und körperlicher Fitness zu verwirklichen sind (Gniech, Oetting & Brohl, 1993). Darüber hinaus sind Items enthalten, die exakt das Verhalten abfragen, welches durch die Skala prädiziert werden soll (Arnett, 1994; Gniech et al., 1993). Arnett (1994) entwickelte aus diesem Grund das Arnett Inventory of Sensation Seeking (AISS) als Messinstrument, welche sich auf die beiden Faktoren „Neuheit" und „Intensität" bezieht. Einige Jahre später wurde eine deutsche Version des AISS entwickelt und validiert (Roth & Herzberg, 2004; Roth & Mayerhofer, 2014). Sensation Seeking wird in der Literatur häufig mit riskantem Fahrverhalten in Zusammenhang gebracht wie zum Beispiel Geschwindigkeitsübertretungen (Jonah, 1997; Jonah & Thiessen, Rachel, Au-Yeung, Elaine, 2001; Roth & Hammelstein, 2003).

Werteorientierung

Die „Theorie grundlegender menschlicher Werte" von Schwartz (2012) gehört zu den verbreitetsten modernen Konzepten zur Werteorientierung. Seine entwickelten Messinstrumente zur Erhebung dieser Werte wurden in über 200 Studien und mehr als 60 Ländern genutzt (Schmidt, Bamberg, Davidov, Herrmann & Schwartz, 2007). In der Entwicklung seiner Theorie adaptiert Schwartz verschiedene Ansätze anderer Autoren (Kluckhohn, 1962; Rokeach, 1973) und postuliert die Existenz von zehn grundlegenden motivational unterschiedlichen Werten, die kulturübergreifend stabil sind. Diese sind Macht, Leistung, Hedonismus, Stimulation, Selbstbestimmung, Universalismus, Benevolenz, Tradition, Konformität und Sicherheit. Er leitet diese Werte aus den universellen Anforderungen ab, die Individuen und Gesellschaften bewältigen müssen und geht davon aus, dass Handlungen aufgrund bestimmter Wertemuster ausgeführt werden (Schwartz, 2001).

Im Rahmen seiner Arbeit für den European Social Survey (ESS) erstellte Schwartz (2001) eine Kurzform seines „Portrait Value Questionnaire" (PVQ) zur Erfassung der Werteorientierung mit 21 Items (Schwartz, 2001). Diese Form wird seit Beginn des European Social Surveys im Jahr 2002 durchgehend genutzt. Jedes der 21 Items beschreibt ein kurzes menschliches Portrait mit Zielen, Erwartungen oder Wünschen, die explizit auf die Wichtigkeit eines Wertetyps hinweisen. Für jedes Portrait wird der Proband gebeten die Frage zu beantworten „*Wie ähnlich ist Ihnen diese Person?*". Schmidt et al. (2007) validierten das Konzept des PVQ in Deutschland und untersuchten auch die Dimensionen des PVQ mit der deutschen Stichprobe des European Social Surveys. Sie kommen zu dem Schluss, dass die formale Gültigkeit und Reliabilität der Items des ESS zum großen Teil sehr befriedigend sind. Allerdings ergäbe sich aufgrund der geringen Itemanzahl mit der konfirmatorischen Faktorenanalyse ein Modell mit nur sieben Faktoren, da eine hohe Korrelation zwischen den Faktoren besteht.

Neigung zu Langeweile

Langeweile kann sowohl situativ als auch personell bedingt sein (Harris, 2000). Zur Erfassung der Neigung einer Person zu Langeweile wurde im Rahmen dieser Arbeit auf das Fragebogenkonstrukt der Boredom Proponess Scale von Farmer und Sundberg (1986) zurückgegriffen, welches von Heller (2008) ins Deutsche übertragen und validiert worden ist. Dies ist der einzige existierende Fragebogen, welcher ein gesamtes Langweile-Konstrukt erfasst und nicht lediglich einzelne Aspekte (Vodanovich, 2003). In den vielen Studien zur Validierung des Fragebogens wurden Strukturen zwischen zwei und fünf Faktoren gefunden (Vodanovich & Kass, 1990; Vodanovich, Wallace & Kass, 2005). Zwei Cluster zeigten sich über alle Analysen stabil: zum einen die Empfindung einer geringen externen Stimulation und zum anderen die Fähigkeit (oder Unfähigkeit) von Personen sich selbst zu beschäftigen (Vodanovich, 2003; Vodanovich et al., 2005). Für die vorliegende Arbeit werden aus Gründen der Effizienz sechs ausgewählte Items der Boredom Proponess Scale verwendet, welche sich auf beide Arten der Stimulation beziehen.

4.2.3 Datenauswertung

Die erhobenen Daten der standardisierten Fragebögen wurden im Hinblick auf ihre Skalenstruktur und Testgüte analysiert. Zuerst erfolgte die Berechnung des Kaiser-Meyer-Olkin-Koeffizienten sowie die Durchführung des Bartlett-Tests auf Sphärizität, um sicherzustellen, dass die Stichprobe für eine Analyse der Faktoren geeignet ist (Rudolf & Müller, 2012; Überla, 1968). Anschließend wurde eine explorative Faktorenanalyse durchgeführt, wobei die Varimax-Rotationsmethode verwendet wurde, um eine möglichst gute Einfachstruktur für die bedeutsamen Faktoren herzustellen (Kaiser, 1958). Zur Überprüfung der Reliabilität erfolgte die Bestimmung von Cronbachs α. Eine Zusammenstellung der Analysen ist im Anhang A.4 zu finden. Die Betrachtung der Werte zeigt nur wenige Übereinstimmungen zwischen den ermittelten Faktorstrukturen und den Strukturen aus der Literatur. Darüber hinaus weist Cronbachs α für viele Skalen eine geringe Reliabilität von unter α = .70 auf. Für die in Abschnitt drei des Ergebnisteils dargestellten Berechnungen wurden deswegen die Skalenzusammensetzungen aus der Literatur verwendet (vgl. Kapitel 4.2.2). Die schwachen Reliabilitäten wurden in Kauf genommen und diese Vorgehensweise wird in Kapitel 4.4 diskutiert.

Aufgrund der vorliegenden Residuenverteilungen werden Gruppenunterschiede mithilfe des nicht-parametrischen Mann-Whitney-U-Tests untersucht sowie bivariate Korrelationsberechnungen nach Spearman durchgeführt. Für alle Test wird das Signifikanzniveau auf α = .05 festgelegt. Die in dieser Arbeit vorgenommenen statistischen Datenauswertungen und Analysen werden mit der Software IBM SPSS Statistics 22 durchgeführt. Die Auswahl der berichteten statistischen Kennwerte orientiert sich an Field (2013).

4.2.4 Stichprobe

Insgesamt haben 420 Teilnehmer die Teilnahmevoraussetzungen erfüllt und den ersten Teil des Fragebogens beantwortet, wovon 362 Teilnehmer auch den zweiten Teil, und damit den kompletten Fragebogen, beantworteten. Die Teilnehmer, die nur den ersten Teil bearbeitet haben, unterscheiden sich hinsichtlich ihrer soziodemografischen Daten und ihrer Smartphonenutzung nicht systematisch von denen, die auch den zweiten Teil ausfüllten. Aus diesem Grund wird im Folgenden die größere Stichprobe mit 420 Teilnehmern beschrieben. Ein Vergleich der beiden Gruppen ist im Anhang A.3 zu finden. Darüber hinaus sind in den Abbildungen zur Alters- und Fahrerfahrungsverteilung beide Gruppen einzeln aufgeführt.

Insgesamt fließen in die Auswertung die Daten von 179 Männern (42,6 %) und 241 Frauen (57,4 %) ein. Der Median der Altersverteilung betrug 27 Jahre ($QA = 10,75$), wobei die Altersspanne zwischen 17 und 65 Jahren lag. Die Verteilung der Altersgruppen ist in Abbildung 4.1 abgebildet. Im Mittel besaßen die Probanden ihren Führerschein seit neun Jahren und zu 79 Prozent einen eigenen PKW.

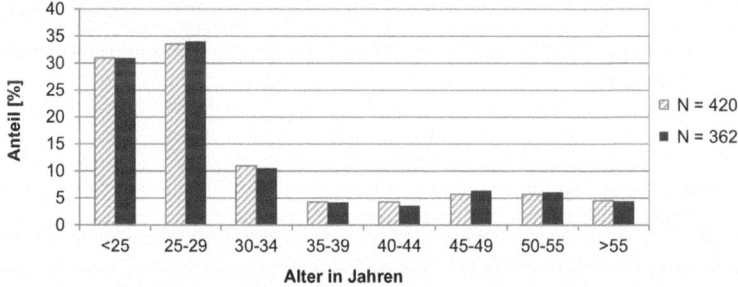

Abbildung 4.1: Häufigkeitsverteilung der Altersklassen der Probanden für die zwei Datensätze.

Der Median der gefahrenen Kilometerleistung der Probanden lag bei 12.000 Kilometern pro Jahr ($QA = 14.000$) und ist in Abbildung 4.2 dargestellt. Von den Teilnehmern haben 51,9 Prozent ein abgeschlossenes (Fach-)Hochschulstudium als höchsten Abschluss, 38,1 Prozent die Hochschulreife erlangt und 9,5 Prozent die mittlere Reife abgeschlossen (z. B. Realschulabschluss).

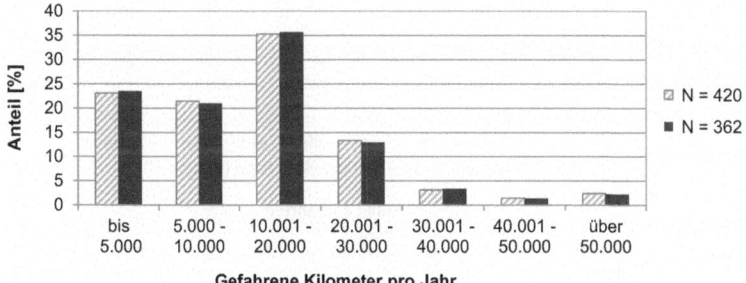

Abbildung 4.2: Häufigkeitsverteilung der pro Jahr gefahrenen Kilometer der Probanden der zwei Datensätze.

Der Mann-Whitney-U-Test zeigt einen Unterschied in der Altersverteilung zwischen Männern und Frauen ($U = 26.13, z = 3.71$, $p < .001$, $r = .18$), wobei die Männer ($Mdn = 29$, $QA = 17$) älter sind als die Frauen ($Mdn = 26$, $QA = 8.5$). Ebenso fahren die Männer ($Mdn = 15000$, $QA = 14.000$) mehr Kilometer im Jahr als die Frauen ($Mdn = 10.000$, $QA = 15.000$) ($U = 27.78, z = 2.78, p = .005, r = .14$).

4.3 Ergebnisse

Die folgende Ergebnisdarstellung umfasst einen Auszug der Gesamtergebnisse, in dem nur ein Teil der erhobenen Daten abgebildet wird. Eine vollständige Darstellung der Erkenntnisse ist im Rahmen dieser Arbeit nicht sinnvoll, da sie für die Fragestellung der Arbeit nicht relevant sind und die Ausführungen den maßvollen Umfang überschreiten würden. Nicht einbezogen wurden die Analysen zur Regelkenntnis, zum Verkehrsverhalten, sowie aller sekundären Tätigkeiten, die keine Smartphonenutzung beinhalteten. Für die Analysen wurden jeweils einzelne Gruppen von Nutzern betrachtet, sodass teilweise nur Auszüge des Datensatzes für einzelne Untersuchungen herangezogen wurden. Die Bezugsgruppe sowie die Größe dieser Gruppe wird jeweils berichtet.

4.3.1 Smartphonenutzung

Die Analyse der Smartphonenutzung erfolgt anhand der Unterteilung in Smartphone-Nutzer und Nicht-Nutzer durch das Item *„Haben Sie in den letzten zwei Wochen Ihr Smartphone während des Autofahrens genutzt?"*. Insgesamt gaben 69,1 Prozent (N = 290) der Teilnehmer an, ihr Smartphone genutzt zu haben. Dabei verwendeten 41 Probanden es jede Fahrt und 70 Probanden seltener als jede vierte Fahrt, wobei der Median bei jeder zweiten Fahrt liegt. In Abbildung 4.3 ist die Häufigkeitsverteilung der Nutzungen aufgetragen.

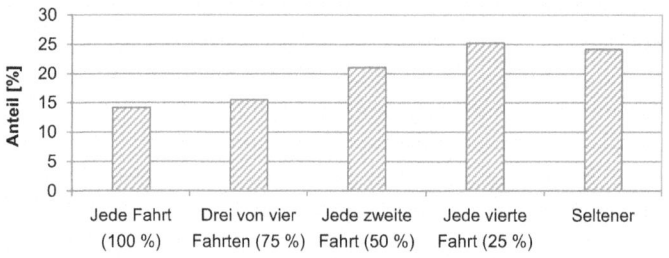

Abbildung 4.3:   Häufigkeitsverteilung der Nutzung des Smartphones nach Fahrten in Prozent (N = 290).

Wenn die Teilnehmer das Smartphone verwendeten, nutzen sie es im Mittel zwei- bis dreimal pro Fahrt, jedoch selten häufiger. Lediglich vier Prozent der Probanden verwendeten es sechs Mal oder häufiger (Abbildung 4.4).

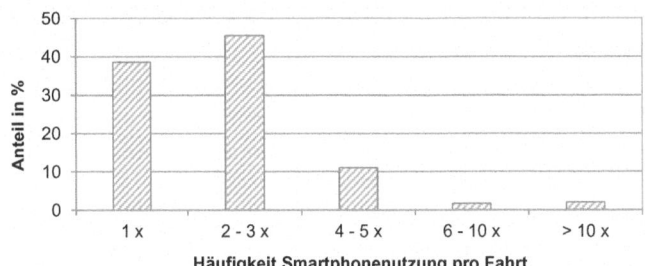

Abbildung 4.4:   Häufigkeitsverteilung der Nutzung des Smartphones pro Fahrt in Prozent (N = 290).

Die am häufigsten genutzten Funktionen sind Telefonieren (19,7 %), Navigation (18,5 %) und Messaging (17,8 %), die zusammen über 55 Prozent der Nutzung abdecken. Darüber hinaus wird das Smartphone häufig genutzt, um Musik zu hören (13,2 %) und die Verkehrsvorhersage (7,7 %) zu erfahren. Die weiteren abgefragten Funktionen liegen bei unter sechs Prozent und sind grafisch in Abbildung 4.5 dargestellt sowie nummerisch im Anhang A.5 aufgeführt.

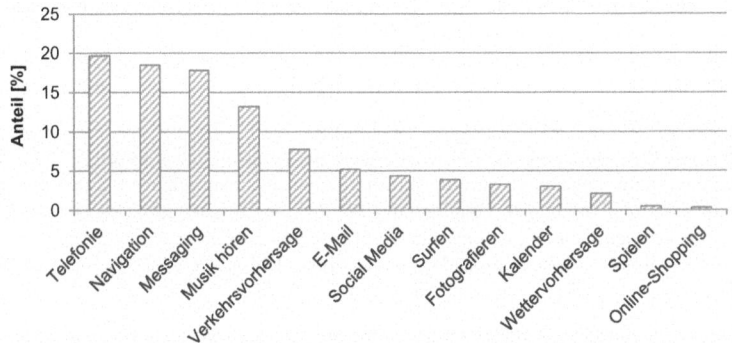

Abbildung 4.5:   Häufigkeitsverteilung der genutzten Funktionen des Smartphones während des Fahrens.

Die Teilnehmer, die in den letzten zwei Wochen ihr Smartphone während der Fahrt genutzt haben, verwendeten es häufig im Stand an einer roten Ampel und selten, wenn sich das Smartphone in einer Halterung befand. Die Handlungen werden zum überwiegenden Teil zwar „gar nicht" oder „selten" ausgeführt, die Verteilungen deuten aber auf eine große Streuung im Verhalten hin. So bedienen circa 20 Prozent der Probanden das Smartphone auch, wenn sie es in der Hand halten (Abbildung 4.6).

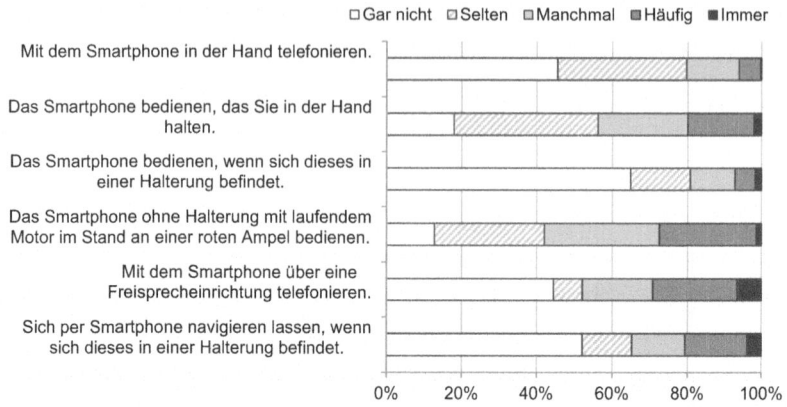

Abbildung 4.6:   Häufigkeitsverteilung der aufgeführten Handlungen während der Fahrt für die Gruppe der Nutzer.

Die Erhebung der Motivation zur Nutzung bzw. Nicht-Nutzung basiert auf Mehrfachnennungen. Für einen Großteil der 290 Probanden liegen die Gründe zur Nutzung des Smartphones bzw. dessen Funktionen in dem Wunsch erreichbar zu sein (N = 228) und die Funktionen zur Verfügung zu haben (N = 138) sowie auf dem Laufenden zu bleiben (N = 90). Darüber hinaus geben 63 Probanden (21,7 %) an, das Smartphone auch aus Langeweile zu nutzen.

Von den 161 Probanden, welche das Smartphone nicht nutzen, geben jeweils 128 Probanden an, das Smartphone nicht zu nutzen, um sich auf die Fahraufgabe zu konzentrieren sowie aufgrund der möglichen Unfallgefahr. Für 112 Teilnehmer spielt es eine wichtige Rolle keine Probleme durch die Smartphonenutzung mit der Polizei zu bekommen und für 99 Personen sind die Verbote ausschlaggebend. Außerdem geben 75 Teilnehmer an Ruhe haben zu wollen und 65 möchten ein Vorbild sein.

Die Beziehung zwischen den Nutzungsgründen und den unterschiedlichen Nutzungsvarianten der Smartphonenutzung ist als Korrelationen in Tabelle 4.1 dargestellt. Kleine bis mittlere Korrelationen sind dabei zwischen der Langeweile und der Nutzung des Smartphones in der Hand zu finden. Dabei geben Teilnehmer, die das Smartphone aus Langeweile nutzen, eine häufigere Nutzung an. Probanden, denen die Verfügbarkeit der Funktionen wichtig ist, verwendeten das Smartphone dagegen häufiger, wenn es sich in einer Halterung befindet und lassen sich häufiger navigieren während es sich in einer Halterung befindet.

Tabelle 4.1: Korrelationen nach Spearman zwischen den Nutzungsgründen und der Ausführung der Smartphonenutzung (N = 290).

Item	Erreich-barkeit	Aktualität	Funktions-nutzung	Langeweile
Mit dem Smartphone in der Hand zu telefonieren.	$r_p = -.145$, $p = .004$	$r_p = -.167$, $p = .004$	n. s	$r_p = -.191$, $p = .001$
Das Smartphone bedienen, wenn sich dies in einer Halterung befindet.	n. s	n. s	$r_p = -.193$, $p = .001$	$r_p = .146$, $p = .013$
Mit dem Smartphone über die Freisprech-einrichtung telefonieren.	$r_p = -.126$, $p = .032$	$p = .793$	$r_p = -.174$, $p = .003$	n. s
Das Smartphone bedienen, das Sie in der Hand halten.	$r_p = -.129$, $p = .028$	$r_p = -.243$, $p < .001$	n. s	$r_p = -.243$, $p < .001$
Sich per Smartphone navigieren lassen, wenn sich dies in einer Halterung befindet.	n. s	n. s	$r_p = -.286$, $p < .001$	$r_p = .137$, $p = .020$
Das Smartphone ohne Halterung mit laufendem Motor im Stand an einer roten Ampel bedienen.	n. s	$r_p = -.205$, $p < .001$	n. s	$r_p = -.280$, $p < .001$

4.3.2 Subjektives Empfinden bei der Nutzung

In die Analyse des subjektiven Empfindens bei der Nutzung des Smartphones wurden alle 420 Probanden einbezogen und für jede Tätigkeit die Gruppe der Personen bestimmt, die diese ausführen und die sie meiden. Dadurch ergeben sich für die Handlungen unterschiedliche Gruppengrößen, die in Abbildung 4.7 dargestellt sind.

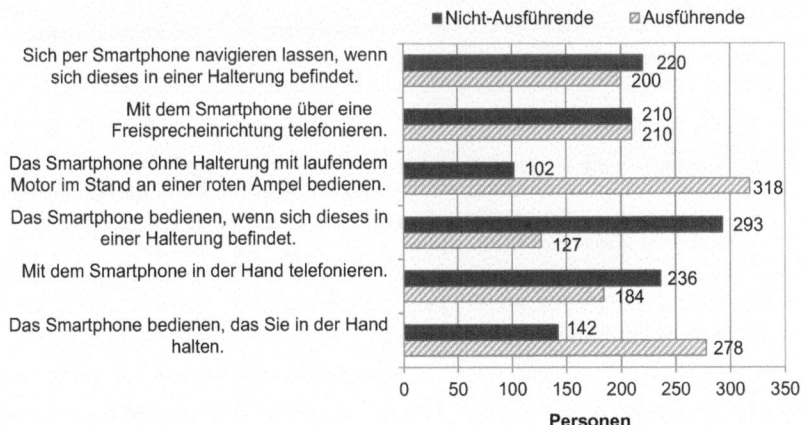

Abbildung 4.7: Häufigkeitsverteilung der Gruppengröße von Teilnehmern je nach Handlungsausführung.

Während jeweils etwa die Hälfte der Personen sich per Smartphone navigieren lässt (N = 200) oder mit Hilfe einer Freisprecheinrichtung telefoniert (N = 210), gibt es bei den anderen Tätigkeiten eine größere Differenz. So bedienen 278 Teilnehmer zumindest „selten" das Smartphone während sie es in der Hand halten, aber nur 127 wenn sich dieses in einer Halterung befindet.

Bei Betrachtung der Gruppen bezüglich der Risikoeinschätzung und des empfundenen Unwohlseins bei der Ausführung der Tätigkeiten zeigen sich die in Abbildung 4.8 und Abbildung 4.9 dargestellten Unterschiede.

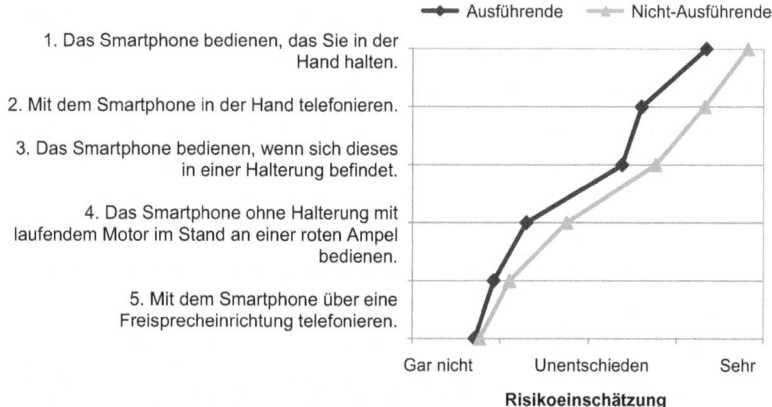

Abbildung 4.8:   Gegenüberstellung des Risikoempfindens der beiden Gruppen von Ausführenden und Nicht-Ausführenden.

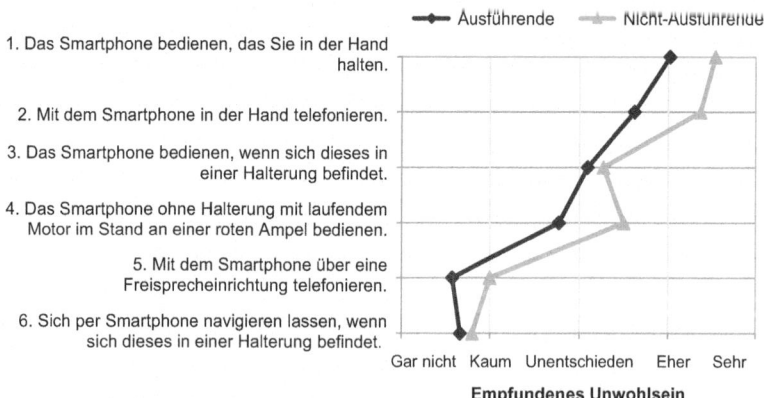

Abbildung 4.9:   Gegenüberstellung des Empfindens von Unwohlsein bei der Ausführung für die beiden Gruppen von Ausführenden und Nicht-Ausführenden.

Der nicht-parametrische Mann-Whitney-U-Test belegt für die Items, bei denen das Smartphone in der Hand gehalten oder aktiv mit ihm interagiert wird, Unterschiede in der Risikoeinschätzung (Items 1 bis 4) zwischen den Gruppen. Die Gruppe der Nicht-Ausführenden schätzt das Risiko während der Handlung höher ein.

Ebenso zeigt der Test in Bezug auf das empfundene Unwohlsein Unterschiede für die Items, in denen sich das Smartphone nicht in einer Halterung befindet (Items 1, 2, 4, 5). Auch hier gibt die Gruppe der Nicht-Ausführenden ein höheres gefühltes Unwohlsein bei der Ausführung an. Die Teststatistiken sind in Anhang A.6 und Anhang A.7 aufgeführt. Darüber hinaus ist zu erkennen, dass sowohl die Risikoeinschätzung als auch die Bewertung des Unwohlseins bei der Ausführung von Handlungen am höchsten ist, wenn das Smartphone während der Fahrt in der Hand gehalten wird.

4.3.3 Individuelle Unterschiede und Risiko der Nutzung

Einfluss soziodemografischer Eigenschaften

Sowohl für die Häufigkeit als auch die Einschätzung bezüglich Risiko und Unwohlsein zeigt der Mann-Whitney-U-Test Unterschiede zwischen Männern und Frauen. Männer bedienen das Smartphone häufiger, wenn es sich in einer Halterung befindet, telefonieren häufiger über die Freisprecheinrichtung und lassen sich häufiger per Smartphone navigieren. Dem gegenüber bedienen Frauen das Smartphone häufiger an einer roten Ampel, obwohl sie das Risiko höher einschätzen als Männer und sich dabei unwohler fühlen. Allerdings handelt es sich bei allen Unterschieden aber um relativ kleine Effekte (r = .10 bis r = .18). Die mittleren Ränge und Teststatistiken sind in Tabelle 4.2 aufgeführt.

Korrelationsberechnungen zwischen der Nutzung des Smartphones innerhalb der letzten zwei Wochen und dem Geschlecht ($p = .348$) bzw. dem Alter ($p = .360$) zeigen keine signifikanten Zusammenhänge. Allerdings gibt es signifikante Korrelationen zwischen dem Alter, dem Geschlecht und den Funktionen, die beim Fahren genutzt werden. Diese weisen jedoch lediglich kleine Effekte auf, die aufgrund der Stichprobengröße von 290 zu vernachlässigen sind. Eine Übersicht der Korrelationen nach Spearman ist in Anhang A.8 aufgeführt. Ebenso gibt es keine bedeutsamen Zusammenhänge zwischen den Gründen der Smartphonenutzung bzw. deren -vermeidung und der Soziodemografie. Es liegt lediglich eine kleine Korrelation für den Zusammenhang zwischen dem Alter und dem Wunsch seine Daten vom Smartphone zur Verfügung haben zu wollen vor ($r_p = .194$, $p = .001$). Außerdem nutzen besonders Männer und ältere Teilnehmer das Smartphone nicht, weil sie keine Probleme mit der Polizei bekommen möchten (Alter: $r_p = .187$, $p = .034$; Geschlecht: $r_p = .180$, $p = .041$). Darüber hinaus nutzen ältere Teilnehmer vermehrt die Freisprecheinrichtung zum Telefonieren ($r_p = .129$, $p = .008$) und Jüngere bedienen ihr Smartphone häufiger an einer roten Ampel ($r_p = -.156$, $p = .001$).

Tabelle 4.2:   Teststatistiken der Gruppenunterschiede zwischen Männern und Frauen in Bezug auf smartphonebezogene Handlungen und subjektive Einschätzungen bzgl. des Risikos und des Unwohlseins (N = 420).

Item	Kriterium	Werte Frauen	Werte Männer	Teststatistik
Das Smartphone bedienen, wenn sich dies in einer Halterung befindet.	Tätigkeit	Median = 0 M. Rang = 198.55	Median = 0 M. Rang = 226.59	U = 24.45, z = 2.89 p = .004, r = .14
Mit dem Smartphone über die Freisprecheinrichtung telefonieren.	Tätigkeit	Median = 0 M. Rang = 199.55	Median = 1 M. Rang = 225.68	U = 24.29, z = 2.38 p = .017, r = .12
Sich per Smartphone navigieren lassen, wenn sich dies in einer Halterung befindet.	Tätigkeit	Median = 0 M. Rang = 200.42	Median = 1 M. Rang = 224.08	U = 24.00, z = 2.15 p = .032, r = .10
	Unwohlsein	Median = 1 M. Rang = 227.52	Median = 0 M. Rang = 187.59	U = 17.47, z = -3.68 p < .001, r = .18
Mit dem Smartphone in der Hand zu telefonieren.	Unwohlsein	Median = 3 M. Rang = 219.86	Median = 3 M. Rang = 197.90	U = 19.31, z = -1.96 p = .050, r = .10
Das Smartphone ohne Halterung mit laufendem Motor im Stand an einer roten Ampel bedienen.	Tätigkeit	Median = 1 M. Rang = 220.93	Median =1 M. Rang = 196.46	U = 19.06, z = -2.11 p = .035, r = .10
	Risiko	Median = 1 M. Rang = 228.29	Median = 1 M. Rang = 186.29	U = 17.28, z = -3.69 p < .001, r = .18
	Unwohlsein	Median = 2 M. Rang = 222.74	Median = 2 M. Rang = 194.02	U = 18.62, z = -2.47 p = .014, r = .12

Einfluss der Persönlichkeit

Für die Analyse der Zusammenhänge der Persönlichkeitsfaktoren mit der Smartphonenutzung wurden gezielte Korrelationen berechnet, deren Korrelationskoeffizient jedoch gering ist und vermutlich nur aufgrund der Stichprobengröße signifikante Werte aufweist. Aus diesem Grund werden im Folgenden nur signifikante Korrelationen größer $r_p = .200$ berichtet. Für eine Übersicht aller signifikanten Korrelationen werden Verweise auf den Anhang angeführt.

Die Kontrollüberzeugung im Umgang mit Technik (KUT) steht im Zusammenhang mit dem Geschlecht. Demnach weisen Männern eine höhere Kontrollüberzeugung ($r_p = .448$, $p < .001$) und einen offensiveren Fahrstil ($r_p = .254$, $p < .001$) auf. Zwischen der Stärke der allgemeinen KUT und der Nutzung des Smartphones bestehen jedoch nur geringe positive Korrelationen (Anhang A.10). Für das Kontrollbedürfnis der Probanden und die Smartphonenutzung existieren keine signifikanten Korrelationen. Der Fahrstil weist dagegen einen größeren Zusammenhang mit der Nutzung des Smartphone auf. Je offensiver der Fahrertyp ist, desto häufiger wird das Smartphone genutzt (Tabelle 4.3).

Besonders stark ist der Zusammenhang bei der Bedienung des Smartphones in der Hand ($r_p = .312, p < .001$) und der Nutzung an der Ampel ($r_p = .270, p < .001$).

Tabelle 4.3: Korrelationen nach Spearman zwischen dem Fahrertyp und der Nutzung des Smartphones (N = 373).

Item	Fahrertyp
Mit dem Smartphone in der Hand zu telefonieren.	$r_p = .168, p = .001$
Das Smartphone bedienen, wenn sich dies in einer Halterung befindet.	$r_p = .136, p = .008$
Mit dem Smartphone über die Freisprecheinrichtung telefonieren.	$r_p = .233, p < .001$
Das Smartphone bedienen, das Sie in der Hand halten.	$r_p = .312, p < .001$
Sich per Smartphone navigieren lassen, wenn sich dies in einer Halterung befindet.	n. s.
Das Smartphone ohne Halterung mit laufendem Motor im Stand an einer roten Ampel bedienen.	$r_p = .270, p < .001$

Die „Big Five" der Persönlichkeitsfaktoren weisen lediglich vereinzelt kleine Korrelationen (unter $r_p = .200$) mit der Nutzung des Smartphones auf (Anhang A.9). Darüber hinaus zeigt sich kein Einfluss der Persönlichkeitseigenschaft des Sensation Seeking auf die Nutzung des Smartphones im Fahrzeug (Anhang A.11) sowie der Werte und Normen der Teilnehmer, die mit dem ESS erhoben wurden (Anhang A.12). Ebenso korreliert keine Tätigkeit mit dem hier erhobenen Persönlichkeitskonstrukt der Neigung zum Erleben von Langeweile.

Untersuchung zum Unfallrisiko

Von den 420 Teilnehmern berichten 81 (19,3 %) in den letzten fünf Jahren an einem Unfall beteiligt gewesen zu sein, wobei jedoch nur neun Teilnehmer (2,1 %) angeben, aufgrund eigener Ablenkung beteiligt gewesen zu sein. Zwischen den berichteten Unfällen und den gefahrenen Kilometern pro Jahr ($p = .817$), dem Alter der Teilnehmer ($p = .239$) oder deren Geschlecht ($p = .704$) bestehen dabei keine Zusammenhänge. Allerdings berichten die Unfallteilnehmer eher das Tempolimit in der Stadt ($r_p = -.168$, $p = .001$) und auf Landstraßen ($r_p = -.182$, $p < .001$) zu überschreiten als unfallfreie Fahrer.

Die Unfallbeteiligung ist darüber hinaus abhängig von der Nutzung des Smartphones. Teilnehmer, die mit dem Smartphone in der Hand telefonieren, haben basierend auf dem Odds Ratio ein 2,17 Mal höheres Risiko einen Unfall zu erleiden ($\chi^2_{(1)} = 9.73, p = .003$). Ebenso steigt das Risiko von Teilnehmern, die das Smartphone in der Hand bedienen ($\chi^2_{(1)} = 7.37$, $p = .006$; *Odds Ratio* = 2.20) und es an der Ampel nutzen ($\chi^2_{(1)} = 6.23$, $p = .014$; *Odds Ratio* = 2.34) an einem Unfall beteiligt zu sein.

4.4 Diskussion der Untersuchungsmethode

Durch die Art der Erhebung ergeben sich Einschränkungen bezüglich der Repräsentativität und Generalisierbarkeit der Ergebnisse. Durch das Schneeballsystem der Onlinebefragung wird keine zufällige Stichprobe erhoben und bestimmte Populationsgruppen werden mit einer höheren Wahrscheinlichkeit erfasst als andere. So erreichte die Befragung vermehrt Internetnutzer, die sich für die Themen „Smartphone" und „Autofahren" interessieren. Dieser Bias wird verstärkt durch den Effekt, dass die erwähnten Gruppen mit einer höheren Wahrscheinlichkeit beginnen, den Fragebogen auszufüllen. Aus diesem Grund ist auch der für Onlinebefragungen typische Alterseffekt zu erkennen, da vermehrt junge Personen teilnahmen. Darüber hinaus verfügt die Stichprobe im Durchschnitt über sehr hohe Bildungsabschlüsse. Auch ist nicht auszuschließen, dass Erinnerungsfehler und eine Selbstwahrnehmung die Antworten der Teilnehmer verzerren könnten. So gibt es beispielsweise Untersuchungen, die besagen, dass bis zu einem Drittel der Unfälle bei Selbstberichten innerhalb eines Jahres vergessen werden (Maycock & Lester, 1996) und schon nach zwei Wochen bis zu 80 Prozent der Beinaheunfälle nicht mehr berichtet werden (Chapman & Underwood, 2000).

Die Untersuchung zum Einfluss der Persönlichkeitsfaktoren weist zudem für die erhobenen Daten eine geringe Testgüte auf. Die ermittelten Faktorstrukturen stimmen in vielen Fällen nicht mit den theoretischen Strukturen überein und die Skalen weisen zum Großteil sehr geringe Reliabilitäten auf (Anhang A.4). Diese sind zwar vermutlich auf die geringe Itemanzahl pro Faktor zurückzuführen, erschweren aber die Untersuchung des Zusammenhangs der erhobenen Persönlichkeitsfaktoren mit der Smartphonenutzung.

4.5 Diskussion der Ergebnisse

Die Ergebnisse zeigen, dass ein großer Bedarf an Funktionen existiert, der über die Hauptfunktionen von heutigen Fahrzeugsystemen hinausgeht. So berichten fast 70 Prozent der Probanden, das Smartphone in den letzten zwei Wochen benutzt zu haben. Gründe dafür sind vorwiegend der Wunsch erreichbar zu sein, Informationen zu erhalten und zu kommunizieren. Diese Motive stehen in engem Zusammenhang mit den Motiven der Smartphonenutzung, die ebenfalls außerhalb des Fahrzuges zentral sind (Buck, Germelmann & Eymann, 2014). Nach Buck et al. (2014) sind diese Gründe assoziiert mit dem Aspekt der zeitlichen und örtlichen Flexibilität, der sich den Ergebnissen dieser Studie nach auch auf die Situation des Fahrens bezieht.

Ein weiteres Motiv für die Nutzung des Smartphones im Fahrzeug, dem Beachtung geschenkt werden muss, ist die Erkenntnis, dass mehr als ein Fünftel der Teilnehmer dieses auch aus Langeweile nutzen. Für sie dient das Smartphone der Stimulation, um ein geeignetes Aktivierungsniveau zu erleben (Wilde, 1982; Kapitel 2.1.3). Die Nutzung des Smartphones im Fahrzeug stärker zu unterbinden, um das Unfallrisiko zu verringern, stellt demnach alleine keine geeignete Lösung dar, weil die Fahrer sich vermutlich eine andere Art der Ablenkung suchen würden. Gleichzeitig empfinden die Fahrer das Risiko durch die Smartphonenutzung als hoch, wenn sie dieses direkt bedienen und fühlen sich bei der Nutzung unwohl. Beide Empfindungen sind für das Komforterleben der Fahrer negativ und mindern den „Joy of Use". Weniger negative Gefühle entstehen, wenn das Smartphone lediglich als Medium dient, welches nicht direkt bedient werden muss, aber die gewünschten Funktionen bereitstellt. Dies ist zum Beispiel der Fall, wenn über eine Freisprecheinrichtung telefoniert wird oder der Fahrer sich per Smartphone navigieren lässt. Dies zeigt, dass die umfassende Integration der Smartphonefunktionen ins Fahrzeug sinnvoll ist. Die Umsetzung könnte zum einen durch eine Bereitstellung der Funktionen des Smartphones auf einem geeigneteren Monitor zur Anzeige und Bedienung geschaffen werden. Zum anderen könnten die Funktionen, die Fahrer nutzen möchten, in das fahrzeugeigene Infotainment integriert werden. Dazu zählen neben dem Telefonieren und Navigieren besonders das Messaging, wobei weitere Funktionen wie das Musikhören, das E-Mail-Abrufen, die Nutzung von Kalenderfunktionen und das Fotografieren nicht außer Acht gelassen werden dürfen. Dies deckt sich auch mit den Aussagen von Seiler (2015), der postuliert, dass die Smartphonenutzung im Fahrzeug nicht auf das Schreiben von Nachrichten und Sprechen limitiert ist. Es werden nahezu alle Arten von Informationen gewünscht, auch wenn eine klare Priorisierung in der Wichtigkeit besteht. Deswegen sollen für weitere Überlegungen grafische Darstellungsmöglichkeiten für alle Funktionen mitbedacht werden.

Eine Charakterisierung der Nutzergruppen anhand von soziodemografischen und persönlichkeitsbezogenen Merkmalen ist nicht möglich. Zwischen diesen Variablen und der Smartphonenutzung sind nur kleine Zusammenhänge aufzufinden, die zu geringfügig sind, um als Grundlage für eine Clusterung zu dienen. Es kann lediglich festgehalten werden, dass offensive Fahrer das Smartphone häufiger in der Hand bedienen als defensive. Dieses Ergebnis steht im Einklang mit den Befunden von Beier (2004), dass offensive Fahrer ein erhöhtes Informationsbedürfnis zeigen, wenn sie sich durch Assistenzsysteme unterstützen lassen.

Die Ergebnisse dieser durchgeführten Studie bestätigen aber, dass für Fahrer, die das Smartphone während der Fahrt nutzen, ein höheres Risiko besteht, an einem Unfall beteiligt zu sein. Das trifft besonders auf die Handlungen zu, bei denen der Fahrer direkt mit dem Smartphone in der Hand agiert. Diese Nutzergruppe hat ein mehr als doppelt so hohes Unfallrisiko wie die anderen Fahrer. Wenn das Smartphone dagegen mit einer Freisprecheinrichtung gekoppelt ist oder nur als Anzeige für die Navigation genutzt wird, lässt sich dieses erhöhte Risiko nicht nachweisen.

Zusammenfassend ist zu sagen, dass die Nutzung des Smartphones mittlerweile ein sehr verbreitetes Phänomen ist und dementsprechend für fast alle Fahrer relevant wird. Eine Ausgliederung der Erfüllung der Kundenbedürfnisse alleine auf das Smartphone ist aber keine Lösung, da die Fahrer dabei subjektiv stärker belastet werden und das Unfallrisiko ansteigt. Deswegen sollen in dieser Arbeit verschiedene Aspekte der fahrzeugeigenen Informationsdarstellungen zur Erfüllung des wachsenden Informationsbedarfs untersucht werden. Es ist dabei jedoch anzumerken, dass durch eine erfolgreiche Eingliederung der Funktionen in das fahrzeugeigene Infotainment-System die empfundene Risikoeinschätzung der Fahrer sinkt und dies zu einer Erhöhung anderer Risiken führen kann, wie zum Beispiel einer Reduzierung von Kompensationsstrategien (vgl. Kapitel 2.2.4).

5 Realfahrtstudie zum Einfluss von Displaypositionen

5.1 Fragestellung

Nachdem in der vorhergehenden Studie die von den Nutzern gewünschten Funktionen und Informationen festgestellt wurden, stellt sich nun die Frage, wo diese am geeignetsten im Fahrzeug angezeigt werden können. Ziel dieser Studie ist es daher, verschiedene Displaypositionen in Bezug auf ihre Auswirkungen auf den Fahrer und die Fahrleistung bei der Ausübung von visuellen Nebenaufgaben miteinander zu vergleichen. Die Bewertung der Positionen soll dabei auf einer möglichst ganzheitlichen Analyse der beeinflussten Faktoren während der Fahrt basieren. Aus diesem Grund ist es notwendig, sowohl die Einflüsse auf den Fahrer und seine Umgebungswahrnehmung als auch auf sein Verhalten und sein subjektives Empfinden zu erheben. Ein besonderes Augenmerk soll zudem auf die Untersuchung der Fahrleistung gelegt werden, wobei Indikatoren der Quer- und Längsführung betrachtet werden.

Im Anschluss sollen Ableitungen für unterschiedliche Arten vor Darstellungen und Mengen an Informationen getroffen werden. Eine wichtige Größe zur Ablenkungsbestimmung ist dabei die Komplexität der Anzeigen. Der Fokus soll zudem auf der rein visuellen Ablenkung durch die Anzeigen liegen und Interaktionen mit den Displayinhalten nicht berücksichtigen.

5.2 Hypothesen

Aus der Fragestellung werden in den folgenden Abschnitten Hypothesen abgeleitet, um die Zusammenhänge zwischen Displayposition, Informationsart und Komplexität zu untersuchen. Diese beziehen sich auf verschiedene objektive und subjektive Bewertungskriterien wie beispielsweise die Fahrleistung und die subjektive Beanspruchung. Der Effekt der unterschiedlichen Informationsarten auf die Bewertungskriterien wird in der Analyse der Daten explorativ untersucht.

5.2.1 Fahrleistung

Wie in Kapitel 2.2.2 beschrieben, werden in der Literatur unterschiedliche Fahrmaße und Fahrzeugpositionen zur Bewertung der Auswirkungen auf die Fahrleistung herangezogen. Summala et al. (1996) untersuchten, wie gut ein Fahrzeug in der Spur gehalten werden kann, wenn der Fahrer primär eine Nebenaufgabe auf einem Display bearbeitet und nur peripher das Fahrzeug lenkt. In ihrer Realfahrtstudie stellten sie fest, dass die Spurführung sich mit dem Grad der Abweichung der Displays von der Sichtachse verschlechtert. Horrey und Wickens (2004) verglichen ein Head-up-Display (HUD) und Head-down-Display (HDD), wobei das HDD nahe der Mittelkonsole lag. Sie konnten keinen

© Springer Fachmedien Wiesbaden GmbH, ein Teil von Springer Nature 2019
J. Sandbrink, *Gestaltungspotenziale für Infotainment-Darstellungen im Fahrzeug*,
AutoUni – Schriftenreihe 132, https://doi.org/10.1007/978-3-658-23942-8_5

Unterschied in der absoluten Position in der Fahrspur finden. Sie stellten aber fest, dass besonders bei kurvigen Straßen das HDD zu einer größeren Variabilität bei der Spurhaltung führt. Auch Wittmann et al. (2006) postulieren, dass die Fahrleistung nachlässt, wenn sich die Displays von der Sichtachse entfernen. Sie betonen aber auch, dass dies offenbar nicht für die Position eines Displays oben auf der Mittelkonsole (ähnlich dem MMI) gilt, welches bei ihnen am wenigsten zum Verlassen der Fahrspur führt und besser abschneidet als das Kombiinstrument.

In Bezug zum Zusammenhang zwischen der Displayposition und der Längsführung sind nur wenige Studien durchgeführt worden. Liu und Wen (2004) konnten einen Unterschied in der Abweichung der Geschwindigkeit feststellen. Sie fanden heraus, dass ein HUD eine geringere Abweichung in der Geschwindigkeit hervorruft, als ein HDD, welches auf Höhe des Kombiinstruments rechts neben dem Lenkrad befestigt ist. Horrey und Wickens (2004) konnten keinen Unterschied in der Längsführung, gemessen an der Standardabweichung der Geschwindigkeit, zwischen dem HUD und dem Display auf der Mittelkonsole finden.

Die vorgestellten Studien weisen darauf hin, dass die Fahrleistung nachlässt je weiter ein Display von der Sichtachse entfernt ist, wobei die vertikale Abweichung von der Sichtachse größere Bedeutsamkeit besitzt als die horizontale. Aus diesem Grund wird die folgende Hypothese aufgestellt: *Je näher das Display an der vertikalen Sichtachse, desto besser die Fahrleistung (HUD > MMI > MFA)* (**Hypothese 1**). Um die Hypothese gezielter beantworten zu können, werden Subhypothesen gebildet. Die erste bezieht sich auf die Querführung, gemessen durch die Steering Wheel Reversal Rate (**H1a**) (vgl. Kapitel 5.4.5.3). Es wird davon ausgegangen, dass diese für das HUD kleiner ist als für das MMI und für das MMI kleiner ist als für die MFA. Die Bewertung der Längsführung erfolgt auf Basis des Abstandverhaltens. Je näher das Display an der vertikalen Sichtachse liegt, desto geringer ist die Standardabweichung des Abstandes zum Vorderfahrzeug (**H1b**) und desto kontinuierlicher wird der Abstand zum Vorderfahrzeug geregelt (**H1c**). Außerdem wird davon ausgegangen, dass mit steigender Fahrleistung weniger fehlerkorrigierende Bremseingriffe vorgenommen werden müssen (**H1d**).

Anschließend an die Hypothesen zum Effekt der Position ist davon auszugehen, dass die Komplexität der Anzeigen Auswirkungen auf dieselben Maße hat. Je komplexer eine Nebenaufgabe ist, desto mehr Aufmerksamkeit und Kapazitäten bindet sie. Aus diesem Grund wird die folgende übergeordnete Hypothese gebildet: *Je höher die Komplexität der Anzeigen, desto schlechter ist die Fahrleistung* (**H2**). Auch sie wird in vier Unterhypothesen untergliedert, die sich auf die Quer- und Längsführung beziehen, und in Tabelle 5.1 definiert sind.

Tabelle 5.1: Übersicht der Hypothesen in Bezug auf die Fahrleistung.

H1: Je näher das Display an der vertikalen Sichtachse liegt, desto besser die Fahrleistung
(a): Kleinere Steering Wheel Reversal Rate
(b): Gleichmäßigeres Abstandsverhalten (Standardabweichung)
(c): Durchgängiges Korrekturverhalten (Abstandswechsel)
(d): Weniger fehlerkorrigierende Bremseingriffe
H2: Je höher die Komplexität der Anzeigen, desto schlechter ist die Fahrleistung.
(a): Höhere Steering Wheel Reversal Rate
(b): Ungleichmäßigeres Abstandsverhalten (Standardabweichung)
(c): Stärkeres Korrekturverhalten (Abstandswechsel)
(d): Mehr fehlerkorrigierende Bremseingriffe

5.2.2 Blickverhalten

Das Blickverhalten von Fahrern wird durch die Position des betrachteten Objekts beeinflusst (Ablaßmeier et al., 2007; Hada, 1994). Daher werden zur Untersuchung der Zusammenhänge die Hypothesen aufgestellt, dass *je näher das Display an der vertikalen Sichtachse liegt, desto höher ist die mittlere Blickdauer* (**H3a**) *und die maximale Blickdauer* (**H3b**) *und desto kleiner ist die Anzahl der benötigten Blicke pro Aufgabe* (**H3c**). Es wird hingegen kein Einfluss des Displays angenommen auf die kumulierte Blickdauer zur Bearbeitung einer Aufgabe (**H3d**).

Studien aus dem EU FP5 Projekt HASTE zeigten, dass sich das Blickverhalten in Anhängigkeit von der Aufgabenschwierigkeit stark ändert. Je schwieriger die visuellen Aufgaben sind, desto länger ist beispielsweise die mittlere Blickdauer und die totale Blickdauer auf das Display (Victor, Harblunk & Engström, 2005). Außerdem kann davon ausgegangen werden, dass bei einer höheren Komplexität der Aufgabe mehr Blicke nötig sind und die Blickzuwendung insgesamt länger ist, um die Aufgabe zu lösen. Hieraus resultieren folgende Hypothesen: *Je höher die Komplexität der Aufgabe, desto höher ist die mittlere Blickdauer* (**H4a**)*, die maximale Blickdauer* (**H4b**) *und die Anzahl der benötigten Blicke pro Aufgabe* (**H4c**) *und die kumulierte Blickdauer je Aufgabe* (**H4d**).

5.2.3 Event Detection Task

Seit mehr als 20 Jahren ist die Frage, welche Auswirkungen Displaypositionen im Fahrzeug auf die Wahrnehmung der Umgebung haben, in der Forschung präsent. Dabei wurde weitestgehend übereinstimmend festgestellt, dass die Umfeldwahrnehmung abnimmt, je weiter ein Display von der Sichtachse entfernt ist (Horrey & Wickens, 2004; Lamble et al., 1999; Summala et al., 1996; Wittmann et al., 2006). Auch hier spielt es jedoch eine Rolle, ob die Abweichung hauptsächlich vertikal oder horizontal entsteht. Die vertikale Abweichung eines Displays (z. B. Kombiinstrument) wirkt sich stärker auf die Fähigkeit aus, einen Reiz in der Umgebung wahrzunehmen, als die horizontale Abweichung (z. B. ein hohes Mittelkonsolendisplay) (Burns et al., 2001; Lamble et al., 1999; Wittmann et al., 2006). Daraus schlussfolgernd wird die **Hypothese 5** folgendermaßen formuliert: *Je näher das Display an der vertikalen Sichtachse, desto weniger Events werden verpasst (HUD < MMI < MFA).*

Für die Komplexität wird aufbauend auf der Literatur über die Abhängigkeit des visuellen Blickfelds vom mentalen Workload (Rantanen & Goldberg, 1999; Williams, 1982, 1985) davon ausgegangen, dass komplexe Nebenaufgaben das visuelle Blickfeld verkleinern. Daraus folgt die Hypothese, dass j*e geringer die Komplexität einer Nebenaufgabe, desto weniger Events werden verpasst (K1 < K2 < K3)* (**H6**).

5.2.4 Nebenaufgabenbearbeitung

Für die Bearbeitung der visuellen Nebenaufgabe wird angenommen, dass durch eine größere kumulierte Blickzuwendung *mehr Aufgaben bearbeitet werden, je näher sich das Display an der vertikalen Sichtachse (HUD > MMI > MFA) befindet* (**H7a**). *Ebenso werden dann weniger Fehler gemacht* (**H7b**). Außerdem ist aufbauend auf der Theorie zur parallelen und seriellen Suche (Treisman, 1988) davon auszugehen, dass sich die Komplexität der Aufgabe ähnlich auswirkt. Deswegen werden die Hypothesen aufgestellt, dass *je geringer die Komplexität ist, desto mehr Aufgaben werden bearbeitet* (**H8a**) *und desto geringer ist die Fehlerquote* (**H8b**).

5.2.5 Subjektive Beanspruchung und wahrgenommene Dissonanz

Wie bereits in den vorhergehenden Abschnitten ausgeführt (vgl. Kapitel 2.2.2), empfinden Fahrer am wenigsten Beanspruchung, wenn sich die abzulesende Information möglichst nahe an der Sichtachse befindet. *Je näher also das Display an der vertikalen Sichtachse liegt, desto geringer ist die Beanspruchung* (**H9**). Außerdem *nimmt die Beanspruchung zu, je höher die Komplexität einer Aufgabe ist* (**H10**).

In Bezug auf die wahrgenommene Dissonanz während der Bearbeitung von visuellen Nebenaufgaben können keine Erkenntnisse aus der Literatur herangezogen werden. Es kann jedoch davon ausgegangen werden, dass dieses Konstrukt der Beanspruchung ähnlich ist. Aus diesem Grund wird angenommen, dass *die wahrgenommene Dissonanz geringer ist, je näher das Display an der vertikalen Sichtachse liegt* (**H11**). Die zweite Hypothese bezüglich der Komplexität wird ebenso formuliert: *Je geringer die Komplexität ist, desto geringer ist die wahrgenommene Dissonanz* (**H12**).

5.3 Vorstudie zu Darstellungen und Nebenaufgabenkomplexität

Um die oben definierten Fragestellungen beantworten zu können, wurde zunächst eine Vorstudie durchgeführt. Durch diese sollten geeignete Nebenaufgaben entwickelt werden, die sich an visuelle Anzeigen im Fahrzeug anlehnen und eine Abstufung der

Informationsmenge ermöglichen. Die Rahmenbedingungen und Vorgehensweise werden in den folgenden Abschnitten ausführlich erläutert.

5.3.1 Aufgabenerstellung

Die gewünschten Inhalte von Infotainment-Systemen lassen sich üblicherweise mit grafischen Elementen, Listen und Text darstellen. Aus diesem Grund sollen die visuellen Nebenaufgaben diese drei repräsentativen Darstellungsarten beinhalten. Dabei müssen diese abstrakt genug gewählt sein, damit sie kein Vorwissen erfordern, aber gleichzeitig Schlussfolgerungen auf reale Infotainment-Inhalte zulassen. Zusätzlich sollen verschiedene Komplexitätszustände konstruiert werden, die unterschiedliche Mengen an Informationen auf den Displays abbilden sollen. Ziel dieser Vorstudie ist es also Komplexitätsgrade für Bilder, Listen und Text zu identifizieren, die sich in der Bearbeitungsdauer und ihrem Bearbeitungsaufwand unterscheiden, aber über die Darstellungen vergleichbar sind. Außerdem soll ein Bezug zwischen den abstrakten Darstellungen und Infotainment-Inhalten hergestellt werden.

Um dem visuellen Fokus der Nebenaufgaben zu entsprechen und die Bearbeitungsqualität der Aufgaben bewerten zu können, werden Such- bzw. Zählaufgaben genutzt. Bei denen sollen die Probanden die Anzahl bestimmter Zielobjekte sprachlich wiedergeben, um keine motorische Komponente erforderlich zu machen. Eine weitere Anforderung an Infotainment-Systeme ist die Unterbrechbarkeit jeder Aufgabe (Alliance of Automobile Manufacturers, 2006; Kommission der Europäischen Union, 2007; NHTSA, 2013), die auch hier gegeben sein muss. Im Folgenden werden die Herleitungen und Definitionen der Nebenaufgaben je Darstellungsart vorgestellt.

Bilder

Für die Erstellung von grafischen Aufgaben wurde sich an Treisman (1988) orientiert, deren Untersuchungen auch schon von dem HASTE Projekt herangezogen und für die Entwicklung von visuellen Nebenaufgaben genutzt wurden (Fowkes, Ward & Jesty, 2005; Östlund et al., 2004). Dabei ist es von Bedeutung, dass die Schwierigkeit von Nebenaufgaben durch eine Erhöhung der Zeichenzahl oder Informationen manipuliert werden kann (Egeth et al., 1972; Fowkes et al., 2005). Außerdem muss zwischen einer parallelen und einer seriellen Suche unterschieden werden, welche in Kapitel 2.1.2 erläutert wurden. Auf dieser Theorie aufbauend wurden im HASTE-Projekt Blockpfeile als grafische Elemente genutzt und in einer Matrix angeordnet (Abbildung 5.1). Die Pfeile zeigten entweder nach links, nach rechts oder nach unten und maximal ein Pfeil konnte nach oben zeigen. Die Aufgabe der Probanden war es in einer kurzen Zeitspanne zu entscheiden, ob ein nach oben zeigender Pfeil zu sehen ist oder nicht und dementsprechend eine Taste zu drücken.

Die bedeutendste Eigenschaft für die Unterscheidung lag in der horizontalen oder vertikalen Ausrichtung der Distraktoren. Zeigten die Distraktoren nur nach links oder nach rechts, waren also horizontal angeordnet, unterschieden sie sich in ihrer Haupteigenschaft und es konnte eine parallele Suche durchgeführt werden. Zeigten die Distraktoren entweder nach unten oder in alle drei Richtungen, so waren sie in ihrer Haupteigenschaft mit dem nach oben zeigenden Pfeil verbunden, der dann seriell gesucht werden musste.

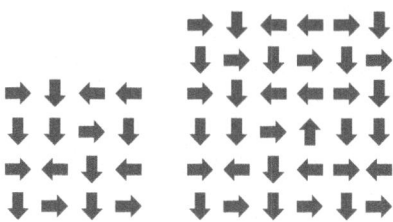

Abbildung 5.1:   Visuelle Aufgabe aus dem HASTE-Projekt nach Jamson & Merat (2005).

Die Aufgabe ist so entwickelt, dass sie die Probanden fast ausschließlich visuell beansprucht und nur minimale kognitive Anforderungen stellt (Jamson & Merat, 2005). Im Projekt wurden in mehreren aufeinander aufbauenden Studien Zusammenstellungen von Pfeilen untersucht, um verschiedene Level an Schwierigkeiten zu konstruieren. Die Anzahl der Pfeile betrug entweder 16 (4 x 4) oder 36 (6 x 6) (Fowkes et al., 2005; Jamson & Merat, 2005; Östlund et al., 2004).

Für diese Vorstudie wurde die oben beschriebene Aufgabe modifiziert, um das binäre Antwortkriterium (vorhanden, fehlend) zu einer Zählaufgabe zu erweitern. Anstelle der Entscheidung, ob ein Pfeil vorhanden ist, wurden unterschiedliche viele nach oben zeigende Pfeile verwendet, deren Anzahl die Probanden zählen mussten. Der Wertebereich lag dabei zwischen einem und fünf Pfeilen. Eine Abbildung ohne Zielreiz wurde nicht aufgenommen, da die Abwesenheit des Pfeiles zu einer wiederholten Überprüfung führen könnte und damit Auswirkungen auf die Bearbeitungszeit hätte. Um für diese Art der Aufgabe unterschiedliche Schwierigkeitslevel zu konstruieren, wurden 18 grafische Darstellungen erstellt und getestet.

Listen

Um eine geeignete Nebenaufgabe für die Listenansicht zu finden, wurden drei verschiedene Aufgaben entwickelt, die in Abbildung 5.2 dargestellt sind. Die erste Variante bestand aus einer Liste an Liedern, bei der zunächst der Interpret aufgelistet wurde und dahinter der Liedertitel stand. Aufgabe der Probanden war es die Anzahl der deutschen Liedereinträge in den Listen zu nennen. Die zweite Variante war eine Namensliste aus Vor- und Nachnamen, bei welcher die Probanden die Anzahl weiblicher Namen zählen sollten.

In der dritten Variante wurden Paare von Wörtern dargestellt und die Probanden sollten nennen, wie viele Paare keine Gegensätze sind. Die Schwierigkeitslevel wurden über die Anzahl der Listeneinträge definiert. Getestet wurden drei, fünf, sieben und neun Einträge.

Liederliste	Namensliste	Gegensatzpaare
The Corrs – Tomorrow Helene Fischer – Fehlerfrei The Clash – Police and Thieves	Sarah Müller Thorsten Schmidt Oliver Wagner	Engel – Teufel Liebe – Hass Turn – Schuh

Abbildung 5.2:   Varianten für die Listenaufgabe.

Text

Für die Bearbeitung der Textaufgabe sollte ein vollständiges Lesen des Textes erforderlich sein und reines Überfliegen nicht ausreichen. Diese Anforderung sprach für eine Anlehnung an den Stolperwort-Lesetest von Metze (2009). Dieser, für die Grundschule entwickelte Lesetest, erfordert eine Sinnerfassung des Satzinhaltes und die Überprüfung der inhaltlichen Stimmigkeit (Metze, 2009). Der Leser muss dafür entscheiden, ob ein Satz korrekt ist oder ein Wort enthält, welches von der Assoziation in den Satz passt, aber der Syntax des Satzes widerspricht. Ein Beispiel ist der Satz „Das Fenster steht kalt offen". Dieser Satz ist falsch, weil das Wort „kalt" nur der Assoziation nach in den Satz passt, aber der Satz nicht sinnvoll ist.

Es wurden Sätze in drei verschiedene Schwierigkeitsstufen konstruiert, welche durch die Anzahl der Wörter bzw. Zeichen im Text definiert wurden. Die Anzahl der Zeichen orientierte sich an Boyle et al. (2013), die Untersuchungen für die Erstellung der NHTSA Guidelines durchführten (NHTSA, 2012). Sie definierten drei Gruppen von Textlängen. Die Kurze betrug 20 bis 40 Zeichen und war damit angelehnt an die NHTSA Guideline, welche 30 Zeichen vorgibt (NHTSA, 2012). Die mittlere Textlänge umfasste 60 bis 80 Zeichen und entspricht der mittleren Textlänge einer SMS (Af Segerstad, 2005; Döring, Hellwing & Klimsa, 2005; Thurlow & Brown, 2003). Der lange Text beinhaltete 120 bis 140 Zeichen, die von Boyle et al. (2013) nach den Untersuchungen von Hoffman, Lee und McGehee (2006) berechnet wurden(2006). Sie untersuchten das Lesen von mehrzeiligen Texten während des Fahrens und fanden heraus, dass innerhalb der, von der NHTSA akzeptierten, zwölf Sekunden kumulierten Blickdauer maximal 120 Zeichen gelesen werden können. Für die kurzen Texte wurde im Rahmen dieser Arbeit nur ein Satz verwendet, für die mittleren Texte entweder ein längerer oder zwei kurze Sätze und für die langen Texte wurden zwischen einem und drei Sätzen verwendet.

Infotainment-Bezug

In einem anschließenden zweiten Teil des Vorversuchs wurde untersucht, wie repräsentativ die oben beschriebenen Aufgaben für den Infotaimentbereich sind und ob sie in ihrer Bearbeitungszeit mit realen Infotainment-Aufgaben vergleichbar sind. Dafür wurden neun moderne Infotainment-Designs verwendet und jeweils eine Such- bzw. Zählaufgabe definiert. Diese bestanden beispielsweise aus einer Navigationskarte zu der beantwortet werden sollte, wie häufig rechts abgebogen werden muss oder dem Zählen der NDR-Radiosender in der Radioliste.

5.3.2 Methodik

An die insgesamt sechs randomisierten Aufgabenkategorien der Bilder-, Listen- und Textaufgaben im Within-subject Design schloss sich jeweils die Infotainment-Aufgabe an. Der Versuch wurde an einem 24-Zoll Monitor in einem Studienlabor der Konzernforschung der Volkswagen AG durchgeführt. Nachdem die Probanden über das Ziel und den Ablauf des Versuchs aufgeklärt wurden, bearbeiteten sie nacheinander die einzelnen Aufgabenkategorien. Dabei erfolgte zunächst die Erklärung der Aufgaben anhand eines Beispielbildes und anschließend jeweils eine Übungsaufgabe. Die Instruktion für die Probanden lautete so schnell wie möglich richtig zu antworten.

Als Variablen wurden die Bearbeitungsdauer vom Einblenden der Abbildung bis zur Antwort des Probanden erhoben sowie die Fehleranzahl der Aufgaben. Es wurde immer die erste Antwort des Probanden notiert und keine Verbesserungen berücksichtigt. Nach jedem Block wurde die Vorgehensweise bei der Lösungssuche erfragt und notiert. An der Voruntersuchung nahmen zwölf HMI-Experten aus der Volkswagen Konzernforschung teil, darunter acht Frauen und vier Männer.

5.3.3 Auswahl der Aufgaben

Für die Auswahl an geeigneten Aufgaben wurde im Vorfeld das Kriterium definiert, die Itemschwere zu begrenzen und Aufgaben mit einer Fehlerquote von über 25 Prozent (3 Probanden) auszuschließen, da die Aufgaben nur visuell beanspruchend sein sollten. Außerdem sollte die maximale Bearbeitungszeit zwölf Sekunden nicht übersteigen, um während der Fahrt bearbeitbar zu sein (NHTSA, 2013). Ziel der Aufgabenauswahl war es drei möglichst gut differenzierte Schwierigkeitslevel mit geringer Varianz zu finden. Zudem sollten die Angaben zur Vorgehensweise der Probanden den in Kapitel 5.3.1 benannten Kriterien zur Aufgabenerstellung entsprechen.

Die Bearbeitungszeiten der Bilder, bei denen die Pfeile nur nach oben und unten zeigen, lagen zwischen den Zeiten der disjunkten Aufgaben und denen mit den vier Richtungen. Sie scheinen also eine gesonderte Schwierigkeit zu besitzen. Nach Ausschluss dieser Bilder ergeben sich klare Gruppen mit geringen Standardabweichungen. Die Anpassung der Aufgabe in eine Zählaufgabe war für die Anforderungen der Studien geeignet und wurde für die Hauptstudie übernommen.

Die Reaktionszeiten der Lieder-Listen entsprachen den geforderten Kriterien. Jedoch unterschieden sich die Listen mit sieben und neun Einträgen nicht. Außerdem konnte den offenen Antworten entnommen werden, dass die Probanden zum Teil ihr Vorwissen nutzten. Die Namensliste erzeugte insgesamt relativ niedrige Reaktionszeiten, schien jedoch zwischen den Level zu differenzieren. Die Kommentare zur Vorgehensweise deuteten darauf hin, dass die Probanden oftmals nur die Vornamen oder deren Endungen lasen. Für die Liste mit den Gegensatzpaaren ergaben sich für die Längen von sieben und neun Einträgen sehr hohe maximale Bearbeitungszeiten von bis zu 20 Sekunden und hohen Standardabweichungen in der mittleren Bearbeitungszeit. Außerdem belegten die offenen Antworten, dass die Aufgabe einen hohen kognitiven Anteil beinhaltete.

Nach Abwägung der Vorteile und eventuellen Restriktionen, eignete sich die Namensliste am besten für die Hauptstudie. Da die Bearbeitungszeit mit Zunahme der Listeneinträge linear zunahm und der Abstand zwischen der Liste mit den fünf Eintragen und der mit sieben Einträgen am geringsten war, wurde entschieden in der Hauptstudie drei, sechs und neun Einträge zu verwenden. Die Auswahl der Namen orientierte sich an den 200 häufigsten deutschen Männernamen und den 400 verbreitetsten deutschen Nachnamen. Die 200 weiblichen Vornamen wurden so gewählt, dass Namen mit der Endung auf a nur zu einem geringen Anteil eingingen, um den deutlichen Erkennungseffekt zu verringern.

Die kurzen und mittleren Texte ergeben klar abgestufte Bearbeitungszeiten und die Strategie der Bearbeitung scheint weniger Einfluss zu besitzen. Für die langen Texte ergaben sich zum Teil sehr hohe Bearbeitungszeiten und Standardabweichungen. Besonders deutlich war dies bei Aufgaben zu sehen, die aus vier kurzen Sätzen bestanden. Es erschien also sinnvoll diesen Aufgabenteil anzupassen. Für die Hauptstudie wurden in langen Textaufgaben nur noch zwei lange Sätze oder zwei kurze und ein langer Satz genutzt, um die 120 bis 140 Zeichen zu erfüllen. Aus den offenen Antworten war zudem zu erkennen, dass die Probanden häufig nur bis zum fehlerhaften Wort lasen und so fehlerfreie Sätze deutlich länger dauerten. Dadurch ergaben sich insbesondere in den langen Texten große Standardabweichungen. In der folgenden Tabelle 5.2 sind die mittleren Bearbeitungszeiten der einzelnen Aufgaben aufgetragen, die in der Hauptstudie weiterverwendet wurden.

Die mittleren Bearbeitungszeiten für die Infotainment-Aufgaben lagen zwischen 2,6 und 4,7 Sekunden. Diese Zeiten entsprechen in etwa denen der Aufgaben für die ersten zwei Schwierigkeitslevel. Es ist aber zu beachten, dass die Infotainment-Aufgaben deutlich mehr Informationen im Umfeld der Aufgaben boten. Die Auffälligkeit, dass die Infotainment-Aufgaben geringere Bearbeitungszeiten aufwiesen als die Aufgaben in dem schweren Level, konnte akzeptiert werden. Für die Hauptstudie sollten bewusst auch sehr schwere Aufgaben gestellt werden, um einen Schwellenwert zu finden, ab dem sich die Aufgaben während der Fahrt nicht mehr bearbeiten lassen.

Tabelle 5.2: Deskriptive Bearbeitungszeiten der getesteten Nebenaufgaben.

Kategorie	Bilder		Listen Namen		Text	
Schwierigkeit	M	SD	M	SD	M	SD
1	1.36	0.30	1.65	0.48	2.17	0.55
2	3.11	0.65	2.43 3.81	0.66 0.79	4.33	1.28
3	6.15	0.96	4.51	1.22	7.58	2.31

Die finalen Nebenaufgaben für die drei Kategorien nach Anpassung der Aufgaben sind in Tabelle 5.3 zu finden. Aufgeführt sind die angezeigten Abbildungen und die möglichen Lösungen. In Tabelle 5.4 ist beispielhaft je eine Aufgabe pro Bedingung abgebildet.

Tabelle 5.3: Beschreibender Überblick der Kriterien für die Nebenaufgabenerstellung.

Kategorien	Bild		Liste		Text	
Aufgabe	Wie viele Pfeile zeigen nach oben?		Wie viele Frauennamen lesen Sie?		Wie viele Sätze sind fehlerhaft?	
	Anzeige	Lösung	Anzeige	Lösung	Anzeige	Lösung
Komplexität gering	16 Pfeile, 2 Richtungen	1 - 5	3 Einträge	0 - 3	Zeichen: 20 - 40 Sätze: 1	0 - 1
Komplexität mittel	16 Pfeile, 4 Richtungen	1 - 5	6 Einträge	0 - 5	Zeichen: 60 - 80 Sätze: 1 oder 2	0 - 2
Komplexität hoch	32 Pfeile, 4 Richtungen	1 - 5	9 Einträge	0 - 7	Zeichen: 120 - 140 Sätze: 1 bis 3	0 - 3

Tabelle 5.4: Grafischer Überblick der einzelnen Aufgabenkategorien und Komplexitätsstufen.

	Text	Listen	Bild
	Wie viele Sätze sind fehlerhaft?	Wie viele Frauennamen lesen Sie?	Wie viele Pfeile zeigen nach oben?
Komplexität gering	Es regnet den ganzen nass Tag.	Julius Krampe Augustin Gruber Jana Münch	
Komplexität mittel	Die Nachbarn machen Haus laut Musik. Im Tierpark Elephant gibt es viele Löwen.	Harry Kühne Fritz Rapp Madeleine Schreiber Anneliese Groß Constantin Henke Judith Seifert	
Komplexität hoch	Auf dem Jahrmarkt fahren Kinder am liebsten Zuckerwatte mit dem Karussell. Deutschland hat Vielfältiges zu bieten, im Norden das Meer, im Süden die Berge.	Käthe Heß Florentine Schumann Gottfried Wolter Burkhardt Hübner Agathe Lang Jette Friede Udo Schwab Ferdinand Hentschel Holger Reuter	

5.4 Methodik

Zur Beantwortung der Fragestellung wird eine Realfahrtstudie durchgeführt, deren Methodik in diesem Unterkapitel erläutert wird und deren experimentelle Bedingungen vorgestellt werden. Dafür wird die Auslegung des Versuchssettings ebenso dargelegt wie die Nachrüstung der Versuchsfahrzeuge, um das Verhalten der Probanden zu erfassen. Es wird ein Einblick in den Ablauf des Versuchs gegeben und die verschiedenen Aufgaben, die die Probanden zu erfüllen hatten, beschrieben. Darüber hinaus werden zur Einordnung der Ergebnisse die Datenaufbereitung und verwendete Kennwerte beschrieben. Die Durchführung der Studie erfolgte zu Beginn des Jahres 2016 über eine Dauer von vier Wochen.

5.4.1 Versuchsdesign

Bei der hier beschriebenen Studie handelte es sich um eine Untersuchung mit einem 3 x 3 x 3 Within-subject Versuchsdesign. Als unabhängige Faktoren wurden der Faktor „Display", die Kategorie des Anzeigentyps und die Komplexität der Darstellung festgelegt. Bei dem Faktor „Display" handelte es sich um das jeweilige Hardwaredisplay, auf welchem die visuelle Nebenaufgabe angezeigt wurde. Dafür wurden ein Head-up-Display (HUD), die Multifunktionsanzeige im Kombiinstrument und ein hohes Mittelkonsolendisplay verwendet. Die Faktoren „Kategorie" und „Komplexität" definierten die Art der Anzeige und damit die Nebenaufgabe und deren Schwierigkeit. Der Faktor „Kategorie" beinhaltete die Ausprägungen Bild, Liste und Text. Der Faktor „Komplexität" gliederte sich in gering, mittel und hoch. Die Aufgaben der Probanden werden im folgenden Abschnitt erläutert. Die Probanden wurden in drei Gruppen randomisiert, deren Abläufe zur Kontrolle der Lern- und Reihenfolgeneffekte variierten.

5.4.2 Versuchsaufbau

Ein Versuchssetting außerhalb eines Labors birgt die gesteigerte Herausforderung die Versuchsbedingungen zu kontrollieren und Störgrößen konstant zu halten oder zu dokumentieren. In den folgenden Abschnitten erfolgt daher die Auseinandersetzung mit allen Komponenten des Versuchsaufbaus.

Versuchsfahrzeug

Der Fahrversuch wurde mit einem Versuchsträger der Konzernforschung der Volkswagen AG durchgeführt. Dies war ein weißer Audi A6 Avant (Modelljahr 2012) (Abbildung 5.3). Das Fahrzeug verfügte über ein serienmäßiges Windshield-HUD, eine Multifunktionsanzeige (MFA) im Kombiinstrument mit einer sichtbaren Bilddiagonalen von 5,6 Zoll und ein ausfahrbares 8"-Display auf dem Armaturenbrett im Bereich der Mittelkonsole (MMI). Der Cockpitaufbau ist in der Abbildung 5.4 und Abbildung 5.5 zu sehen.

Die Blickabweichungen von der Nullperspektive zur jeweiligen Mitte der Displays betrugen für das HUD 3,5 Grad, für die Multifunktionsanzeige 18,6 Grad und für das MMI 36,0 Grad. Dabei wich der Blick auf das MMI 32,2 Grad nach rechts und 14,5 Grad nach unten ab. Als Ausgangspunkt der Messungen wurde die Sicht nach vorne ausgehend vom Augpunkt gewählt, der 635 Millimeter senkrecht über dem Seat Reference Point und mittig in der Augenellipse liegt.

Abbildung 5.3:   Versuchsfahrzeug (oben), Displaykonstellation mit HUD, MFA und MMI (unten links), Kontrollmonitore des Versuchsleiters (unten rechts).

Für den Versuch wurde das Fahrzeug mit externen Ansteuerungsmöglichkeiten für die Seriendisplays, Versuchsrechnern zur Datenaufzeichnung bzw. Bildeinspeisung, dem Blickerfassungssystem faceLAB und zwei Monitoren zur Bedienung der Software ausgerüstet.

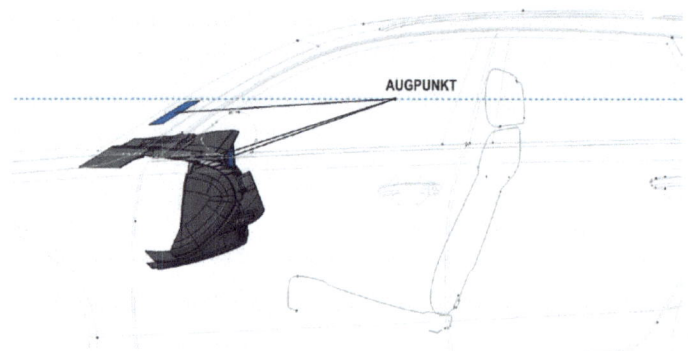

Abbildung 5.4:   Konstruktionsabbildung der Sichtachsen auf die Displayflächen ausgehend vom Augpunkt.

Abbildung 5.5:   Konstruktionsabbildung der Displaykonstellation im Fahrzeugcocktpit.

Die Aufzeichnung der Fahrzeugdaten erfolgte direkt von den CAN-Bussen mit dem Entwicklungstool ADTF der Audi Electronics Venture GmbH (2005) auf einem Versuchsrechner im Kofferraum. Zu den aufgezeichneten Daten zählten die für die Auswertung relevanten Messgrößen Geschwindigkeit, Bremsdruck, Lenkradwinkel, Regensensor und Sonnensensor. Zudem wurde die Geoposition über einen separaten GPS-Empfänger von ublox ermittelt und aufgezeichnet. Über das Netzwerk speicherte die Software ADTF außerdem notwendige Daten für die spätere Synchronisierung mit den aufgezeichneten Blickdaten sowie IDs der jeweiligen Anzeigeinhalte und durch den Versuchsleiter gesetzte Trigger.

Anzeigengestaltung

Für die MFA und das MMI sind statische Distraktoren im Interface entworfen worden, welche displaytypische Informationen abbilden und in die die visuellen Nebenaufgaben eingebettet wurden (Abbildung 5.6). Im HUD wurde neben der visuellen Aufgabe die aktuelle Geschwindigkeit in weißen Ziffern eingebunden.

Abbildung 5.6:   Interface mit statischen Distraktoren zur Einbettung der Nebenaufgaben in der MFA (links) und im MMI (rechts).

Die Schriftgröße der Nebenaufgaben war mit circa 22 Grad Bogenminuten deutlich größer als nach ISO 15008:2009 gefordert und auf die einzelnen Displays angepasst. Um einen möglichst gut lesbaren Kontrast zu schaffen, wurde für die Anzeigen im HDD eine weiße Schrift mit dunklem Hintergrund gewählt (ISO 15008:2009). Der Hintergrund im HUD war transparent.

Hasenfahrzeug

In der Fahrstudie wurde ein sogenanntes Hasenfahrzeug (vorausfahrendes Fahrzeug) eingesetzt, um eine Folgefahrt zu simulieren und die Längsführung durch den Probanden im Folgeverkehr zu beobachten. Zudem sollten die Probanden die Beanspruchung durch die Nebenaufgaben möglichst nicht durch eine Reduktion der Geschwindigkeit kompensieren können. Bei dem eingesetzten Hasenfahrzeug handelte es sich um einen roten Audi A3, welcher ein Versuchsträger der Konzernforschung der Volkswagen AG war und mit Systemen zur Aufzeichnung der CAN-Daten und einem zusätzlichen GPS-Sensor von ublox ausgestattet war.

Ausgebildete Testfahrer der Volkswagen AG steuerten das Hasenfahrzeug und stellten nach ausführlicher Instruktion sowie Trainingsfahrten die gleichbleibende Fahrweise sicher und gewährleisteten eine einheitliche Versuchsdurchführung. Für jeden Streckenabschnitt wurden Zielgeschwindigkeiten definiert, wobei die Höchstgeschwindigkeit 60 km/h betrug. Das Hasenfahrzeug wurde nie aktiv gebremst, sondern ausschließlich durch die Verringerung des Gaspedaldrucks verzögert. Der Testfahrer bediente außerdem vor jeder Runde den Event Detection Task, welcher in Abschnitt 5.4.5.2 näher erläutert wird. Die Kommunikation zwischen dem Fahrer des Hasenfahrzeugs und dem Versuchsleiter erfolgte über Funkgeräte.

Teststrecke

Die Realfahrtstudien fanden auf einem circa 2,8 Kilometer langen Handlingkurs des Prüfgeländes „Ehra-Lessien" der Volkswagen AG statt. Der ausgewählte Rundkurs simulierte eine kurvige Landstraße mit Fahrbahnmarkierungen und einer Spurbreite von circa vier Metern (Abbildung 5.7).

Abbildung 5.7:   Versuchsstrecke (Quelle: Googlemaps.de, April 2014).

Vor jeder Runde hielten die beiden Fahrzeuge an definierten Startpunkten mit einem Abstand von circa 28 Metern zueinander. Bis zum Rundenstart, ab dem die Nebenaufgaben ausgeführt und die Messdaten ausgewertet wurden, legten das Hasenfahrzeug circa 52 Meter und das Versuchsfahrzeug 80 Meter zurück. Die Startpunkte der Fahrzeuge sowie Rundenstart und Rundenende wurden durch Pylonen am Fahrbahnrand markiert.

5.4.3 Aufgabenbeschreibung

Den Versuchspersonen wurden drei Aufgaben mit unterschiedlicher Priorität erläutert, die sie simultan ausführen sollten. Mit der höchsten Priorität sollte die Fahraufgabe ausgeführt werden. Diese beinhaltete, dem Hasenfahrzeug um den Rundkurs zu folgen und dabei einen geschwindigkeitsangepassten, gleichmäßigen, selbstgewählten Abstand zu halten und das eigene Fahrzeug mittig in der Fahrspur zu führen.

Die Aufgabe mit der zweithöchsten Priorität bestand in der Ausführung des Event Detection Tasks. Die Probanden wurden gebeten auf die blaue LED-Leuchte im Heck des Hasenfahrzeugs zu achten und laut „blau" zu sagen, wenn sie diese Lampe aufleuchten sahen.

Weiterhin wurden die Probanden instruiert die visuelle Nebenaufgabe (vgl. Kapitel 5.3) auf dem vorgegebenen Fahrzeugdisplay auszuführen, wenn sie neben den anderen beiden Aufgaben das Gefühl hatten, freie Ressourcen zur Verfügung zu haben. Die Abbildungen auf den Seriendisplays wurden dauerhaft angezeigt und sobald der Proband eine Antwort gegeben hatte, wurde eine neue Aufgabe dieses Typs gezeigt. Dadurch konnte der Bearbeitungstakt von den Versuchspersonen selbst bestimmt werden. Die Reihenfolge der Aufgaben innerhalb der Kategorien wurde durch die Software zufällig gewählt.

5.4.4 Versuchsdurchführung

Eine Versuchsdurchführung dauerte circa drei Stunden und wurde von zwei Versuchsleitern betreut. Der erste Versuchsleiter befand sich auf dem Beifahrersitz und leitete den Probanden durch den Versuch, während der zweite Versuchsleiter auf der Rücksitzbank die Datenaufzeichnungssysteme überwachte und die Software zur Anzeige der Nebenaufgaben steuerte. Darüber hinaus setzte er Trigger für die vom Probanden erfassten Events und den jeweiligen Rundenstart und das Rundenende.

Auf eine kurze Begrüßung folgte die Erläuterung des Ablaufs und Inhalts des Versuchs. Die Probanden wurden gebeten den Fahrersitz, das Lenkrad und das HUD auf ihre Bedürfnisse einzustellen. Nachdem das Blickerfassungssystem erklärt worden ist, führte der zweite Versuchsleiter die faceLAB-Kalibrierung durch, während die Versuchspersonen den ersten Fragebogen zu soziodemografischen Daten und eine Auswahl der in Kapitel 4.2.2 erläuterten Persönlichkeitsfragebögen ausfüllten (Anhang B.2).

Im Anschluss an die Aufgabenerläuterung wurden Übungsaufgaben durchgeführt. Als nächstes erhielten die Probanden die Gelegenheit sich in zwei Übungsrunden mit dem Fahrzeug, dem Fahrszenario und dem Event Detection Task vertraut zu machen. Es folgte die Erhebung einer Baselinefahrt an die sich insgesamt 27 Fahrrunden mit den verschiedenen Bedingungen anschlossen bevor eine zweite Baselinefahrt durchgeführt wurde. Diese diente zur Überprüfung des Übungseffektes, der für das Fahren über die Zeit entstanden sein könnte. Nach jeder Runde wurde kurz an den Startpunkten angehalten. Die regelmäßig angebotenen Pausen wurden von den Probanden je nach Bedarf angenommen. Während des Fahrens wurden Blickdaten und Fahrdaten der Probanden erhoben, sowie die Nebenaufgabenleistung und die erkannten Events beim Event Detection Task. Nach den Baselinerunden und jeder dritten Bedingungsrunde wurde die Beanspruchung mit der SEA-Skala und die wahrgenommene Dissonanz der Probanden erfragt (vgl. Kapitel 5.4.5.5). Im Anschluss an die letzte Baselinefahrt füllten die Probanden den zweiten Fragebogen aus, der sich auf ihre Smartphonenutzung und ihre Fahrgewohnheiten bezog (Anhang B.3). Danach endete der Versuch.

5.4.5 Datenerhebung und -aufbereitung

Blickerfassung

Das Blickverhalten wurde mit dem Blickerfassungssystem faceLAB 5 von Seeing Machines (2012) aufgezeichnet. Dieses nicht invasive System basierte auf Videoauswertungen ohne Videoaufzeichnung. Genutzt wurden zwei Kameras, die auf einer Schiene links und rechts von einem mittig platzierten Infrarotstrahler befestigt waren. Die Schiene wurde auf der Hutze des Versuchsfahrzeugs montiert (Abbildung 5.8).

Der zugehörige Rechner war im Kofferraum verbaut und konnte über einen Monitor, der an der Kopfstütze des Fahrersitzes befestigt war, gesteuert werden. Das System zeichnete mit einer Rate von 60 Hertz auf. Als Areas of Interest (AoI) wurden das HUD, die MFA, das MMI und die nach vorne gerichtete Fahrszene im 3D-Weltmodell definiert (vgl. Abbildung 5.3). Sharafi, Soh und Guéhéneuc (2015) berichten in ihrer Literaturanalyse, dass faceLAB unter idealen Bedingungen eine Genauigkeit von 0,5 Grad besitzt. Durch die Lichtverhältnisse im Freien und die natürlich Bewegung der Probanden während einer Realfahrt nimmt die Genauigkeit ab und es kann somit nicht von idealen Bedingungen ausgegangen werden (Holmqvist et al., 2015). Um dennoch alle Blicke auf die Displays zu erfassen, wurden die AoIs für die HDD im Weltmodell 15 Prozent größer angelegt. In diesem vergrößerten Bereich lagen keine für die Probanden relevanten Informationen, weshalb Blicke in diesen vergrößerten Bereich mit sehr hoher Wahrscheinlichkeit dem entsprechenden Display zuzuordnen sind. Die reellen und angepassten Größen der Displays sind im Anhang B.1 dargelegt.

Abbildung 5.8:   Aufbau des Blickerfassungssystems faceLAB-System auf der Hutze.

Vor den Messfahrten erfolgten eine Kalibrierung des Kameraaufbaus im Fahrzeug sowie die Kalibrierung der Blickerfassung für jeden Probanden. Basierend auf dem definierten 3D-Weltmodell wurden die ermittelten Rohwerte im csv-Datenformat abgespeichert. Der erste Schritt der Datenaufbereitung beinhaltete die Synchronisation der aufgezeichneten Blickdaten mit den ADTF-Daten. Für die folgende Analyse zählten nur die Fixationen je Display. Da zur visuellen Informationsaufnahme eine Fixation von wenigstens 100 Millisekunden notwendig ist (Salvucci & Goldberg, 2000; Schweigert, 2003), wurden die Daten anschließend um kürzere Blicke bereinigt. Die Blickerkennung musste für jede Runde mindestens 90 Prozent der Zeit vorliegen, um in die weitere Analyse einzufließen. Zur Einschätzung der Validität der Blickerfassung werden die Verteilungen der Blicke und Blickzuwendungen für die Displays ermittelt und grafisch dargestellt (vgl. Kapitel 5.5.2).

Für die Auswertung des Blickverhaltens wurde die durchschnittliche und maximale Blickdauer auf die AoIs berechnet sowie die durchschnittliche Anzahl der Blicke, die zur Bearbeitung der visuellen Nebenaufgabe benötigt wurden. Darüber hinaus wurde aus der durchschnittlichen Blickdauer und der Anzahl der benötigten Blicke zur Bearbeitung einer Aufgabe die benötigte kumulierte Blickdauer zur Bearbeitung einer Aufgabe bestimmt.

Event Detection Task

Als Maß für die Wahrnehmung der Fahrumgebung während der visuellen Nebenaufgabe auf den Displays wurde ein Event Detection Task entworfen, in Anlehnung an den Peripheral Detection Task (PDT). Dieser wird oftmals als Maß für den kognitiven Workload und die visuelle Anforderung während des Fahrens genutzt (Baumann, Rösler, Jahn & Krems, 2003; Harms & Patten, 2003; Jahn, Oehme, Krems & Gelau, 2005; Martens & van Winsum). Der in dieser Studie genutzte Event Detection Task bestand aus einer leuchtstarken blauen LED-Matrix von 8 x 8 Zentimeter, die im Heck des Hasenfahrzeugs montiert war (Abbildung 5.9).

Abbildung 5.9:   Aufbau LED-Matrix als Event Detection Task.

Diese leuchtete während jeder Runde vier Mal an zufälligen Zeitpunkten für eine Sekunde auf. Die Farbe blau wurde gewählt, um keine konditionierten Reflexe der Fahrer (z. B. Bremsen bei Rot) anzusprechen. Außerdem ist blau peripher am besten wahrnehmbar (Woodson & Conover, 1964) und wird bei kleinen Stimuli besser wahrgenommen als grün und rot (Werneke & Vollrath, 2013). Erhoben wurde, wie oft das Event von den Probanden während der Aufgabenbearbeitung entdeckt wurde.

Fahrdaten

Sämtliche Fahr- und Blickdaten wurden mit der Software DIAdem 2010 von National Instruments aufbereitet. Die Vorverarbeitung umfasste die Synchronisation der Daten aus verschiedenen Quellen, die Begutachtung der Datenaufzeichung und die Berechnung der Messvariablen. Einzelne Rohdatenaufzeichnungen wurden zudem interpoliert bzw. korrigiert. Die Vorgehensweisen und Berechnungen der Messvariablen werden in den jeweiligen Abschnitten der Auswertung erläutert.

Querführung

Als Maß für die Querführungsgüte wurde die Steering Wheel Reversal Rate (SRR) berechnet. Das von McLean und Hoffmann (1975) vorgeschlagene Maß zählt die Richtungsänderungen der Lenkradbewegung ab einer definierten Winkelgröße pro Minute (MacDonald & Hoffmann, 1980). Sie dient als Maß, um die Auswirkungen der visuellen Nebenaufgabe auf die Querführung darzustellen. Aus diesem Grund besteht laut Östlund et al. (2005) ein direkter Zusammenhang zwischen der SRR und der visuellen Ablenkung. Eine ansteigende SRR kann interpretiert werden als erhöhtes Risiko (MacDonald & Hoffmann, 1980; Östlund et al., 2005).

In der Literatur existiert keine Einigkeit über die optimalen Kennwerte zur Berechnung dieses Maßes (Knappe, Keinath & Meinecke, 2006; Society of Automotive Engineers, 2012). Aus diesem Grund basiert die Erstellung des Maßes auf den Angaben für eine kurvige Strecke mit visuellen Nebenaufgaben von Östlund et al. (2005), mit einem 0,6 Hertz Butterworth Tiefpassfilter sowie einer Gap Size von neun Grad. Für die Berechnung wurde die AIDE Methode (Östlund et al., 2005) verwendet, detailliert beschrieben von der Society of Automotive Engineers (2012).

Längsführung

Die Bewertung der Längsführungsgüte basiert zum einen auf den Fahrdaten des Versuchsfahrzeugs, aufgezeichnet vom CAN-BUS, und zum anderen auf dem Abstand der beiden Fahrzeuge auf Grundlage der GPS-Position.

Das Maß der Korrekturbremseingriffe beruht auf der Anzahl an Bremseingriffen, die eine maximale Verzögerung von mehr als 2 m/s² aufweisen. Durch das Versuchssetting, in dem das Hasenfahrzeug nicht bremste, war kein bedeutender Bremseingriff der Probanden erforderlich. Bremseingriffe, die eine Verzögerung von 2m/s² überschritten, wurden deswegen als Korrekturen von Fahrfehlern interpretiert. 2m/s² gilt als starke Verzögerung (Verwey, 2000), entspricht aber dem alltäglichen Bremsen bei Haltevorgängen im innerstädtischen Verkehr (Nickel, Hugemann, Morawski & von-Diergardt, 2003). Als weiteres Maß wurde der mittlere Abstand zum Vorderfahrzeug sowie die Standardabweichung des mittleren Abstands herangezogen. Der Abstand zum Vorderfahrzeug wurde über GPS ermittelt und bestand damit aus der Distanz zwischen den zwei Sensoren, die jeweils im Heck der Fahrzeuge verbaut waren, in Metern. Zusätzlich wurde die Anzahl der Wechsel zwischen Verringerung und Vergrößerung des Abstandes zum Vorderfahrzeug als Maß dafür verwendet, wie kontinuierlich der Proband den Abstand korrigierte.

Nebenaufgabenbearbeitung

Die Bearbeitung der Aufgaben wurde vom ersten Versuchsleiter handschriftlich aufgezeichnet. Die Aufbereitung der Protokolle aus dem Versuch erfolgte mit der Software Excel 2010 von Microsoft Office. Die Codierung der Antworten erfolgte binär in richtig oder falsch. Wie weit die Antwort der Probanden von der korrekten Antwort entfernt war, wurde nicht berücksichtigt. Als Maß für die Aufgabenbearbeitung wurden die Anzahl der bearbeiteten Aufgaben (Quantität) und die Fehlerprozentzahl (Qualität) ermittelt.

Subjektive Beanspruchung und wahrgenommene Dissonanz

Zur Messung der wahrgenommenen Beanspruchung diente die Skala zur Erfassung subjektiv erlebter Anstrengung (SEA) von Eilers, Nachreiner und Hänecke (1986). Bei dieser setzten die Probanden auf einer 110mm langen vertikalen Skala ein Kreuz für ihre erlebte Beanspruchung. Auf der Skala waren nummerische Werte zwischen 0 und 220 in einem Abstand von 10 Millimetern sowie verbale Ankerpunkte aufgetragen, an denen sich die Versuchsperson orientieren konnte (Abbildung 5.10). Die SEA-Skala wird in vielen Bereichen zur Erfassung von Beanspruchung eingesetzt und zeichnet sich durch ihre hohe Durchführungsökonomie aus (Schütte, 2002). Zwar wird ihre Validität von den Autoren selbst bemängelt (Eilers et al., 1986), dennoch ist sie grundsätzlich in der Lage visuelle Beanspruchung zu differenzieren, ohne jedoch geringe Niveaus zu unterscheiden (Schütte, 1999, 2002). Die externe Validität der Skala ist gegeben, da sie sehr hoch mit dem viel verwendeten NASA-TLX korreliert (Seifert, 2002).

In Anlehnung an die SEA-Skala wurde für die Messung der wahrgenommenen Dissonanz mit demselben Verfahren, welches von Eilers et al. (1986) verwendet wurde, im Rahmen dieser Arbeit eine neue Skala erstellt. Sie sollte das Maß an Unwohlsein, welches die Probanden während der vorgegebenen Aufgabenerfüllung wahrnahmen, erfassen. Die Entscheidung für diese Vorgehensweise wurde aufgrund des Fehlens eines effizienten Messinstruments zum Konstrukt der erlebten Dissonanz getroffen. Ein Vorteil lag darin, dass die Probanden sich an kein anderes Messinstrument gewöhnen mussten.

Für die Konstruktion der neuen Skala wurde ein Versuch mit 13 Probanden zur Festlegung der verbalen Ankerpunkte auf der Skala durchgeführt. Die wahrgenommene Dissonanz war wie folgt definiert: *„Im alltäglichen Leben kann es zu Situationen kommen, in denen man etwas tut oder eine Entscheidung trifft, die im Widerspruch zu den eigenen Einstellungen oder Gedanken steht. Dadurch kann es zu einer inneren Spannung, einem Unwohlsein bei dem Handeln oder den Gedanken an die Entscheidung kommen. Auf diesen Zustand des Unwohlseins beziehen wir uns bei der nächsten Aufgabe."* Das Vorgehen entsprach dem bei Eilers et al. (1986) beschriebenen Ablauf ebenso wie die anschließende methodische Auswahl an Ankerpunkten. Als Ergebnis entstand eine Skala mit sechs verbalen Ankerpunkten wie sie Abbildung 5.10 zu sehen ist.

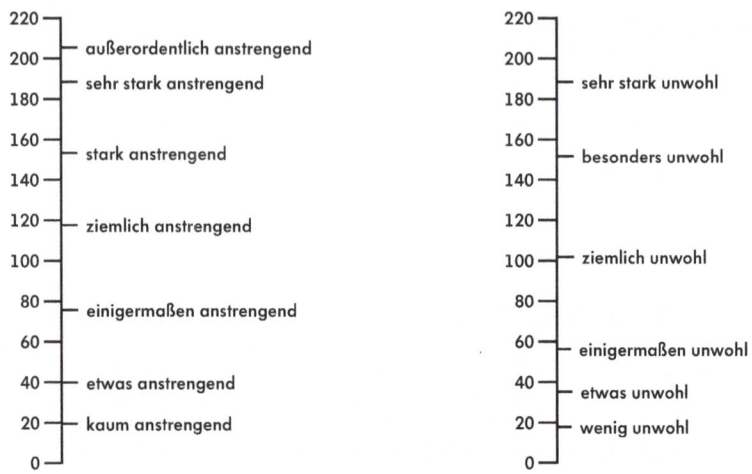

Abbildung 5.10: Darstellung der SEA-Skala (links) und Skala zur wahrgenommenen Dissonanz (rechts).

5.4.6 Datenauswertung

Vor der interferenzstatistischen Auswertung und Beurteilung der Gruppenmittelwert-unterschiede wurde im Rahmen der Datenaufbereitung eine Ausreißer- bzw. Extrem-wertanalyse durchgeführt. Dabei wurde die Verteilung der Messwerte mit Hilfe von Boxplots betrachtet. Grundsätzlich wurden nur Werte ausgeschlossen, wenn davon ausgegangen werden musste, dass die Werte auf fehlerhafte Messungen zurückzuführen sind und sie mehr als drei Interquartilbereiche außerhalb der Box lagen (Schendera, 2007). Der Ausschluss von Daten wird im Ergebnisteil berichtet.

Die Datenauswertung erfolgt überwiegend anhand von univariaten Varianzanalysen, welche zumeist mehrfaktorielle Messwiederholungen beinhalteten. Zur Überprüfung der Angemessenheit der verwendeten Verfahren erfolgte eine Auswertung der Residuen-Plots. Für den Fall, dass die Verteilungen der Residuen nicht für parametrische Verfahren geeignet scheinen, wird auf alternative nichtmetrische Verfahren zurückgegriffen.

Für die Signifikanzbewertung wurde gemäß üblichen Konventionen ein Alpha-Fehler-Niveau von fünf Prozent herangezogen. Verletzungen der Sphärizitätsannahme bei varianzanalytischen Messwiederholungen mit mehr als zwei Faktoren wurden nach dem Greenhouse-Geißer-Epsilon korrigiert (Bortz & Schuster, 2010; Eid, Gollwitzer & Schmitt, 2011). In diesem Falle werden die angepassten Freiheitsgrade und Wahrschein-lichkeiten berichtet. Um die Unterschiede zwischen den Faktorstufen zu untersuchen, sind hypothesengeleitete Kontraste gerechnet und die Effektgröße r berechnet worden (Field, 2013). Nach Cohen (1992) entspricht $r = .10$ einem kleinen Effekt, $r = .30$ einem mittleren und $r = .50$ einem großen Effekt. Für den Fall, dass kein hypothesengeleitetes sondern ein exploratives Vorgehen gewählt worden ist, werden Post-hoc Paarvergleiche mit dem

Korrekturmaß nach Bonferroni genutzt, um die Unterschiede der Faktorstufen zu untersuchen. Dieses konservative Korrekturmaß wurde gewählt, da es auch bei Verletzungen der Sphärizitätsannahme eine robuste Methode darstellt (Field, 2013).

5.4.7 Stichprobe

Insgesamt nahmen 34 Versuchspersonen an der Studie teil. Die Studienteilnehmer wurden über den Probandenpool der Volkswagen AG rekrutiert und sind Mitarbeiter der Volkswagen AG. Sie nahmen an den Versuchen freiwillig in ihrer Freizeit teil und erhielten als Dank ein Sachgeschenk oder einen Gutschein. Für die Fahrstudie wurden Brillenträger im Vorhinein als Probanden ausgeschlossen, da bei ihnen die korrekte Blickerkennung durch verringerte Kontraste und starke Spiegelungen erschwert ist (Holmqvist et al., 2015).

Aufgrund von Ausfällen bei der Datenaufzeichnung und unvollständiger Aufgabenbearbeitung wurden sechs Probanden von der folgenden Auswertung ausgeschlossen, wobei keine Systematik im Hinblick auf die Ausfälle zu erkennen war. Die Muttersprache der verbleibenden 28 Probanden war Deutsch. Von den untersuchten 28 Versuchspersonen waren 16 männlich (57,1 %) und zwölf weiblich (42,9 %). Der Median der Altersverteilung belief sich auf 32 Jahre ($QA = 18$), wobei die Altersspanne zwischen 19 und 51 Jahren lag. Die Verteilung der Altersgruppen ist in Abbildung 5.11 abgebildet.

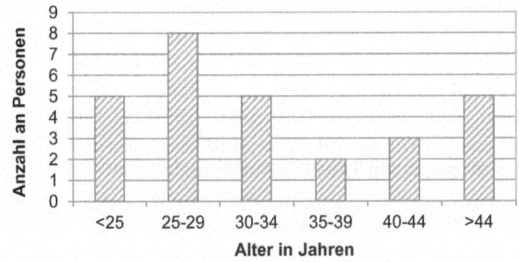

Abbildung 5.11: Häufigkeitsverteilung der Altersklassen der Probanden.

Im Mittel besaßen die Probanden 14 Jahre Fahrerfahrung ($QA = 17,25$) und der Median der Fahrleistung der Probanden lag bei 11.000 bis 20.000 gefahrenen Kilometern pro Jahr. 46 Prozent der Probanden (N = 13) hatten vor dem Versuch keine Erfahrung mit einem HUD, 25 Prozent (N = 7) hatten wenig und 29 Prozent (N = 8) hatten mäßig viel Erfahrung. Damit gab keiner der Teilnehmer an viel oder sehr viel Erfahrung mit einem HUD zu besitzen.

5.5 Ergebnisse

Die nachfolgende Ergebnisdarstellung umfasst sowohl eine Analyse der objektiven Fahr- und Blickdaten, als auch eine Bewertung der Nebenaufgaben und der subjektiven

Probandeneinschätzungen. Dabei wird jeweils die Datenbasis, die zur Berechnung zur Verfügung steht, berichtet.

Für die Berechnungen werden Ergebnisse von Varianzanalysen für mehrfaktorielle Messwiederholungen vorgestellt. Bei Messdaten, bei denen von einer Normalverteilung ausgegangen werden kann, wird eine ANOVA mit Messwiederholung gerechnet. Bei Zählvariablen entspricht die Verteilung in der Regel eher einer Poisson-Verteilung als einer Normalverteilung (Coxe, West & Aiken, 2009). Aus diesem Grund wird für diese Variablen eine Generalized Estimation Equation (GEE) mit Poisson-Verteilungsannahme und der Arbeitskorrelationsmatrix *Austauschbar* gerechnet (Agresti, 2007; Coxe et al., 2009; Hanley, Negassa, Edwardes & Forrester, 2003; Liang & Zeger, 1986). Für die Unterschiede zwischen den Faktorstufen werden für alle Analysen für die Faktoren „Display" und „Komplexität" hypothesengeleitete Kontraste nach Typ *Wiederholt* durchgeführt. Für den Faktor der Kategorien können keine geplanten Vergleiche aus den Hypothesen aufgestellt werden, aus diesem Grund wird mit Post-Hoc Paarvergleichen gearbeitet.

5.5.1 Fahrleistung

Querführung

Bei der Berechnung der Steering Wheel Reversal Rate (SRR) für die Bewertung der Querführungsqualität wird der vollständige Datensatz von 28 Probanden verwendet. Die statistischen Kennwerte zeigen einen Effekt für den Faktor „Display" ($F_{(2, 54)} = 15.49$, $p < .001$) und für den Faktor „Kategorie" ($F_{(2, 54)} = 13.56$, $p < .001$). Interaktionen liegen dabei nicht vor. Bezüglich des Faktors „Display" weist die SRR für das HUD den niedrigsten Wert auf, gefolgt von der MFA. Im Mittel liegt für das MMI der höchste Wert vor. Die deskriptiven Werte sind in Tabelle 5.5 dargestellt.

Tabelle 5.5: Deskriptive Werte und Teststatistiken der SRR für die Faktoren „Display" und „Kategorie".

Faktor	Ausprägung	Mittelwert	Kontraste
	HUD	10.70 ($SD = 0.24$)	
Display	MMI	11.42 ($SD = 0.27$)	HUD – MMI: $F_{(1, 27)} = 22.35, p < .001, r = .67$
	MFA	11.02 ($SD = 0.24$)	MMI – MFA: $F_{(1, 27)} = 11.15, p = .002, r = .54$
			Post-hoc Paarvergleiche
	Bild	11.28 ($SD = 0.27$)	Bild – Liste: $p < .001$
Kategorie	Liste	10.84 ($SD = 0.23$)	Liste – Text: $p = .088$
	Text	11.02 ($SD = 0.23$)	Text – Bild: $p = .021$

Die Kontraste bestätigen diese Unterschiede zwischen HUD und MMI sowie MFA und MMI. Beide Effekte sind mit $r = .67$ bzw. $r = .54$ von praktischer Relevanz. Bei der

Betrachtung des Effekts durch die Kategorie zeigt sich, dass die SRR bei der Liste am kleinsten ist, gefolgt von den Textaufgaben und den Bildern. Die Post-hoc-Tests zeigen einen Unterschied zwischen Listen und Bildern ($p < .001$) und Bildern und Text ($p = .021$). Der Faktor „Komplexität" zeigt keinen signifikanten Effekt ($p = .332$).

Mittlerer Abstand zum Vorderfahrzeug

Aufgrund von Ausfällen in der GPS-Aufzeichnung bei vier Probanden während der Versuchsdurchführung, werden für die Berechnungen des Abstands nur die Daten von 24 Probanden verwendet.

Für die mittlere Distanz zum Vorderfahrzeug liegt kein Haupteffekt für das Display vor aber ein Effekt für die Komplexität mit $F_{(1.2, 27.64)} = 23.58$, $p < .001$ und für die Kategorien ($F_{(2, 46)} = 5.86$, $p = .005$). Die Teststatistiken und deskriptiven Werte sind in Tabelle 5.6 dargelegt. Der mittlere Abstand wächst mit der Komplexität der Anzeigen pro Bedingung um circa zwei Meter an. In der einfachsten Bedingung liegt er im Mittel bei 37,22 Metern, in der mittleren bei 39,68 Metern und in der höchsten Komplexität bei 41,88 Metern. Die Kontraste zeigen einen deutlichen Unterschied zwischen allen drei Stufen (Tabelle 5.6).

Tabelle 5.6: Deskriptive Werte und Teststatistiken der mittleren Distanz zum Vorderfahrzeug der Faktoren „Komplexität" und „Kategorie".

Faktor	Ausprägung	Mittelwert	Kontraste
Komplexität	Gering	37.22 ($SD = 3.2$)	gering – mittel: $F_{(1, 23)} = 18.65$; $p < .001$; $r = .67$
	Mittel	39.68 ($SD = 3.39$)	mittel – hoch: $F_{(1, 23)} = 21.42$; $p = .002$; $r = .69$
	Hoch	41.88 ($SD = 3.67$)	
			Post-Hoc Paarvergleiche
Kategorie	Bild	40.51 ($SD = 3.52$)	Bild – Liste: $p = .011$
	Liste	38.55 ($SD = 3.21$)	Liste – Text: $p = .16$
	Text	39.71 ($SD = 3.51$)	Text – Bild: $p = .46$

Bei den Kategorien zeigt sich bei der Liste der kleinste Abstand mit 38,55 Metern, bei dem Lesen des Textes der zweitkleinste Abstand mit 39,71 Metern und bei den Bildern der größte Abstand mit 40,51 Metern. Dabei belegt nur der Paarvergleich zwischen der Bild- und der Listenbedingung einen signifikanten Unterschied ($p = .011$). Im Zusammenwirken der Faktoren Display und Komplexität kann man eine Tendenz für eine Interaktion erkennen mit $F_{(4, 92)} = 2.4$, $p = .058$, dieser scheint jedoch nur von geringer Bedeutung und weist darauf hin, dass die Komplexität im HUD einen größeren Einfluss besitzt als in den beiden anderen Displays.

Die Teststatistik für die Standardabweichung des mittleren Abstands weist Haupteffekte für den Faktor „Display" ($F_{(2, 46)} = 4.83$, $p = .012$) und „Komplexität" ($F_{(2, 46)} = 23.62$, $p < .001$) auf und zudem eine Wechselwirkung zwischen diesen Faktoren ($F_{(4, 92)} = 7.05$, $p < .001$).

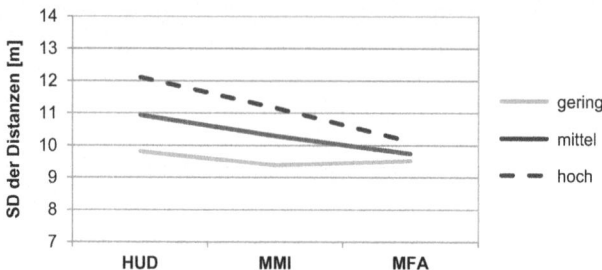

Abbildung 5.12: Interaktionsdiagramm der Standardabweichung der Distanz zum Vorderfahrzeug für die Faktoren „Display" und „Komplexität". Aufgetragen sind die Mittelwerte der Standardabweichung in Metern.

Wie in Abbildung 5.12 zu sehen steigt die Standardabweichung des Abstandes mit dem Grad der Komplexität. Zudem ist die Standardabweichung im HUD am größten ($M = 10.96$, $SD = .885$), gefolgt vom MMI ($M = 10.28$, $SD = 1.00$). Die MFA ($M = 9.80$, $SD = .85$) erzeugt die kleinste Standardabweichung. In der Interaktion ist zu erkennen, dass der Einfluss der Komplexität in der MFA gering, im MMI etwas ausgeprägter und im HUD am stärksten ist. Für den Faktor „Kategorie" liegt lediglich eine Tendenz ($F_{(2, 46)} = 2.56$, $p = .089$) vor. Für den Einfluss des Displays zeigen sich in den hypothesengeleiteten Kontrasten keine Unterschiede zwischen den Bedingungen. Allerdings weisen die Post-hoc Paarvergleiche auf einen signifikanten Unterschied zwischen HUD und MFA ($p = .005$) hin.

Abstandskorrektur

Die GEE mit Poisson-Verteilung zeigt für den Abstandswechsel signifikante Effekte für das Display ($\chi^2_{(2)} = 9.14$, $p = .010$) und die Komplexität ($\chi^2_{(2)} = 44.55$, $p < .001$). Die Kontraste belegen einen Unterschied zwischen HUD und MMI ($\chi^2_{(1)} = 5.69$, $p = .017$) aber keinen zwischen MMI und MFA ($p = .923$). Die Kontraste für die Komplexitätsstufen weisen sowohl zwischen gering und mittel ($\chi^2_{(1)} = 12.08$, $p = .001$) als auch für mittel und hoch ($\chi^2_{(1)} = 18.40$, $p < .001$) Unterschiede auf.

In Abbildung 5.13 sind die Werte für die unterschiedlichen Bedingungen abgebildet. Zu erkennen ist, dass die Werte für das kontinuierliche Abstandshalten im HUD ($M = 86.25$, $SD = 4.86$) geringer sind als im MMI ($M = 92.75$, $SD = 5.98$) und der MFA ($M = 92.47$, $SD = 5.12$). Außerdem treten weniger korrigierende Richtungswechsel im Abstandsverhalten auf je höher die Komplexität der Aufgabe.

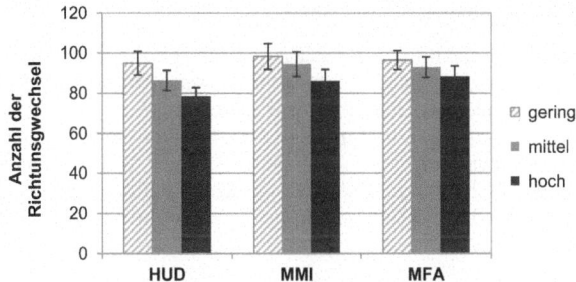

Abbildung 5.13: Mittelwertdiagramm für den Abstandswechsel der Faktoren „Display" und „Komplexität". Aufgetragen sind Mittelwerte und Standardabweichungen.

Bremsverhalten

Als weiteres Maß für die Fahrzeugführung wird die Anzahl der Verzögerungen mit einer maximalen Verzögerung von mehr als 2 m/s² untersucht. Die gerechnete GEE mit Poisson-Verteilungsannahme bezieht sich auf die vollständige Stichprobe mit den Datensätzen von allen 28 Probanden. Es erweist sich dabei nur der Faktor „Komplexität" als bedeutsam ($\chi^2_{(2)} = 7.41$, $p = .025$) sowie die Wechselwirkung zwischen „Komplexität" und „Kategorie" ($\chi^2_{(4)} = 13.27$, $p = .010$). Eine Tendenz ist für den Faktor „Kategorie" zu finden ($\chi^2_{(2)} = 5.92$, $p = .052$).

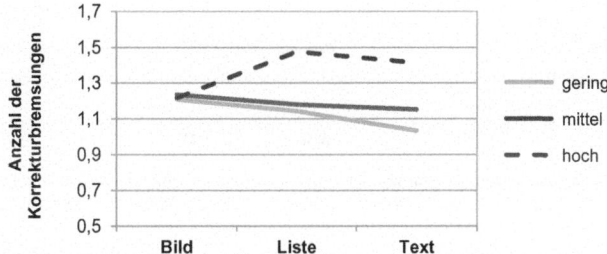

Abbildung 5.14: Interaktionsdiagramm der korrigierenden Bremseingriffe für die Faktoren „Kategorie" und „Komplexität".

In Abbildung 5.14 ist in der Interaktion erkennbar, dass es bei den Bildern keinen Unterschied zwischen den Komplexitätsstufen gibt. Für die Listen und den Text erzeugt die hohe Komplexitätsstufe hingehen eine höhere Zahl an Bremsvorgängen.

5.5.2 Blickverhalten

In die Blickdatenanalyse können insgesamt Daten von 24 Probanden einbezogen werden.

Durchschnittliche Blickdauer

Für das Maß der durchschnittlichen Blickdauer auf die Zieldisplays wird nach Analyse des Boxplots ein Proband aufgrund hoher Ausreißer ausgeschlossen (Anhang B.4). Die Teststatistik weist Haupteffekte für den Faktor „Display" ($F_{(1.28, 28.17)}$ = 55.18, $p < .001$) und „Komplexität" ($F_{(1.49, 32.83)}$ = 20.15, $p < .001$) auf. Für diese beiden Faktoren zeigt sich auch eine Wechselwirkung mit $F_{(1.96, 43.04)}$ = 14.59, $p < .001$. Wie in Abbildung 5.15 zu sehen, steigt die durchschnittliche Blickdauer mit dem Grad der Komplexität. Im MMI und der MFA ist dieser Unterschied jedoch nur gering, während er im HUD sehr stark ausgeprägt ist.

Die Kontraste belegen den Unterschied zwischen dem HUD und dem MMI mit $F_{(1, 22)}$ = 58.95, $p < .001$ und zeigen keine Differenz zwischen dem MMI und der MFA auf. In Abbildung 5.15 ist auch zu erkennen, dass für die mittlere und hohe Komplexität die durchschnittliche Blickdauer im HUD mehr als 2000 Millisekunden beträgt.

Bei Betrachtung der Mittelwerte fällt auf, dass die Blicke ins HUD zum Teil mehr als doppelt so lang ausfallen wie ins MMI oder in die MFA (Tabelle 5.7). Der Faktor „Kategorie" scheint keinen Einfluss zu besitzen ($p = .704$).

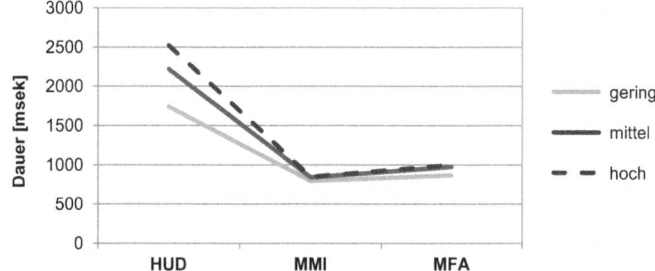

Abbildung 5.15:   Interaktionsdiagramm der durchschnittlichen Blickdauer für die Faktoren „Display" und „Komplexität". Aufgetragen sind die Mittelwerte in Millisekunden.

Tabelle 5.7:   Deskriptive Werte und Teststatistiken der durchschnittlichen Blickdauer für die Faktoren „Display" und „Komplexität".

Faktor	Ausprägung	Mittelwert	Kontraste
Display	**HUD**	2159.41 (SD = 181.56)	HUD – MMI: $F_{(1, 22)}$ = 58.95, $p < .001$, $r = .85$
	MMI	829.32 (SD = 65.78)	MMI – MFA: $F_{(1, 22)}$ = 6.15, $p = .120$
	MFA	948.26 (SD = 76.30)	
Komplexität	**Gering**	1135.51 (SD = 73.33)	gering – mittel: $F_{(1, 22)}$ = 16.74, $p < .001$, $r = .66$
	Mittel	1344.00 (SD = 98.87)	mittel – hoch: $F_{(1, 22)}$ = 9.65, $p = .005$, $r = .55$
	Hoch	1457.47 (SD = 104.73)	

Maximale Blickdauer

Für die Analyse der maximalen Blickdauer werden drei Probanden aufgrund von Ausreißern ausgeschlossen. Auf Basis der verbleibenden 21 Probanden belegt die Teststatistik Haupteffekte für die Faktoren „Display" ($F_{(2, 40)} = 77.15$, $p < .001$) und „Komplexität" ($F_{(2, 40)} = 4.42$, $p = .018$) ohne Wechselwirkungen. Die Mittelwerte und Standardabweichungen sind in Abbildung 5.16 aufgetragen. Dabei zeigen die Kontraste einen Unterschied zwischen dem HUD und dem MMI ($F_{(1, 20)} = 79.43$, $p < .001$) und zwischen dem MMI und der MFA ($F_{(1, 20)} = 17.37$, $p < .001$).

Das HUD weißt mit 8956 Millisekunden im Mittel mehr als viermal so lange maximale Blickdauern auf wie das MMI ($M = 2110$) und dreimal so lange Blicke wie die MFA ($M = 2564$). Der Faktor „Komplexität" weist dazu vergleichsweise kleine Effekte auf mit jeweils circa 400 Millisekunden Differenz zwischen den einzelnen Bedingungen „gering" ($M = 4156$), „mittel" ($M = 4568$) und „hoch" ($M = 4906$). Detaillierte Ergebnisse sind in Anhang B.5 zu finden.

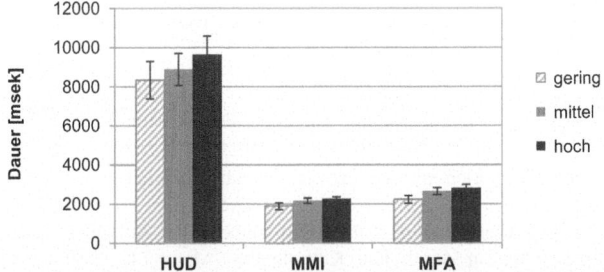

Abbildung 5.16: Mittelwertdiagramm der maximalen Blickdauer der Faktoren „Display" und „Komplexität". Aufgetragen sind die Mittelwerte und Standardabweichungen in Millisekunden.

Benötigte Blicke zur Aufgabenbearbeitung

In das Maß der durchschnittlich benötigten Blicke zur Beantwortung einer Aufgabe fließt die durchschnittliche Blickdauer ein. Aus diesem Grund wird auch hier ein Proband zusätzlich ausgeschlossen. Im Anschluss zeigt die Teststatistik signifikante Haupteffekte für alle drei Faktoren (Tabelle 5.8) sowie für zwei Wechselwirkungen. Diese betreffen das Display und die Komplexität ($F_{(2.84, 62.49)} = 32.15$, $p < .001$) sowie die Kategorie und die Komplexität ($F_{(2.78, 61.24)} = 25.87$, $p < .001$). Die Wechselwirkungen sind in Abbildung 5.17 und Abbildung 5.18 aufgetragen. Je geringer die Komplexität der Aufgaben ist, desto weniger Blicke werden zum Beantworten der Aufgabe benötigt. Dabei werden jedoch im HUD weniger Blicke benötigt als in den anderen beiden Displays. Dies wirkt sich besonders bei den Aufgaben mit hoher Komplexität aus, bei denen im HUD im Mittel 4,12 Blicke benötigt werden, im MMI 7,22 und in der MFA 6,60 Blicke.

Tabelle 5.8:   Deskriptive Werte und Teststatistiken der durchschnittlich benötigten Blickanzahl pro Aufgabe.

Display	$F_{(2, 44)} = 22.19, p < .001$		
	Ausprägung	**Mittelwert**	**Kontraste**
	HUD	2.72 ($SD = 0.26$)	HUD – MMI: $F_{(1,22)} = 43.23, p < .001, r = .81$
	MMI	4.46 ($SD = 0.21$)	MMI – MFA: $F_{(1,22)} = 1.22, p = .282$
	MFA	4.10 ($SD = 0.25$)	
Komplexität	$F_{(1.18, 26.05)} = 237.82, p < .001$		
	Ausprägung	**Mittelwert**	**Kontraste**
	Gering	1.80 ($SD = 0.07$)	gering – mittel: $F_{(1,22)} = 194.13, p < .001, r = .95$
	Mittel	3.50 ($SD = 0.16$)	mittel – hoch: $F_{(1,22)} = 206.30, p < .001, r = .95$
	Hoch	5.98 ($SD = 0.27$)	
Kategorie	$F_{(2,44)} = 19.94, p < .001$		
	Ausprägung	**Mittelwert**	**Post-hoc Paarvergleiche**
	Bild	3.75 ($SD = 0.16$)	Bild – Liste: $p = .004$
	Liste	3.33 ($SD = 0.16$)	Liste – Text: $p < .001$
	Text	4.20 ($SD = 0.20$)	Text – Bild: $p = .039$

In Bezug auf die Kategorien werden für die Listenbearbeitungen am wenigsten Blicke benötigt, gefolgt von den Bildern. Die meisten Blicke werden im Mittel für die Textaufgaben benötigt. Im Zusammenhang mit der Komplexität der Aufgaben ist auffällig, dass für die Listenaufgaben in der hohen Komplexität (M = 4.74) vergleichsweise wenig Blicke benötigt werden im Gegensatz zu den Bildern (M = 6.39) und Texten (M = 6.80).

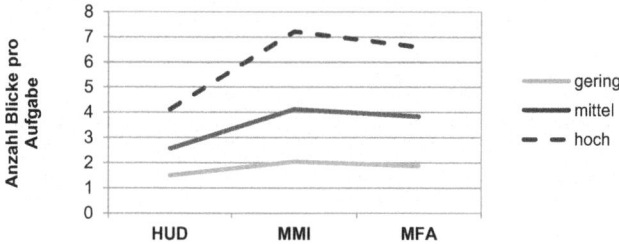

Abbildung 5.17:   Interaktionsdiagramm der Anzahl benötigter Blicke pro Aufgabe für die Faktoren „Display" und „Komplexität".

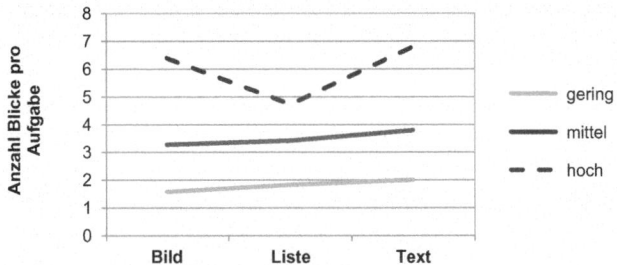

Abbildung 5.18: Interaktionsdiagramm der Anzahl benötigter Blicke pro Aufgabe für die Faktoren „Kategorie" und „Komplexität".

Blickdauer je Aufgabe

In die Betrachtung der kumulierten Blickdauer je Aufgabe fließen die Werte von 23 Probanden ein. Es zeigen sich Haupteffekte für die drei Faktoren und Interaktionen (Tabelle 5.9).

Tabelle 5.9: Deskriptive Werte und Teststatistiken der durchschnittlich kumulierten Blickdauer je Aufgabe.

Display	$F_{(1.38, 30.30)} = 36.56, p < .001$		
	Ausprägung	**Mittelwert**	**Kontraste**
	HUD	5396.40 ($SD = 280.92$)	HUD – MMI: $F_{(1,22)} = 34.84; p < .001; r = .78$
	MMI	3553.57 ($SD = 231.10$)	MMI – MFA: $F_{(1,22)} = 0.09; p = .762$
	MFA	3623.66 ($SD = 297.05$)	
Komplexität	$F_{(1.07, 23.48)} = 195.59, p < .001$		
	Ausprägung	**Mittelwert**	**Kontraste**
	Gering	1825.67 ($SD = 96.04$)	gering – mittel: $F_{(1,22)} = 190.51; p < .001;$ $r = .95$
	Mittel	3844.74 ($SD = 213.42$)	mittel – hoch: $F_{(1,22)} = 178.49; p < .001,$
	Hoch	6903.21 ($SD = 415.87$)	$r = .94$
Kategorie	$F_{(2,44)} = 20.91, p < .001$		
	Ausprägung	**Mittelwert**	**Post-hoc Paarvergleiche**
	Bild	4327.24 ($SD = 228.99$)	Bild – Liste: $p < .001$
	Liste	3570.06 ($SD = 223.17$)	Liste – Text: $p < .001$
	Text	4676.33 ($SD = 298.74$)	Text – Bild: $p = .262$

Die Testwerte betragen für die Wechselwirkung „Display" und „Kategorie" $F_{(2.62, 57.54)} = 5.76, p = .003$, für „Display" und „Komplexität" $F_{(2.63, 57.79)} = 29.88, p < .001$ und für „Kategorie" und „Komplexität" $F_{(2.21, 48.61)} = 27.26, p < .001$. Die Werte zeigen, dass je Aufgabe deutlich länger in das HUD geschaut wird als in das MMI und MFA. Außerdem steigt mit erhöhter Komplexität die Bearbeitungsdauer unverkennbar mit jeweils mehr als 2000 Millisekunden.

Ebenso wie bei der Anzahl benötigter Blicke ist auch bei diesem Maß zu erkennen, dass bei der Liste in der hohen Komplexität weniger Aufwand zur Lösung der Aufgabe betrieben werden muss (Abbildung 5.19).

Die Interaktion zwischen dem Faktor „Display" und „Kategorie" ist in Abbildung 5.20 aufgetragen. Die Bearbeitung der Aufgaben der verschiedenen Kategorien zeigt für das HUD einen Unterschied von circa 800 bzw. 1200 Millisekunden zwischen den drei Kategorien, wobei der Text die längste Blickdauer bewirkt, gefolgt von den Bildern und der Liste. Bei den beiden HDDs ist lediglich zu sehen, dass bei der Liste weniger lange geschaut wird als bei den anderen beiden Aufgabentypen.

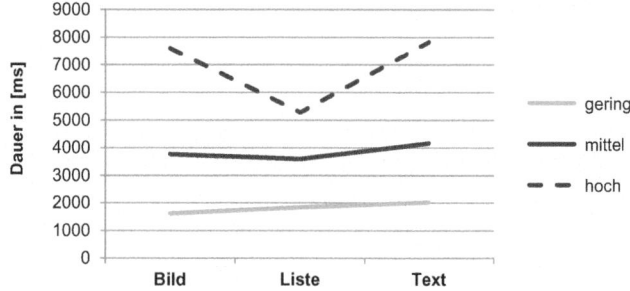

Abbildung 5.19: Interaktionsdiagramm der kumulierten Blickdauer je Aufgabe der Faktoren „Kategorie" und „Komplexität". Aufgetragen sind die Mittelwerte in Millisekunden.

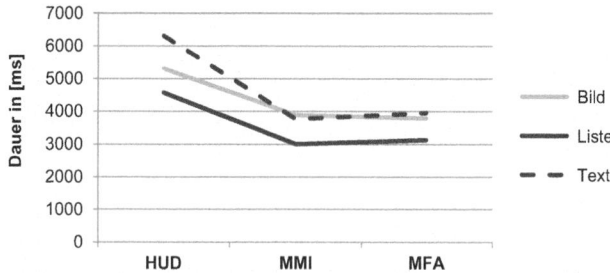

Abbildung 5.20: Interaktionsdiagramm der kumulierten Blickdauer je Aufgabe der Faktoren „Display" und „Kategorie". Aufgetragen sind die Mittelwerte in Millisekunden.

Blickverteilung

Die Blickverteilung auf die einzelnen Displays zeigt eine hohe Anzahl von Blicken in das HUD für die Bedingungen, bei denen die visuellen Aufgaben auf den HDDs präsentiert werden. Dagegen sind kaum Blicke in das MMI und die MFA vorhanden, wenn es sich um das HUD als Zieldisplay handelt. Hier liegt die Anzahl der Blicke ins MMI und in die MFA deutlich unter 10. Die Blickanzahlen sind in Abbildung 5.21 dargestellt.

Die prozentuale Blickverteilung ins HUD beträgt etwa zehn Prozent, wenn die Nebenaufgaben auf den HDDs präsentiert werden (Abbildung 5.22). Je nach Displaybedingung liegen etwa 50 bis 60 Prozent der Blickzuwendungen auf den Displays. Die restliche Zeit blicken die Probanden auf die Fahrbahn oder die Fahrzeugumgebung.

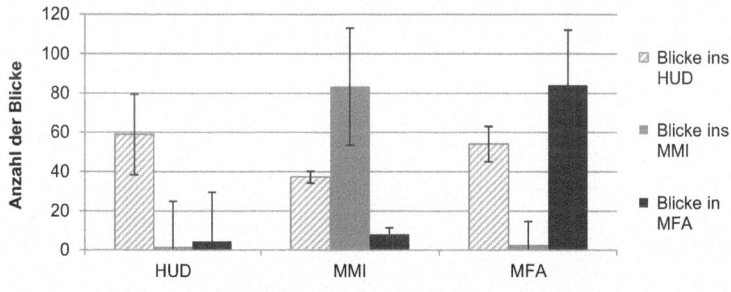

Abbildung 5.21: Mittelwertdiagramm der Anzahl von Blicken in die einzelnen Displays. Aufgetragen sind die Mittelwerte und Standardabweichungen der Blicke ins HUD, MFA und MMI in Bezug zum Zieldisplay der visuellen Aufgabenpräsentation.

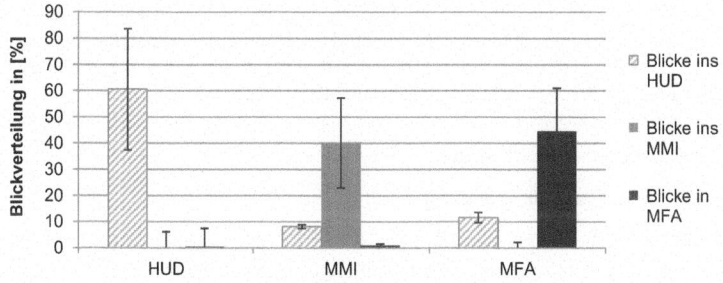

Abbildung 5.22: Mittelwertdiagramm für die prozentuale Verteilung der Blickzuwendungen auf die Displays. Aufgetragen sind die Anteile der Blickzuwendungen ins HUD, MFA und MMI in Bezug auf das Zieldisplay der visuellen Aufgabenpräsentation.

5.5.3 Event Detection Task

Für die Analyse des Event Detection Task wird eine GEE mit einer Poisson-Verteilungsannahme gerechnet, da es sich um Zähldaten mit einem Bereich von null bis vier handelt. Es gehen die Daten von 27 Probanden in die Analyse ein. Für das Maß der verpassten Events ergibt sich ein Effekt für den Faktor „Display" ($\chi^2_{(2)} = 9.58$, $p = .008$), für den Faktor „Komplexität" ($\chi^2_{(2)} = 15.57$, $p < .001$) und die Interaktion zwischen diesen Faktoren ($\chi^2_{(4)} = 16.83$, $p = .002$). Das HUD unterscheidet sich vom MMI mit $\chi^2_{(1)} = 11.00$, $p = .001$, wohingegen es keinen Unterschied zwischen MMI und MFA gibt.

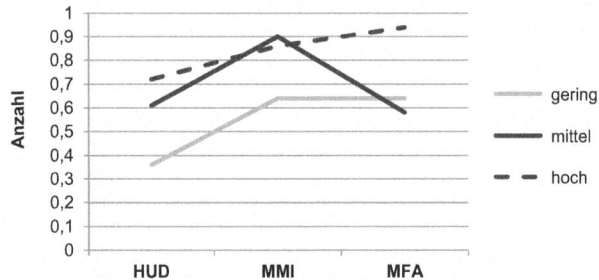

Abbildung 5.23: Interaktionsdiagramm der verpassten Events für die Faktoren „Display" und „Komplexität".

In Abbildung 5.23 ist zu sehen, dass im HUD im Mittel mit $M = 0.54$ ($SD = 0.10$) weniger Events verpasst werden, was 13,5 Prozent der präsentierten Events entspricht. Dagegen sind es im MMI $M = 0.79$ ($SD = 0.10$) Events bzw. 19,8 Prozent und $M = 0.70$ ($SD = 0.09$) Events bzw. 17,5 Prozent in der MFA. Die Kontraste für den Faktor „Komplexität" zeigen keine signifikanten Unterschiede. In der Interaktion ist jedoch zu erkennen, dass höhere Komplexitäten im HUD mehr verpassten Events entsprechen. Für die HDDs lässt sich das nur eingeschränkt sagen, da die mittlere Komplexitätsbedingung im MMI die meisten verpassten Events hervorruft und in der MFA die wenigsten. Die Aufgabenart spielt für die Umfeldwahrnehmung keine Rolle ($p = .104$).

5.5.4 Nebenaufgabenbearbeitung

Quantität der Aufgabenbearbeitung

In die GEE zur Nebenaufgabenbearbeitung gehen 27 Datensätze ein. Für die Anzahl der bearbeiteten Aufgaben zeigt die Teststatistik signifikante Effekte für alle Faktoren und Wechselwirkungen. Die Wechselwirkung zwischen „Display" und „Kategorie" beträgt $\chi^2_{(4)} = 11.41$, $p = .022$, zwischen „Display" und „Komplexität" $\chi^2_{(4)} = 13.18$, $p = .010$ und zwischen „Kategorie" und „Detailgrad" $\chi^2_{(4)} = 256.22$, $p < .001$. Die Teststatistiken für die Haupteffekte und Kontraste sind in Tabelle 5.10 dargestellt.

Für den Faktor „Komplexität" zeigt sich deutlich, dass in der geringen Komplexität mehr als doppelt so viele Aufgaben bearbeitet werden wie in der mittleren Komplexität und mehr als dreimal so viele wie in der hohen Komplexität (Abbildung 5.24). Dabei werden im HUD insgesamt die meisten Aufgaben bearbeitet. MMI und MFA unterscheiden sich im Zusammenhang mit der Komplexität nur in der geringen Bedingung, in der in der MFA deskriptiv mehr Aufgaben bearbeitet werden.

Tabelle 5.10: Deskriptive Werte und Teststatistiken der Quantität der Aufgabenbearbeitung für die Faktoren „Display", „Komplexität" und „Kategorie".

Display	$\chi^2_{(2)} = 13.69, p = .001$		
	Ausprägung	**Mittelwert**	**Kontraste**
	HUD	24.87 (SD = 0.96)	HUD – MMI: $\chi^2_{(1)} = 10.68, p = .001$
	MMI	22.68 (SD = 1.24)	
	MFA	23.12 (SD = 1.06)	MMI – MFA: $\chi^2_{(1)} = 0.65, p = .491$
Komplexität	$\chi^2_{(2)} = 3719.44, p < .001$		
	Ausprägung	**Mittelwert**	**Kontraste**
	Gering	46.88 (SD = 2.08)	gering – mittel: $\chi^2_{(1)} = 399.51, p < .001$
	Mittel	21.80 (SD = 1.03)	
	Hoch	12.76 (SD = 0.59)	mittel – hoch: $\chi^2_{(1)} = 353.99, p < .001$
Kategorie	$\chi^2_{(2)} = 39.28, p < .001$		
	Ausprägung	**Mittelwert**	**Post-hoc Paarvergleiche**
	Bild	23.94 (SD = 1.24)	Bild – Liste: $p = .019$
	Liste	25.63 (SD = 1.21)	Liste – Text: $p < .001$
	Text	21.24 (SD = 0.96)	Text – Bild: $p = .001$

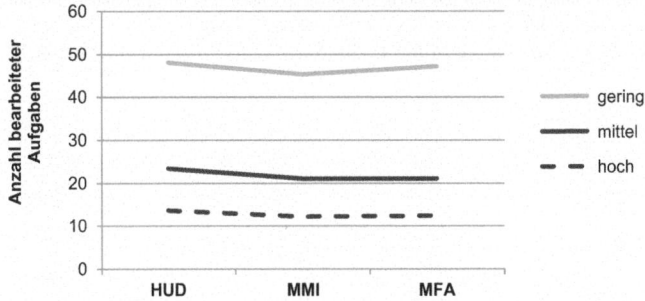

Abbildung 5.24: Interaktionsdiagramm der Aufgabenquantität für die Faktoren „Display" und „Komplexität". Aufgetragen sind die Mittelwerte für die Anzahl der bearbeiteten Aufgaben.

In der Interaktion zwischen den Displays und den Aufgabenkategorien ist auffällig, dass im MMI besonders wenige Bilder bearbeitet werden (Abbildung 5.25). Insgesamt sind es im Mittel bei den Listen mit 25,63 (SD = 1.21) Aufgaben die meisten. Bei den Bildern werden im Mittel 23,94 (SD = 1.24) Aufgaben bearbeitet und mit 21,24 (SD = 0.96) Aufgaben werden am wenigsten Textaufgaben bearbeitet.

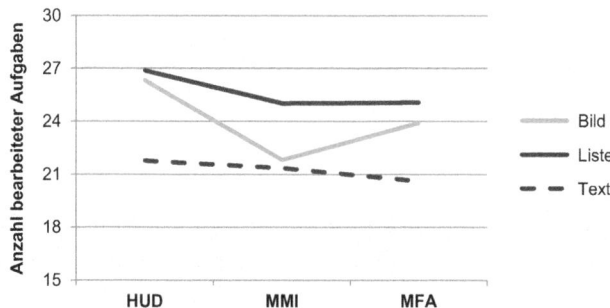

Abbildung 5.25: Interaktionsdiagramm der Aufgabenquantität für die Faktoren „Display" und „Kategorie". Aufgetragen sind die Mittelwerte für die Anzahl der bearbeiteten Aufgaben.

Qualität der Aufgabenbearbeitung

Die Qualität der Aufgabenbearbeitung wird über den Anteil der Fehler bestimmt und mit einer ANOVA mit Messwiederholung gerechnet. Es zeigt sich ein Effekt für die „Kategorie" ($F_{(2, 52)}$ = 22.53, $p < .001$) und für die „Komplexität" ($F_{(2, 52)}$ = 103,14, $p < .001$) ebenso wie für die Interaktion dieser Faktoren ($F_{(3.06, 79.54)}$ = 4.48, $p = .002$). Innerhalb der Bedingung „Kategorie" zeigen die Post-hoc Paarvergleiche, dass sich die Bilder von den Texten ($p < .001$) und die Listen von den Texten ($p < .001$) unterscheiden. Am meisten Fehler werden dabei bei den Bildern (M = 20.96, SD = 1.88) gemacht, bei denen circa doppelt so viele Fehler unterlaufen sind wie bei den Texten (M = 10.14; SD = 0.94). Bei den Listenaufgaben werden im Mittel 17,30 (SD = 1.38) Prozent Fehler gemacht.

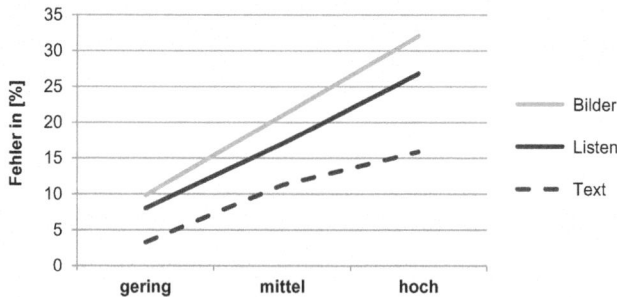

Abbildung 5.26: Interaktionsdiagramm der Qualität der Aufgabenbearbeitung für die Faktoren „Kategorie" und „Komplexität". Aufgetragen sind die Mittelwerte der Fehlerprozentzahlen.

Außerdem belegen die Kontraste, dass sich die geringe von der mittleren Komplexität unterscheidet ($F_{(1, 26)}$ = 80.70, $p < .001$, $r = .87$) sowie die mittlere von der hohen Komplexität ($F_{(1, 26)}$ = 52.21, $p < .001$, $r = .82$). Die Unterschiede zwischen den Kategorien werden in der Interaktion mit der Komplexität der Aufgabe verstärkt (Abbildung 5.26). Je komplexer die Aufgaben, desto größer sind die Unterschiede zwischen den Kategorien.

Subjektive Beanspruchung und wahrgenommene Dissonanz

In die Analyse der subjektiven Beanspruchung und dem Unwohlsein durch die Bearbeitung der Aufgaben gehen 28 Datensätze ein. Für die subjektive Beanspruchung zeigen sich Haupteffekte für alle drei Faktoren. Die Teststatistik beträgt für das „Display" $F_{(2, 54)}$ = 6.67, $p = .003$, für die „Kategorie" $F_{(2, 54)}$ = 4.21, $p = .020$ und für die „Komplexität" $F_{(1.16, 31.27)}$ = 199.11, $p < .001$. Außerdem ergibt sich eine signifikante Wechselwirkung zwischen „Kategorie" und „Komplexität" mit $F_{(2.25, 60.85)}$ = 12.78, $p < .001$. Die Interaktion zwischen dem Faktor „Kategorie" und „Komplexität" zeigt, dass bei den Bildern die Komplexität einen größeren Einfluss besitzt als für die anderen Kategorien (Abbildung 5.27).

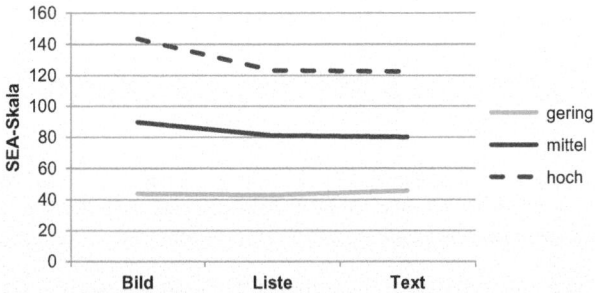

Abbildung 5.27: Interaktionsdiagramm der Beanspruchung für die Faktoren „Kategorie" und „Komplexität". Aufgetragen sind die Mittelwerte der SEA-Skala, die Werte von 0 bis 220 umfasst.

Die Kontraste belegen Unterschiede zwischen HUD und MMI ($F_{(1, 27)}$ = 10.19, $p = .004$) und zwischen dem MMI und der MFA ($F_{(1, 27)}$ = 7.10, $p = .013$). Dabei erzeugt die Aufgabenbearbeitung im HUD am wenigsten Beanspruchung ($M = 76.82$, $SD = 5.04$) gefolgt von der MFA ($M = 84.32$, $SD = 6.05$). Die größte Beanspruchung wird durch die Bearbeitung im MMI erzeugt ($M = 96.99$, $SD = 7.34$). Außerdem unterscheidet sich die geringe von der mittleren Komplexität ($F_{(1, 27)}$ = 147.25, $p < .001$) sowie die mittlere von der hohen Komplexität ($F_{(1, 27)}$ = 200.75, $p < .001$). Die Post-hoc Paarvergleiche zeigen einen Unterschied zwischen Bild und Liste ($p = .031$). Dabei erzeugen die Bilder eine höhere Beanspruchung ($M = 92.30$, $SD = 5.56$) als die Listen ($M = 82,46$, $SD = 7.70$).

Für das Konstrukt der wahrgenommenen Dissonanz sehen die Werte ähnlich aus (Abbildung 5.28). Signifikante Resultate ergeben sich für das Display ($F_{(2, 54)}$ = 6.59, $p = .003$), die Kategorie ($F_{(2, 54)}$ = 6.08, $p = .004$) und die Komplexität

($F_{(1.13, 30.55)}$ = 102.33, $p < .001$) sowie die Interaktion zwischen Kategorie und Komplexität ($F_{(4, 108)}$ = 3.71, $p = .007$). Zusätzlich steht das Display mit dem Komplexitätslevel in Zusammenhang ($F_{(2.52, 68.11)}$ = 5.55, $p < .001$). Dabei scheint die Komplexität im HUD den geringsten und im MMI den größten Einfluss zu besitzen. Die Kontraste und Teststatistiken sind in Tabelle 5.11 aufgeführt.

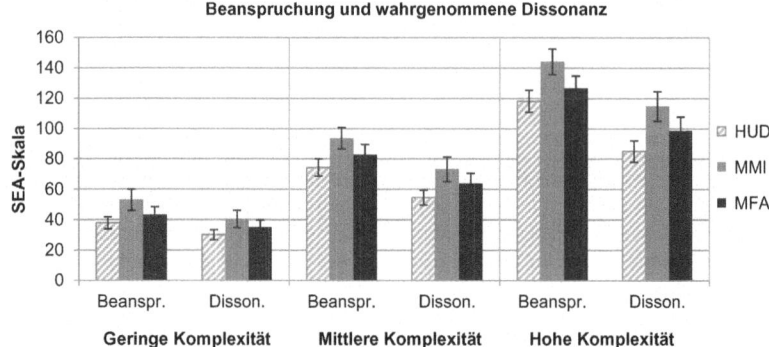

Abbildung 5.28: Mittelwertdiagramm der Beanspruchung und wahrgenommenen Dissonanz gegenübergestellt für die Faktoren „Display" und „Komplexität". Aufgetragen sind die Mittelwerte und Standardabweichungen der SEA-Skala, die Werte von 0 bis 220 umfasst.

Um die Ähnlichkeit der Maße der subjektiven Beanspruchung und der wahrgenommenen Dissonanz zu bestimmen wird eine Korrelationsberechnung nach Pearson durchgeführt. Der bivariate Zusammenhang ist mit $r_p = .876$, $p < .001$ sehr hoch.

Tabelle 5.11: Deskriptive Werte und Teststatistiken der wahrgenommenen Dissonanz für die Faktoren „Display", Komplexität" und „Kategorie".

Faktor	Ausprägung	Mittelwert	Kontraste
Display	**HUD**	56.65 (*SD* = 4.67)	HUD – MMI: $F_{(1; 27)}$ = 9.42, p = .005, r = .51
	MMI	76.24 (*SD* = 7.32)	MMI – MFA: $F_{(1; 27)}$ = 5.72, p = .024, r = .42
	MFA	65.87 (*SD* = 6.40)	
Komplexität	**Gering**	46.88 (*SD* = 2.08)	gering – mittel: $F_{(1; 27)}$ = 79.04, p < .001, r = .86
	Mittel	21.80 (*SD* = 1.03)	mittel – hoch: $F_{(1; 27)}$ = 102.10, p < .001, r = .89
	Hoch	12.76 (*SD* = 0.59)	
			Post-Hoc Paarvergleiche
Kategorie	**Bild**	71.93 (*SD* = 5.69)	Bild – Liste: p = .017
	Liste	62.83 (*SD* = 5.58)	Liste – Text: p > .999
	Text	63.70 (*SD* = 5.74)	Text – Bild: p = .025

5.5.5   Einfluss personenbezogener Faktoren

Der Einfluss der soziodemografischen Variablen auf die oben berichteten Ergebnisse wird anhand von bivariaten Korrelationsberechnungen nach Pearson mit zweiseitiger Signifikanzprüfung untersucht. Keine der soziodemografischen Eigenschaften der Probanden oder Persönlichkeitsfaktoren steht im Zusammenhang mit der Art der Aufgabenbearbeitung, der Umfeldwahrnehmung, dem Blickverhalten oder der Fahrleistung. Es gibt aber Zusammenhänge zwischen den Persönlichkeitsfaktoren Gewissenhaftigkeit und Neurotizismus und dem subjektiven Empfinden. Ein mittlerer negativer Effekt besteht für den Zusammenhang der Gewissenhaftigkeit und der subjektiven Beanspruchung ($r_p = -.480$, $p = .011$) sowie der wahrgenommenen Dissonanz ($r_p = -.489$, $p = 0.10$). Außerdem korreliert Neurotizismus hoch mit der subjektiven Beanspruchung ($r_p = .546$, $p = .003$) und gemäßigt mit der wahrgenommenen Dissonanz ($r_p = .397, p = .40$).

Darüber hinaus besteht außerdem ein mittlerer positiver Effekt zwischen der wahrgenommenen Dissonanz und der mittleren Fehlerprozentzahl bei der Aufgabenbearbeitung ($r_p = .403, p = .037$). Einen Zusammenhang zwischen subjektiver Beanspruchung und der Bearbeitungsqualität existiert nicht ($p = .236$).

5.6   Diskussion der Untersuchungsmethode

Die Durchführung und Auswertung der Studie zeigt, dass diese Art der Studiengestaltung eine geeignete Methode zur Beantwortung der Fragestellung darstellt. Im Verlauf des Versuchs sind jedoch einzelne Punkte aufgefallen, die nachfolgend diskutiert werden sollen. Dazu zählt zum einen die Verdeckung bzw. erschwerte Ablesemöglichkeit der Displays in einzelnen Situationen und Fahrabschnitten. Probanden merkten an, dass es in der steilen Kurve nicht möglich sei, die Nebenaufgabe in der MFA zu bearbeiten, da diese durch das Lenkrad verdeckt wurde. Dieser Zustand betrug jeweils nur wenige Sekunden der Gesamtfahrtzeit, sollte jedoch dennoch berücksichtigt werden. Darüber hinaus war es einigen wenigen Probanden für einige Sekunden in der Gegengerade nicht möglich die Anzeigen im HUD abzulesen, wenn die Fahrbahn nass war und gleichzeitig starke Sonneneinstrahlung herrschte.

Zudem ist anzumerken, dass die blaue Leuchte für den Event Detection Task einen schmalen Abstrahlwinkel besaß. Aufgrund dessen war das Licht unterschiedlich stark zu sehen, je nachdem welcher Versatz zwischen dem Vorderfahrzeug und dem Probandenfahrzeug lag. Es ist jedoch aufgrund der zufälligen Aktivität der Leuchte davon auszugehen, dass dies keinen systematischen Effekt auf die Ergebnisse ausübte. Ebenso war die Sichtbarkeit der Leuchte abhängig vom Wetter, da sie bei starkem Sonnenlicht nicht so deutlich zu erkennen war wie bei trübem Regenwetter. Da die Versuchsbedingungen über die zwei Stunden der Fahrdatenerhebung für einen Probanden jedoch relativ stabil waren, ist auch hier nicht von einem großen Störeffekt auszugehen. Um ein sensitiveres Maß für die Umfeldwahrnehmung zu erhalten, wäre eine Messung der Reaktionszeit auf die Events sinnvoll gewesen. Allerdings konnte dies technisch in diesem Versuch nicht umgesetzt werden.

Abschließend muss die Frage gestellt werden, wie valide die Erfassung des Blickes für das HUD war. Ein möglicher Grund für die hohen Werte bei dem Maß der kumulierten Blickdauer je Anzeige könnte darin liegen, dass nicht immer die Aufgaben bearbeitet wurden, wenn ein Blick ins HUD erfasst wurde. Zum einen könnte die dargestellte Geschwindigkeit im HUD die Blicke der Probanden gebunden haben, zum anderen musste für eine enge Kurve auf der Runde die Geschwindigkeit so weit reduziert werden, dass das HUD das Heck des Vorderfahrzeugs überlagerte. In dieser Situation liegt der natürliche Blick der Fahrer auf eben diesem Heck, wird aber vom Blickerfassungssystem als HUD-Blick klassifiziert.

Um die mögliche Schwäche der Blickerfassung in Bezug auf das HUD zu verringern bzw. besser beurteilen zu können, welchen Einfluss diese hat, müssten Blickerfassungssysteme genutzt werden, die okulomotorische Augenmaße erfassen. Damit könnte die Fokussierungsentfernung in die Analyse der Blickzuwendung einfließen und genauere Aussagen möglich machen. Die Verfügbarkeit und Nutzbarkeit dieser Systeme ist zurzeit jedoch noch sehr eingeschränkt und ihre Validität für Realfahrtstudien nicht untersucht.

5.7 Diskussion der Ergebnisse

Untersuchungsgegenstand dieser Studie ist die Bestimmung von Einflussparametern auf das Ablenkungspotenzial von Anzeigen im Fahrkontext. Dazu sind verschiedene Verhaltens- und Leistungsparameter betrachtet worden, um die Auswirkungen von Displaypositionen und Nebenaufgaben zu ermitteln.

Hinsichtlich des Zusammenhangs von Displayposition und Fahrleistung wurde die Hypothese aufgestellt, dass sich die Fahrleistung verschlechtert, je weiter das Display von der vertikalen Sichtachse entfernt ist (**H1**). Diese Hypothese wird nicht bestätigt. Die Querführung betreffend ist das HUD das am besten geeignete Display (**H1a**). Dies ist nicht verwunderlich, da die visuelle Informationsaufnahme für die Spurhaltung hauptsächlich peripher stattfindet (Miura, 1986). Allerdings üben Anzeigen in der MFA weniger negativen Einfluss aus als im MMI. Damit stehen die hier gewonnenen Ergebnisse im Widerspruch zu Erkenntnissen aus der Literatur, nach denen die Spurführung in der hohen Mittelkonsole besser ist (Wittmann et al., 2006). Dies könnte in den unterschiedlichen Studienmethoden und Maßen zur Ermittlung der Querführungsqualität, die verwendet wurden, begründet liegen (vgl. Kapitel 2.2.2). Die reelle Fahraufgabe, die im Rahmen dieser Arbeit angewandt wurde, stellt aufgrund der anspruchsvolleren Strecke eine komplexere aber auch realistischere Fahraufgabe dar. Darüber hinaus fehlen in den Fahrsimulatorstudien, welche in der Literatur beschrieben wurden, eine direkte Rückmeldung über die (Quer-) Beschleunigung sowie kinetische Hinweisreize. Die Dauer des Spurabweichens (Wittmann et al., 2006) sowie die Standardabweichung des Lenkradwinkels (Schattenberg, 2002) könnten außerdem eine andere Art der Querführungsqualität messen, als es durch die Methode der Steering Wheel Reversal Rate nach Östlund et al. (2005) geschieht.

Bei Betrachtung der Längsführung ist für das HUD auffällig, dass es sowohl die größte Standardabweichung im Abstand zum Vorderfahrzeug aufweist als auch die am wenigsten kontinuierlich korrigierte Längsführung. Dies kann entweder darauf zurückzuführen sein, dass die Aufgaben im HUD mehr Ablenkung erzeugen und es den Probanden deswegen schwerer fällt das Fahrzeug gleichmäßig längs zu führen oder aber, dass die Probanden das Vorderfahrzeug immer in ihrer peripheren Sicht haben, sich deswegen sicher fühlen und es nicht für nötig erachten die Längsführung permanent zu regulieren. Dabei ist anzumerken, dass es sich bei den beiden Variablen um Maße handelt, die nicht direkt sicherheitskritisch sind, jedoch sicherheitskritisch werden können und sowohl Auffahrunfälle hervorrufen, als auch einen gleichmäßigen Verkehrsfluss behindern können. Bei dem sicherheitskritischeren Maß der korrigierenden Bremseingriffe spielt das Display keine Rolle. Insgesamt zeigt sich in Bezug auf die beiden HDDs auch bei der Längsführung kein Vorteil für das MMI gegenüber der MFA. Bei der kontinuierlichen Korrektur des Abstandes liegt kein Unterschied zwischen den Displays vor und das Maß der Standardabweichung deutet darauf hin, dass der Abstand mit der MFA gleichmäßiger gehalten wird.

Aufgrund der Querführungsergebnisse kann die **Hypothese 2** nicht vollständig bestätigt werden, da die Komplexität dort nicht von Bedeutung ist. Für die Längsführung spielt sie aber eine große Rolle. Grundsätzlich wird ein größerer Abstand gehalten je komplexer eine Aufgabe ist. Dies kann als Kompensationsversuch für die steigende Beanspruchung interpretiert werden (vgl. Kapitel 2.2.4). Die Fahrer erzielen dabei eine bessere Fahrleistung, je geringer die Komplexität der Aufgaben ist. Die Unterhypothesen **H2b**, **H2c** und **H2d** können also bestätigt werden, weil die Fahrer einen kontinuierlicheren Abstand halten, diesen permanent korrigieren und weniger Fahrfehler durch Bremsen korrigieren müssen. Darüber hinaus wird auch festgestellt, dass die Komplexität der Aufgaben für die MFA weniger Auswirkungen hat als für das MMI und das HUD. Für die Kategorien wird deutlich, dass die Listenaufgaben weniger Einfluss auf die Querführung ausüben als Texte. Diese haben wiederum weniger Auswirkungen als die Bildaufgaben.

Zusammenfassend scheint die MFA in Bezug auf die Fahrleistung für die HDD-Displays die bessere Wahl zu sein und eine bessere Fahrleistung zu ermöglichen. Das HUD eignet sich gut für die Spurhaltung, könnte aber negative Auswirkungen für die Längsführung bedeuten. Ob diese möglicherweise sicherheitskritisch sind oder nur eine Auswirkung auf den gleichmäßigen Verkehrsfluss haben, kann hier nicht abschließend beurteilt werden.

Die **Hypothese 3** bezieht sich auf das Blickverhalten und kann bezüglich des HUD großteils bestätigt werden. Die Probanden schauen sehr viel länger auf das HUD, um die Aufgaben zu bearbeiten als auf die HDDs. Dadurch steigen die durchschnittlichen Blickdauern für komplexere Aufgaben auf deutlich über zwei Sekunden und die maximalen Blickdauern erreichen fast neun Sekunden. Das natürliche Verhalten der Kontrollblicke ist im HUD außer Kraft gesetzt (Wierwille, 1993). Auch wenn im HUD sehr viel weniger Blicke benötigt werden, um eine Aufgabe zu beantworten, dauert das Bearbeiten der Aufgabe dennoch länger. Hier wäre eine mögliche Erklärung, dass die Probanden keine Kontrollblicke vornehmen und ihren Blick auf das Display gerichtet halten, während nach ihrer Antwort die nächste Aufgabe aufgeschaltet wird und sie so mehrere Aufgaben am Stück bearbeiten. Eine weitere Ursache könnte in dem schlechteren Kontrast im HUD liegen, sodass gerade bei Gegenlicht die Informationen schlechter wahrgenommen werden können. Zusätzlich soll hier noch einmal auf die in Kapitel 5.6 erläuterte Validitätsfrage der Blickerfassung für das HUD verwiesen werden.

Das Blickverhalten auf die HDDs ist sehr ähnlich. Keine Variable bestätigt die aufgestellte Hypothese, dass länger ins MMI geschaut wird als in die MFA und dort weniger Blicke benötigt werden. Es kann lediglich deskriptiv festgestellt werden, dass es längere maximale Blicke in die MFA gibt und Aufgaben dort mit weniger Blicken bearbeitet werden.

Für die Komplexität kann die **Hypothese 4a** bezüglich des HUDs bestätigt werden, da dort längere Blicke vorliegen. Dies gilt aber nicht für die HDDs, bei denen unabhängig von der Komplexität sehr regelmäßig Kontrollblicke durchgeführt werden. Die maximale Blickzeit (**H4b**) ist dagegen sehr abhängig von der Komplexität, wenn auch mit einem verhältnismäßig kleinen Effekt im Vergleich zum Einfluss des Displays. Die Bestätigung der Hypothese, dass die Komplexität einen Einfluss auf die Anzahl der benötigten Blicke (**H4c**) hat, belegt die erfolgreiche Entwicklung der Aufgabenkomplexität. Allerdings konnten für die unterschiedlichen Kategorien nicht exakt gleichwertige hohe Komplexitäten erstellt werden, da die höchste Komplexität der Liste offenbar einfacher zu erfassen ist. Folgerichtig zu den oben berichteten Blickzeiten ist der Effekt der Komplexität im HUD kleiner als in den HDDs, bei denen kürzere Einzelblickzeiten vorliegen.

Das Blickverhalten zeigt einen großen Unterschied zwischen dem HUD und den HDDs. Es stellt sich die Frage, an welchen Maßstäben das Blickverhalten im HUD beurteilt werden soll, da die bisher existierenden Guidelines keine Geltung besitzen (Alliance of Automobile Manufacturers, 2006) oder keine Aussage über den Geltungsbereich machen (vgl. Kapitel 2.2.1). Die HDDs hingehen liegen mit ihren Werte deutlich unterhalb der Grenze für die Kriterien der Guidelines, auch wenn diese nur bedingt für den in dieser Studie verwendeten Aufgabentyp gelten können.

Die Umfeldwahrnehmung ist bei Nutzung des HUD besser als bei HDD. Allerdings zeigt sich entgegen der Hypothese (**H5a**) und der Literatur kein Vorteil des MMIs gegenüber der MFA. Während bei Lamble et al. (1999) und Wittmann et al. (2006) die hohe Mittelkonsole kürzere Reaktionszeiten auf ein Event erzeugten, scheint hier das MMI deskriptiv sogar eine schlechtere Umfeldwahrnehmung zu erlauben. Die Hypothese zum Einfluss der Komplexität (**H5b**) wird nicht bestätigt, da die Werte der mittleren Komplexität deutlich mit dem Display interagieren.

Auf die Quantität der Nebenaufgabenbearbeitung haben alle Faktoren einen Einfluss. Dennoch kann die Hypothese zum Display (**H7a**) nicht bestätigt werden. Zwar werden im HUD am meisten Aufgaben bearbeitet, aber entgegen der Annahme werden im MMI deskriptiv die wenigsten bearbeitet. Dies liegt insbesondere daran, dass im MMI bei einer geringen Komplexität weniger Aufgaben und besonders wenige Bilder bearbeitet werden. Dies spricht dafür, dass komplexe grafische Elemente eher im Kombiinstrument als in der Head-Unit dargestellt werden sollten.

Die Hypothese zur Komplexität der Aufgaben (**H8b**) ist deutlich bestätigt. Dies belegt die erfolgreiche Entwicklung der Aufgaben. Allerdings mit der Einschränkung, dass der Unterschied zwischen der geringen Komplexität und der mittleren Komplexität deutlich stärker ausfällt als der Unterschied zwischen der mittleren und der hohen Komplexität.

Dies ist der Tatsache geschuldet, dass die hohe Komplexität bewusst sehr herausfordernd gestaltet wurde, um Deckeneffekte zu vermeiden und Effekte messbar zu machen. Besonders stark ausgeprägt ist dieser Unterschied zudem bei den Bildern. Insgesamt gesehen werden weniger Textaufgaben bearbeitet als Bildaufgaben und am meisten Listen.

Die Qualität der Nebenaufgabenbearbeitung ist unabhängig vom Display. Damit wird die **Hypothese 8b** nicht bestätigt. Die Komplexität der Nebenaufgabe beeinflusst aber die Fehleranzahl und bestätigt die **Hypothese 9b**. Die Interaktion mit den Aufgabenkategorien liegt darin begründet, dass in der geringen Komplexität die Wahrscheinlichkeit für die Korrektheit einer Vorhersage aufgrund des kleineren Lösungsbereiches höher ist. Der geringere Fehleranteil für die Textaufgaben könnte ebenfalls darauf zurückzuführen sein, dass die Gesamtheit der Lösungsmöglichkeiten kleiner ist.

Das Display übt, wie in der Hypothese (**H9**) angenommen, einen Einfluss auf die subjektive Beanspruchung aus. Dieser ist jedoch nicht erwartungskonform. Zwar erleben die Probanden im HUD die geringste Beanspruchung, aber die höchste Beanspruchung wird durch das MMI und nicht durch die MFA erzeugt. Damit ist auch für dieses Maß feststellbar, dass es dem Bild aus der Literatur nicht folgt, in der im Kombiinstrument eine größere Beanspruchung gemessen wurde (Schattenberg, 2002; Wittmann et al., 2006).

Die **Hypothese H10** zur Steigerung der Beanspruchung mit Anstieg der Komplexität ist bestätigt. Und im Gegensatz zu den anderen Maßen, bei denen die drei Stufen ungleichmäßige Steigerungen aufweisen, ist die Differenz in der Beanspruchung zwischen geringer, mittlerer und hoher Komplexität in etwa gleich. Eventuell ist dieser gleiche Abstand aber auch darauf zurückzuführen, dass die SEA-Skala nicht geeignet ist, um die Unterschiede zwischen mehreren Bedingungen im Verhältnis zu erfassen (Eilers et al., 1986; Schütte, 2002).

Für die subjektiv wahrgenommene Dissonanz der Probanden ergeben sich fast identische Ergebnisse wie für die subjektive Beanspruchung. Lediglich die Rohwerte sind im Vergleich betrachtet für die Beanspruchung höher als für die wahrgenommene Dissonanz. Die Gründe könnten entweder an der Art der Erhebung liegen, da sich vielleicht die Erhebungsinstrumente zu ähnlich sind um Unterschiede zu erfassen oder die Probanden könnten Schwierigkeiten damit haben mit dieser Skala ihre wahrgenommene Dissonanz zu reflektieren. Eine andere Erklärung wäre, dass die wahrgenommene Dissonanz der subjektiven Beanspruchung tatsächlich sehr ähnlich ist. Sie unterscheiden sich jedoch in ihrem Zusammenhang mit der Qualität der Aufgabenbearbeitung, welcher nur für die wahrgenommene Dissonanz besteht.

Die Beziehungen zwischen dem subjektiven Empfinden und den Persönlichkeitseigenschaften zeigen eine klare Beziehung auf, wobei Probanden mit einer neurotizistischen Persönlichkeit eine größere Beanspruchung und wahrgenommene Dissonanz erleben. Gewissenhaftigkeit hingegen scheint ein Schutzfaktor zu sein, der die Fahrer eine geringe Beanspruchung verspüren lässt.

Zusammenfassend ist das HUD als Anzeigedisplay am besten geeignet und weist die größten Vorteile auf. Allerdings bietet es auch am meisten Ablenkungspotenzial und setzt natürliche Kontrollmechanismen der Fahrer außer Kraft. Auch wenn in dieser Studie keine kritischen Situationen dadurch auftraten, könnte es im Realverkehr durchaus dazu kommen. Zur vollständigen Bewertung der Auswirkungen eines HUD sind weitere umfassende Realfahrtstudien notwendig. Des Weiteren wurden die durchgeführten Studien noch nicht zu Guidelines aggregiert, wodurch noch keine allgemeingültigen Gestaltungskriterien für HMI-Anzeigen im HUD vorliegen. Bei Betrachtung der HDDs sprechen die Ergebnisse dieser Studie dafür, dass selbst ein Display, welches sehr weit oben auf der Mittelkonsole positioniert ist, einen größeren negativen Einfluss auf das Fahrverhalten und die Probanden ausübt als ein Kombiinstrument. Damit werden starke Gegensätze zur Literatur deutlich. Zum einen wurden unterschiedliche Maße für die Beurteilung der Spurhaltung und Umfeldwahrnehmung gewählt und so eventuell nicht dasselbe gemessen. Dies scheint aber keine Begründung für eine unterschiedliche Bewertung der Beanspruchung zu sein. Darüber hinaus wurden die Studien in unterschiedlichen Settings durchgeführt und auch die Versuchsumgebung könnte einen Einfluss ausgeübt haben. Während Fahrsimulatorstudien für eine sehr kontrollierte Umgebung stehen, stellt das reale Führen eines Fahrzeugs auf einer Teststrecke zwar ein realitätsnäheres Szenario dar, ist aber auch anfälliger für Störgrößen. Abgesehen davon indizieren die Ergebnisse dieser Studie, dass eine weitere Evaluation dieser Thematik notwendig ist, um den Einfluss des horizontalen Displayversatzes zu verifizieren.

6 Grundlagenuntersuchung zur stereoskopischen Wahrnehmung

6.1 Fragestellung

In den vorhergehenden Studien ist bereits untersucht worden, welche Arten von Informationen für den Fahrer von Bedeutung sind und welche Auswirkungen die Displayposition hat. Da sich für die Head-down-Displays zeigte, dass die Anzeige von Informationen im Kombiinstrument im Vergleich zum Mitteldisplay weniger Einfluss auf die Fahraufgabe und die Beanspruchung bewirkt, liegt der Fokus weiterer Untersuchungen auf diesem. Es stellt sich jedoch die Frage welche technischen Möglichkeiten geeignet sind, um den Fahrer noch weiter in seiner Informationswahrnehmung zu unterstützen.

Wie in Kapitel 2.3 dargelegt kann die Verwendung von Displays mit binokularen Tiefeninformationen eine Antwort darauf sein. Diese wurden für den automobilen Kontext bisher jedoch nur unzureichend untersucht. Aus diesem Grund soll diese Studie Aufschluss darüber geben, ob die Nutzung von stereoskopischen Displays als Kombiinstrument Vorteile für die Wahrnehmung von unterschiedlichen Arten von Informationen bietet. Gleichermaßen soll auch der Einfluss der Komplexität betrachtet werden. Darüber hinaus ist der bedeutendste Aspekt bei der Informationsaufnahme die benötigte Dauer, die der Blick auf der Anzeige ruhen muss. In Bezug auf die stereoskopische Darstellung muss deswegen auch die Frage beantwortet werden, ob diese genauso schnell wahrgenommen werden kann wie eine nicht-stereoskopische.

Da stereoskopische Displays eine neue Technologie im automotiven Kontext darstellen, sollen zudem auch technische Aspekte betrachtet werden. Die Lentikularlinsentechnik ist für den Einsatz im Fahrzeug sinnvoll, zieht jedoch den Nachteil der reduzierten Auflösung mit sich (vgl. Kapitel 2.3.1). Aus diesem Grund müssen sehr hoch aufgelöste Displays genutzt werden, um eine ansprechende Qualität zu gewährleisten. Je höher jedoch die Auflösung ist, desto weniger Tiefeneindruck lässt sich ohne starke Qualitätsverluste erzielen. Daher soll untersucht werden, welchen Einfluss die Höhe der Displayauflösung auf die Wahrnehmbarkeit der stereoskopischen Informationen ausübt. Darüber hinaus muss bestimmt werden, welche Parallaxen am besten geeignet sind, um Teilinformationen in der Tiefe separiert darzustellen und ob es hierfür grundlegende Unterschiede zwischen verschiedenen Informationsarten gibt. Dies soll beantwortet werden, um Ableitungen für eine nutzorientierte Gestaltung von stereoskopischen Displayinhalten zu treffen.

6.2 Hypothesen

Der Stand der Forschung zeigt, dass binokulare Tiefeninformationen den Betrachter bei der Erfüllung von Aufgaben unterstützen, wenn sie richtig angewendet werden (vgl. Kapitel 2.3.4). Dabei kann besonders das Identifizieren von Objekten unterstützt werden,

© Springer Fachmedien Wiesbaden GmbH, ein Teil von Springer Nature 2019
J. Sandbrink, *Gestaltungspotenziale für Infotainment-Darstellungen im Fahrzeug*,
AutoUni – Schriftenreihe 132, https://doi.org/10.1007/978-3-658-23942-8_6

wenn diese in der Tiefe auf unterschiedlichen Ebenen angeordnet sind. Dies liegt nach Nakayama und Silverman (1986) daran, dass nach stereoskopischen Eigenschaften eines Zielreizes parallel gesucht werden kann, während bei anderen verbundenen Eigenschaften seriell gesucht wird (vgl. Kapitel 2.3.4). Aus diesem Grund wird zum einen die Hypothese aufgestellt, dass *bei Darstellungen mit binokularen Tiefenreizen weniger Fehler auftreten, als bei Darstellungen ohne Tiefeninformationen* (**Hypothese 1**) und die *subjektive Beanspruchung bei Darstellungen mit binokularen Tiefenreizen geringer ist, als bei Darstellungen ohne Tiefeninformationen* (**H2**). Da die verwendete autostereoskopische Technik nur eine geringe Tiefenreichweite ermöglicht ohne Qualitätsverluste zu erzeugen, soll explorativ untersucht werden, welchen Stellenwert dieser Faktor besitzt. Die Bedeutung dieser Frage wird von den Aussagen von La Rosa et al. (2008) unterstrichen, dass die Vorteile, die Nakayama und Silverman (1986) durch eine Anordnung auf unterschiedlichen Tiefenebenen erzielen, nur bei großen Disparitäten auftreten(La Rosa et al., 2008). Für die Verwendung von monokularen Tiefeninformationen wird ausgehend von den Literaturanalysen von Dixon et al. (2009; Naikar) und Naikar (1998) angenommen, dass 2,5D-Darstellungen bzw. perspektivisches 3D einen Vorteil gegenüber zweidimensionalen Darstellungen für die Leistung besitzen. Dieser Aspekt soll deskriptiv untersucht werden.

Der Faktor „Komplexität" wurde bereits für dieselben Aufgaben in der vorhergehenden Studie verwendet. Die Ergebnisse der Studie sowie die Erkenntnisse der Literaturanalyse von McIntire et al. (2014) sprechen für die beiden folgenden Hypothesen. *Je höher die Komplexität, desto geringer ist die Qualität der Aufgabenbearbeitung* (**H3**) und *desto höher ist die subjektive Beanspruchung* (**H4**).

Je länger Personen Zeit haben eine Aufgabe zu betrachten, desto besser können sie sie erfassen (Krems, Keinath, Baumann, Gelau & Bengler, 2000). Deswegen wird die Hypothese aufgestellt, dass *bei einer längeren Anzeigedauer weniger Fehler gemacht werden* (**H5**) und *die Probanden weniger beansprucht sind* (**H6**). Die Überprüfung dieser Hypothese dient der Methodenkontrolle.

Über die bereits beschriebenen Hypothesen hinaus soll als weitere Variable die Nutzung der Ebenen, d.h. die positive und negative Parallaxe, betrachtet werden. Eine Anforderung für die Anzeigengestaltung im Fahrzeug ist die optische Hervorhebung von wichtigen Informationen, da diese Informationen schneller wahrgenommen werden können (Wickens, Lee, Liu, Y. & Gordon-Becker, 2014). Shibata et al. (2011) stellen fest, dass für kurze Blickdistanzen eine Hervorhebung vor der Bildschirmebene als unkomfortabler wahrgenommen wird als der Bereich hinter dem Display. Ebenso empfiehlt Broy (2016) grundsätzlich eher die positive Parallaxe als die negative Parallaxe zu nutzen, obwohl die negative Parallaxe eine größere Dringlichkeit hervorrufen kann (Broy et al., 2015). Dünser et al. (2008) sowie O'Toole und Walker (1997) kommen dagegen zu dem Schluss, dass eine Suche am effektivsten vollzogen wird, wenn das Zielobjekt vor den Distraktoren liegt. Welche Gestaltungsvariante sich für den Anwendungsfall der Infotainment-Gestaltung am besten eignet, soll deswegen ebenso wie der Faktor der Kategorie explorativ untersucht werden. Dabei werden nur die Ausprägungen Bilder und Listen betrachtet, weil Texte räumlich schlechter dargestellt werden können. Zudem ist die Aufteilung eines Satzes in unterschiedliche Tiefenebenen nicht sinnvoll.

6.3 Methodik

Im Folgenden wird die Methodik der Studie zur stereoskopischen Wahrnehmung in der Sitzkiste erläutert und die Durchführungsbedingungen vorgestellt. Dafür werden die experimentellen Bedingungen für das Versuchsdesign dargelegt und ein Einblick in den Ablauf des Versuchs gegeben. Zudem werden die verschiedenen Aufgaben, die die Probanden zu erfüllen hatten, beschrieben und die stereoskopische Umsetzung der Tiefenstaffelung sowie deren Wirkung dargelegt.

6.3.1 Versuchsdesign

Diese Studie wurde als Mixed-Design-Studie mit vier Faktoren angelegt. Aus der vorherigen Studie wurde der Faktor „Kategorie" mit den beiden Ausprägungen „Bilder" und „Liste" verwendet. Zusätzlich wurde zur Untersuchung der benötigten Antwortzeit der Faktor „Anzeigedauer" mit den zwei Ausprägungen „kurz" und „lang" definiert. Aus der Kombination beider Faktoren wurden vier Gruppen als Between-Subject-Design gebildet. Der Within-Faktor „Dimension" wurde mit drei Ausprägungen definiert, die sich aus einer Kombination von Tiefenreizen und Displayauflösung zusammensetzen. Die Ausprägungen waren zum einen eine Darstellung ohne Tiefenreize (2D - 4K) auf einem sehr hochaufgelösten Display (3840 x 2160 Pixel) und zudem jeweils eine Darstellung mit binokularem Tiefenreiz auf einem Display mit geringer Auflösung (3D – 2K; 1920 x 720 Pixel) und auf einem Display mit sehr hoher Auflösung (3D – 4K; 3840 x 2160 Pixel). Die Darstellung der Bedingung ohne binokulare Tiefenreize erfolgte auf der Nullebene des Displays. Die Darstellungen mit binokularen Tiefenreizen umfassten drei stereoskopische Ebenen, boten aber zusätzlich von jeder dieser Ebenen Verschiebungen sowohl in der positiven als auch in der negativen Parallaxe. Als zusätzlicher Within-Subject-Faktor diente die Komplexität mit ihren Ausprägungen gering, mittel und hoch, welche auch in der vorhergehenden Studie eingesetzt wurden. Zur Übersicht sind die Faktoren mit ihren jeweiligen Ausprägungen in Tabelle 6.1 dargestellt.

Tabelle 6.1: Faktordesign der Studien zur 3D- Wahrnehmung (Tabelle nach Sandbrink, Rhede, Vollrath & Flehmer, 2017).

Faktoren	Gruppe	Kategorie (between)	Anzeigedauer (between)	Dimension (within)	Komplexität (within)
Ausprägungen	1	Liste	kurz	2D 4K 3D 2K 3D 4K	gering mittel hoch
	2		lang		
	3	Bilder	kurz		
	4		lang		

Für die Bilderaufgaben wurde zusätzlich noch eine Darstellung mit monokularem Tiefeneffekt (2,5D – 4K) erzeugt, bei denen durch Größenänderungen der Objekte und Schatten eine Tiefenstaffelung suggeriert wurde. Diese Ausprägung wurde separat untersucht. Eine entsprechende Variante für die Listenaufgabe ist nicht verwendet worden, da eine plastische Darstellung von Schrift für den Fahrzeugkontext ungeeignet erscheint.

Die Nebenaufgaben für die einzelnen Kategorien und Komplexitäten sind in Kapitel 5.4.3 erläutert. Um Lern- und Reihenfolgeneffekte zu kontrollieren, wurden sechs Präsentationsreihenfolgen zusammengestellt, in denen die Darstellungen und Komplexitäten weitestgehend randomisiert wurden. Die experimentelle Variation wurde durch die Prämisse Displaywechsel zu minimieren beschränkt. Dadurch erlebten die Probanden Darstellungen in derselben Auflösung immer im Block. Die Zuteilung der Versuchspersonen in die Gruppen erfolgte vollständig randomisiert und jede Versuchsperson innerhalb einer Gruppe erlebte eine andere Präsentationsreihenfolge.

Tabelle 6.2: Anzeigedauer der jeweiligen Darstellungen in Abhängigkeit des Faktors „Komplexität" in Millisekunden (Tabelle nach Sandbrink et al., 2017).

Anzeigedauer	Komplexität „gering"	Komplexität „mittel"	Komplexität „hoch"
Kurz	300	600	1000
Lang	600	1000	1600

Um die Effekte der Darstellung und der Komplexität zu ermitteln, wurde sich an der Okklusionsmethode orientiert (Krems et al., 2000). Die Dauer der Anzeige für die verschiedenen Ausprägungen der Faktoren „Anzeigedauer" und „Komplexität" wurden nach einem Expertenurteil festgelegt und sind in Tabelle 6.2 aufgetragen. Von jeder Darstellungsart wurden acht Abbildungen präsentiert.

6.3.2 Versuchsaufbau

Die Durchführung des Versuchs fand in einem Raum des Fahrsimulators der Konzernforschung der Volkswagen AG statt. Um die Umgebung eines Fahrzeugs inklusive der natürlichen Sitzposition und des Sichtwinkel auf das Display nachzustellen, wurde eine Doppelsitzkiste verwendet (Abbildung 6.1). Die Sitzkiste verfügte über eine Sitz- und Lenkradverstellung, sowie die Möglichkeit anderweitige Displays anstelle des Kombiinstruments zu montieren. Eine eigens konstruierte Schiene ermöglichte einen schnellen Wechsel der Displays während des Versuchsablaufs.

Die verwendeten autostereoskopischen Displays waren Hardware-Prototypen, die für diese Studien angefertigt wurden. Dabei handelte es sich um hochauflösende Displays der Firma Sharp, für die von der siOPTICA GmbH eine Lentikularlinsenmatrix angefertigt wurde. Die ursprüngliche Auflösung der Displays betrug 1920 x 720 Pixel (niedrigere Auflösung) bzw. 3840 x 2160 Pixel (höhere Auflösung). Durch den Einsatz der Lentikularlinsen reduzierte sich die Auflösung und betrug effektiv noch etwa 20 Prozent der ursprünglichen Displayauflösung. Die Matrizen wurden für einen Abstand von circa 70 Zentimetern und 15 Grad Blicksenkung zum Display ausgelegt. Für die Darstellungen ohne binokulare Tiefenreize wurden Displays mit einer Auflösung von 3840 x 2160 Pixel verwendet.

Abbildung 6.1:   Versuchsaufbau der statischen Sitzkiste inklusive autostereoskopischem Display.

Die Erstellung der grafischen Inhalte für die Studie erfolgte mit der Spiele-Engine „Unity". Dabei wurde für Anzeigen mit stereoskopischen Tiefenreizen eine Szene mit fünf Kamerasichten verwendet. Die Anzeigen der Nebenaufgaben wurden vor einem Tiefe suggerierenden, zweidimensionalen Hintergrund zentriert abgebildet. Es wurde nur ein kleiner Bereich des Displays genutzt, um eine Fokussierung zu erleichtern, da Tiefe foveal am besten wahrgenommen werden kann (Reis et al., 2011). Zur Veranschaulichung sind in Abbildung 6.2 und Abbildung 6.3 die beiden Kategorien mit der hohen Komplexität dargestellt.

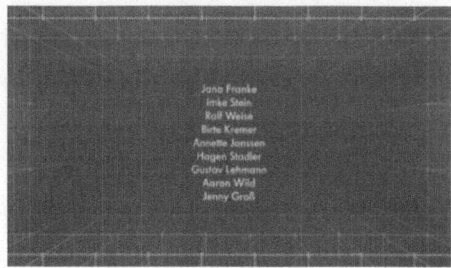

Abbildung 6.2:   Versuchsdarstellung der Listenaufgabe in der hohen Komplexität ohne Tiefenreize.

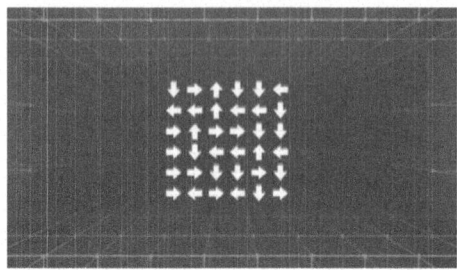

Abbildung 6.3: Versuchsdarstellung der Bilderaufgabe in der hohen Komplexität ohne Tiefenreize.

In den Bedingungen mit binokularen Tiefenreizen wurden die Zielreize jeweils auf einer anderen Ebene als die Distraktoren dargestellt. Dies ist in Abbildung 6.4 beispielhaft dargestellt. Im Falle von zwei Ebenen wurde beispielsweise eine auf der realen Display-ebene (Nullebene) positioniert und die zweite jeweils in der negativen oder positiven Parallaxe verschoben. Bei der Verwendung von mehr als zwei Ebenen waren die techni-schen Distanzen zwischen diesen jeweils gleich groß. Die natürliche Größenänderung der Objekte durch eine Verschiebung im Raum wurde künstlich unterbunden, um die Effekte auf die Änderung einer einzelnen Variablen zurückführen zu können.

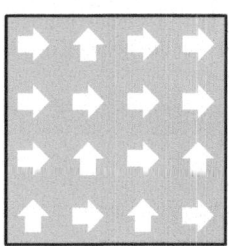  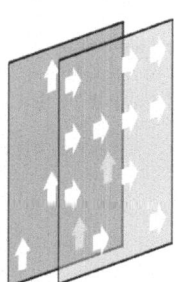

Abbildung 6.4: Schematische Abbildung der Verschiebung von Inhalten bzw. Zielreizen (Pfeile nach oben) auf unterschiedliche Tiefenebenen. Dargestellt ist links die 2D-Ansicht, in der Mitte Zielreize in der negativen Parallaxe und rechts Zielreize in der positi-ven Parallaxe (Abbildung nach Sandbrink et al., 2017).

6.3.3 Vorstudie zur wahrgenommenen Disparität

Autostereoskopische Tiefeneindrücke werden durch Softwareeinstellungen (z. B. Kamer-aausrichtungen) und die Hardware (z. B. Lichtbrechung durch Lentikularlinsen) beein-flusst. Darüber hinaus erlebt jeder Mensch eine andere Tiefe aufgrund seiner individuellen Veranlagung. Für die Fragestellungen dieser Studie spielen die wahrgenommenen Tiefeneindrücke die entscheidende Rolle. Aus diesem Grund erfolgte zur Einordnung der Effekte eine Bestimmung des subjektiven Tiefeneindrucks mit zwölf Probanden, in dem die jeweilige wahrgenommene Tiefe je Anzeigebedingung in Millimetern erhoben wurde.

Die Testergebnisse deuten darauf hin, dass die wahrgenommene Disparität sich nicht zwischen den Displays mit unterschiedlicher Auflösung unterschied ($p = .779$). Ebenso war die Wahrnehmung unabhängig davon, ob die Zielreize vor oder hinter den Distraktoren lagen ($p = .235$) und von der Kategorie ($p = .054$). Es zeigte sich jedoch ein Effekt für die Grundebene ($F_{(1.26,\ 13.89)} = 20.78$, $p < .001$). Je näher die Ebene am Betrachter lag, desto größer wurde der Abstand eingeschätzt. Bei Darstellung der Distraktoren auf der Grundebene mit positiver Parallaxe betrug der wahrgenommene Abstand im Mittel 5,95 Millimeter ($SD = 0.75$), auf der Nullebene 6,42 Millimeter ($SD = 0.82$) und auf der negativen Grundebene 7,52 Millimeter ($SD = 0.91$).

6.3.4 Stereoskopietest

Um die Fähigkeit der Probanden zum stereoskopischen Sehen zu testen, wurde der Butterfly Stereo Acuity Test der Firma Vision Assessment Coporation aus dem Jahr 2007 durchgeführt (Abbildung 6.5). Mit Hilfe der Kreisdarstellungen wurde die Stärke der 3D-Sehfähigkeit erhoben, wobei die zehn Darstellungen zwischen 400 und 20 Winkelsekunden abgestuft waren. Dieser Test wurde verwendet, da er sehr effizient in seiner Durchführung ist, ein hinreichend valides Ergebnis liefert und es ermöglicht die Stärke der stereoskopischen Sehfähigkeit zu erfassen (Moll et al., 2009).

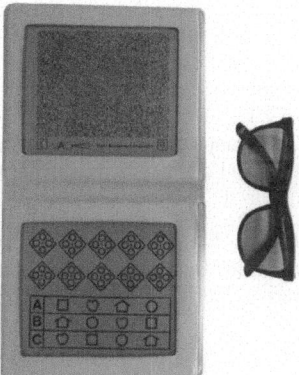

Abbildung 6.5:   Butterfly Stereo Acuity Test der Vision Assessment Coporation (2007).

6.3.5 Versuchsdurchführung

Der Versuch dauerte circa 75 Minuten pro Versuchsperson und wurde von zwei Versuchsleitern betreut. Der erste Versuchsleiter befand sich neben dem Probanden in der Sitzkiste auf dem Beifahrersitz, während der zweite Versuchsleiter im hinteren Teil des Raums die Displayinhalte steuerte. Nach der Begrüßung wurde der Proband gebeten, einen Fragebogen zur Demografie auszufüllen (Anhang C.1). Anschließend folgte die Durchführung des Butterfly Stereo Acuity Tests zur Überprüfung der Fähigkeit binokulare Tiefenreize wahrzunehmen (vgl. Kapitel 6.3.3). Sofern keine Einschränkung des stereoskopischen

Sehens vorlag, wurde dem Probanden als nächstes eine Darstellung mit binokularem Tiefenreiz auf dem Display gezeigt und er wurde gebeten, den Sitz und das Lenkrad so zu verstellen, dass er eine gute Sicht auf das Display hatte sowie den dreidimensionalen Effekt gut wahrnehmen konnte. Im Anschluss wurden dem Probanden die Abschnitte des nächsten Versuchsteils beschrieben und die visuellen Aufgaben erläutert. Vor Bearbeitung jeder Aufgabenkategorie erfolgte eine Präsentation von Beispielaufgaben, bei der der Proband sich an Aufgabenart und die Anzeigedauer gewöhnen konnte. Zusätzlich wurden Übungsaufgaben durchgeführt.

Die Antworten der Probanden wurden vom ersten Versuchsleiter protokolliert. Außerdem gaben die Probanden nach jeder Darstellungsart ihre subjektive Beanspruchung mit Hilfe der SEA-Skala an (vgl. Kapitel 5.4.5.5) und füllten bei jedem Displaywechsel einen Fragebogen mit displaybezogenen Fragen aus (Anhang C.2). Nach Beendigung des Versuchs erfolgte eine Sachgeschenkübergabe als Aufwandsentschädigung sowie die Verabschiedung.

6.3.6 Datenauswertung

Die Datenauswertung erfolgt überwiegend anhand von univariaten Varianzanalysen, welche zumeist mehrfaktorielle Messwiederholungen beinhalten. Die Eignung der Verfahren zur Analyse der vorliegenden Daten wurde anhand von Residuen-Plots beurteilt. Für den Fall, dass die Verteilungen der Residuen nicht für parametrische Verfahren geeignet scheinen, wird auf alternative Verfahren zurückgegriffen. Gerichtete Hypothesen werden mittels Kontrasten untersucht und sofern keine hypothesengeleiteten, geplanten Vergleiche möglich sind, werden Post-Hoc Paarvergleiche zur Analyse der Haupteffekte herangezogen. Die Gruppe der Bildbedingung wird darüber hinaus deskriptiv hinsichtlich ihrer Fehlerquote und der subjektiven Beanspruchung betrachtet, um den Effekt von monokularen Tiefenreizen (2,5D) zu beleuchten.

Aufgrund der nicht-parametrischen Verteilungen des Alters und der stereoskopischen Sehfähigkeit werden zur Überprüfung der Zusammenhänge mit dem erhobenen Leistungs- und Beanspruchungsmaß bivariate Korrelationsberechnungen nach Spearman durchgeführt.

6.3.7 Stichprobe

An der Studie nahmen 28 Probanden teil, die aus demselben Pool rekrutiert wurden wie in Studie zwei (vgl. Kapitel 5.4.7). Ausfälle bei der technischen Datenaufzeichnung führten zu einem Ausschluss von drei Probanden. Zusätzlich wurde ein Proband von der Auswertung aufgrund seiner nur schwach ausgeprägten Fähigkeit zum stereoskopischen Sehen ausgeschlossen.

Von den verbleibenden 24 Versuchspersonen waren neun männlich (37,5 %) und 15 weiblich (62,5 %). Die Altersverteilung belief sich im Median auf 30,5 Jahre ($QA = 21.25$), wobei die Altersspanne zwischen 22 und 56 Jahren lag. Die Verteilung der Altersgruppen ist in Abbildung 6.6 abgebildet.

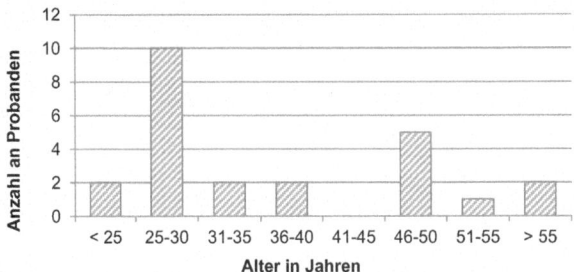

Abbildung 6.6: Häufigkeitsverteilung der Altersklassen der Probanden.

Acht Prozent der Probanden (N = 2) hatten vor dem Versuch keine Erfahrung mit stereoskopischen Abbildungen, 42 Prozent (N = 10) hatten wenig, 29 Prozent (N = 7) hatten mäßig viel und 21 Prozent (N = 5) hatten viel Erfahrung. Damit gab keiner der Teilnehmer an, bereits sehr viel Erfahrung mit stereoskopischen Abbildungen auf Displays zu besitzen. Am häufigsten wurde genannt, dass die Erfahrung beim Betrachten von 3D-animierten Kino- oder Fernsehfilmen gesammelt wurde. Vereinzelt bestanden auch Erfahrungen durch Computerspiele.

6.4 Ergebnisse

Die nachfolgende Ergebnisdarstellung umfasst eine Analyse der Qualität der Aufgabenbearbeitung in Form der Fehlerprozentzahlen sowie eine Bewertung der subjektiven Probandeneinschätzungen. Darüber hinaus erfolgt eine Untersuchung des Zusammenhangs zwischen diesen Maßen und den soziodemografischen Eigenschaften. Dabei wird jeweils die Datenbasis, die zur Berechnung zur Verfügung stand, berichtet.

6.4.1 Aufgabenbearbeitung

In die Analyse des Einflusses von Dimension und Komplexität auf die Qualität der Aufgabenbearbeitung fließen 23 Datensätze ein. Die Teststatistik zeigt signifikante Unterschiede für die Faktoren „Dimension" ($F_{(1.45, 31.95)} = 28.06$, $p < .001$) und „Komplexität" ($F_{(2, 44)} = 104.38$, $p < .001$). Darüber hinaus gibt es eine Wechselwirkung zwischen den Faktoren ($F_{(4, 88)} = 8.32$, $p < .001$).

In Abbildung 6.7 ist zu erkennen, dass bei geringer Komplexität kein bedeutender Einfluss der Dimension besteht. Mit ansteigender Komplexität nimmt jedoch der Einfluss der Dimension zu. So liegt im Mittel die Fehlerprozentzahl der 2D-Darstellung um 14 Prozent höher als die der gering aufgelösten 3D-Darstellung und sogar um 23 Prozent höher als in der hochaufgelösten 3D-Darstellung. Die Kontraste bestätigen die Unterschiede zwischen den Faktorstufen (Tabelle 6.3).

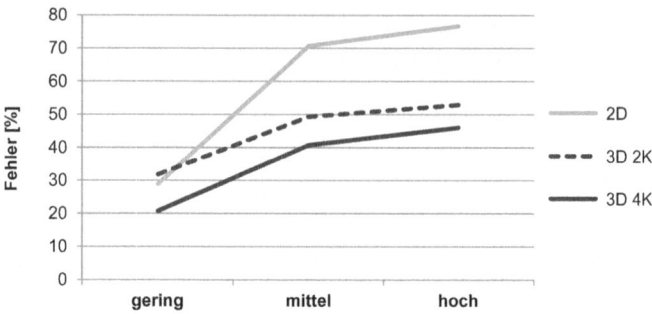

Abbildung 6.7:   Interaktionsdiagramm der Fehlerprozentzahlen für die Faktoren „Dimension" und „Komplexität" (entsprechend Sandbrink et al., 2017).

Bei der deskriptiven Betrachtung der Faktorstufe der Bilder (N = 11) ist zu sehen, dass eine Darstellung mit monokularen Tiefenreizen (2,5D) ähnliche Fehlerraten erzeugt wie die Darstellung ohne Tiefenreize (2D). In der höchsten Komplexität werden in der 2,5D-Darstellung (M = 73.49, SD = 4.13) sogar gut zehn Prozent mehr Fehler gemacht als in der 2D-Darstellung (M = 62.50, SD = 5.06). In Abbildung 6.8 sind die Mittelwerte der Fehlerprozentzahlen für die unterschiedlichen Darstellungsarten aufgetragen.

Tabelle 6.3:   Deskriptive Werte und Teststatistiken der Fehlerprozentzahl für die Faktoren „Dimension" und „Komplexität".

Faktor	Ausprägung	Mittelwert	Kontraste
Dimension	**2D**	58.70 (SD = 2.60)	2D – 3D 2K: $F_{(1, 22)}$ = 14.38, p = .001, r = .63
	3D - 2K	44.67 (SD = 4.51)	3D 2K – 3D 4K: $F_{(1, 22)}$ = 19.93, p < .001, r = .69
	3D - 4K	35.86 (SD = 4.46)	
Komplexität	**Gering**	27.11 (SD = 3.25)	gering – mittel: $F_{(1, 22)}$ = 136.18, p < .001, r = .92
	Mittel	53.59 (SD = 4.04)	mittel – hoch: $F_{(1, 22)}$ = 4.57, p = .044, r = .41
	Hoch	58.53 (SD = 4,01)	

Für den Faktor „Anzeigedauer" zeigt sich ein Effekt ($F_{(1, 19)}$ = 4.60, p = .045). Bei längerer Anzeigedauer werden im Mittel 39,4 Prozent (SD = 4.63) Fehler gemacht, während bei der kurzen Anzeigedauer im Mittel 53,8 Prozent (SD = 6.86) Fehler entstehen. Der Faktor „Kategorie" hat keinen Einfluss auf die Fehlerprozentzahl (p = .405) und es liegt auch keine Wechselwirkung vor (p = .892).

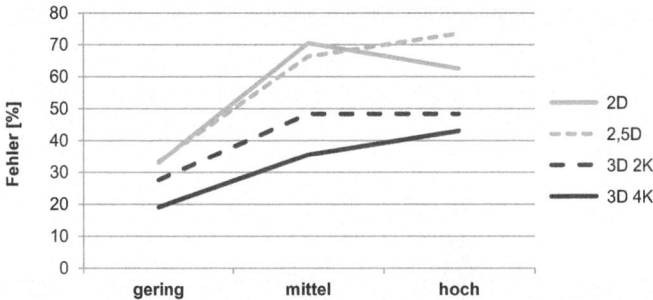

Abbildung 6.8: Diagramm der deskriptiven Fehlerprozentzahlen der Kategorie „Bilder".

In die Bewertung der technischen Gestaltung gehen 16 Datensätze ein. Es zeigt sich parallel zur vorhergehenden Auswertung ein Effekt für die Auflösung ($F_{(1,15)}$ = 10.08, p = .006) und die Komplexität ($F_{(2,30)}$ = 19.67, p < .001). Der Faktor Grundebene besitzt keinen Einfluss (p = .796) und es zeigt sich für die Parallaxenverschiebung nur eine Tendenz ($F_{(1,15)}$ = 3.99, p = .064). Zur näheren Bestimmung des Einflusses der Parallaxenverschiebung werden die deskriptiven Werte für die beiden Between-Faktoren einzeln betrachtet. Auffällig dabei ist, dass die Parallaxenverschiebung für die Faktorbedingung „Bilder" eine Rolle spielt, für die „Listen" jedoch nicht (Abbildung 6.9). Während die Fehlerprozentzahl bei den Bildern im Mittel für die negative Parallaxe bei 29,69 (SD = 6.74) liegt, beträgt sie für die positive Parallaxe im Mittel 38,72 (SD = 7.67) und ist damit fast zehn Prozent höher. Bei den Listen gibt es dagegen keinen Unterschied zwischen der negativen (M = 44.99, SD = 8.5) und der positiven Parallaxe (M = 45.37, SD = 8.42).

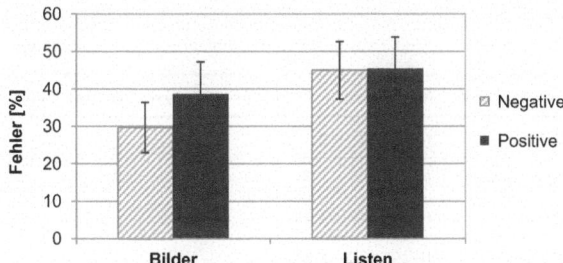

Abbildung 6.9: Mittelwertdiagramm der Fehlerprozentzahl für die negative und positive Parallaxe in Bezug zur Kategorie. Aufgetragen sind die Mittelwerte und Standardabweichungen (entsprechend Sandbrink et al., 2017).

6.4.2 Subjektive Beanspruchung

Die Analyse des Einflusses von Dimension und Komplexität auf die Beanspruchung wird mit allen 24 Probanden gerechnet. Dabei zeigt sich ein Haupteffekt für die Dimension mit

$F_{(2, 46)} = 5.20$, $p = .009$ und für die Komplexität mit $F_{(1.43, 32.97)} = 39.80$, $p < .001$. Darüber hinaus ist eine Tendenz zur Interaktion zur erkennen ($F_{(4, 92)} = 2.44$, $p = .053$). Wie in Abbildung 6.10 aufgetragen, nimmt die Beanspruchung mit steigender Komplexität deutlich zu. Die Kontraste belegen diese Unterschiede zwischen geringer und mittlerer Komplexität ($F_{(1, 23)} = 29.94$, $p < .001$, $r = .75$) und mittlerer und hoher Komplexität ($F_{(1, 23)} = 26.86$, $p < .001$, $r = .73$).

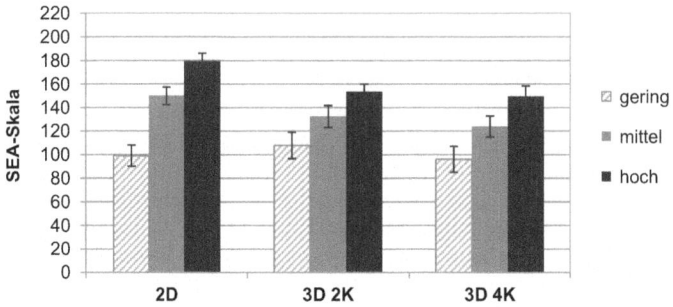

Abbildung 6.10:   Mittelwertdiagramm der subjektiven Beanspruchung für die Faktoren „Dimension" und „Komplexität". Aufgetragen sind die Mittelwerte und Standardabweichungen (entsprechend Sandbrink et al., 2017).

Bei der Dimension ist die Darstellung ohne Tiefenreize (2D) am stärksten beanspruchend. Für die Darstellungen mit binokularen Tiefenreizen zeigt sich, dass sie in einer höheren Auflösung (3D 4K) als weniger beanspruchend wahrgenommen werden als in einer geringeren Auflösung (3D 2K). Die Unterschiede werden durch die Post-hoc Paarvergleiche bestätigt (Tabelle 6.4).

Tabelle 6.4:   Deskriptive Werte und Teststatistiken der subjektiven Beanspruchung.

Faktor	Ausprägung	Mittelwert	Kontraste bzw. Post-Hoc Paarvergleiche
Dimension	**2D**	142.78 ($SD = 6.17$)	2D – 3D 2K: $p = .268$
	3D 2K	131.21 ($SD = 7.31$)	2D – 3D 4K: $p = .026$
	3D 4K	123.11 ($SD = 7.48$)	3D 2K – 3D 4K: $p = .324$
Komplexität	**Gering**	100.97 ($SD = 8.60$)	gering – mittel: $F_{(1, 23)} = 29.94$, $p < .001$, $r = .75$
	Mittel	135.40 ($SD = 7.25$)	mittel – hoch: $F_{(1, 23)} = 26.86$, $p < .001$, $r = .73$
	Hoch	160.72 ($SD = 5.35$)	

Die Untersuchung der Darstellung mit monokularen Tiefenreizen für die Kategorie der Bilder erfolgt aufgrund der geringen Gruppengröße deskriptiv. In Abbildung 6.11 sind die Mittelwerte und Standardabweichungen der subjektiven Beanspruchung für die unterschiedlichen Darstellungen aufgetragen. Es ist zu erkennen, dass die Darstellungen mit monokularen Tiefenreizen ähnlich beanspruchend erlebt werden, wie die Darstellungen ohne Tiefenreize.

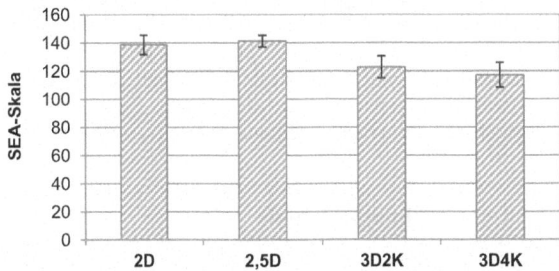

Abbildung 6.11: Mittelwertdiagramm der subjektiven Beanspruchung für die unterschiedlich dimensionalen Darstellungen der Kategorie „Bilder". Aufgetragen sind die Mittelwerte und Standardabweichungen. Die SEA-Skala umfasst Werte von 0 bis 220.

Bei der Analyse der Between-Faktoren „Anzeigedauer" und „Kategorie" zeigt sich ein Effekt für den Faktor „Anzeigedauer" ($F_{(1, 20)} = 7.16, p = .015$). Wie in Abbildung 6.12 zu sehen, ist die kurze Anzeigedauer beanspruchender als die längere. Für den Faktor „Kategorie" gibt es keinen signifikanten Unterschied zwischen Listen und Bildern ($p = .269$).

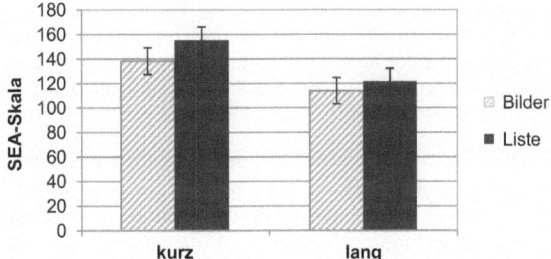

Abbildung 6.12: Mittelwertdiagramm der subjektiven Beanspruchung für die Faktoren „Anzeigedauer" und „Kategorie". Aufgetragen sind die Mittelwerte und Standardabweichungen. Die SEA-Skala umfasst Werte von 0 bis 220.

6.4.3 Zusammenhänge Soziodemografie und Leistungsmaße

Zur Kontrolle der experimentellen Bedingungsmanipulation werden die Zusammenhänge zwischen den soziodemografischen Eigenschaften und den Leistungsmaßen im stereoskopischen Sehen untersucht. Ein großer Zusammenhang besteht zwischen dem Testergebnis für das stereoskopische Sehen und der Qualität der Aufgabenbearbeitung ($r_s = -.528, p = .010$). Je stärker die Fähigkeit stereoskopisch zu sehen ausgeprägt ist, desto weniger Fehler werden im Versuch gemacht. Außerdem ist ein starker Zusammenhang zwischen dem Alter und der Fehlerprozentzahl bei der Aufgabenbearbeitung ($r_s = .573$, $p = .004$) zu finden. Je älter die Probanden sind, desto mehr Fehler machen sie. Dabei ist auffällig, dass kein Zusammenhang zwischen der grundsätzlichen Fähigkeit zum stereoskopischen Sehen, geprüft durch den Stereo Acuity Butterfly Test, und dem Alter nachgewiesen werden kann ($p = .141$). Es gibt aber einen starken positiven Zusammenhang zwischen der Fehlerprozentzahl und der subjektiven Beanspruchung ($r_s = .564$, $p < .001$) sowie der Fehlerprozentzahl und dem Geschlecht ($r_s = .537$, $p = .008$). Frauen unterlaufen dabei mehr Fehler als Männer. Sie erleben während der Aufgaben auch eine höhere subjektive Beanspruchung ($r_s = .727, p < .001$).

6.5 Diskussion der Untersuchungsmethode

Für das komplexe Studiendesign mit zwei Zwischensubjektfaktoren wäre eine größere Stichprobe sinnvoll gewesen. Dies war aufgrund von mangelnder Verfügbarkeit des Simulators nicht umsetzbar. Für die Untersuchung der hier vorgestellten Fragestellungen sind die gewonnenen Erkenntnisse dennoch wertvoll, da durchaus starke Effekte nachgewiesen werden konnten. Außerdem ist in Anbetracht der Absicht, aufbauend auf diesen Ergebnissen, weiterführende Studien zur Wahrnehmung von stereoskopischen Darstellungen durchzuführen, die Verwendung dieser Stichprobengröße akzeptabel, da sie lediglich einen ersten Ansatz liefern soll und in weiteren Studien bestätigt werden kann.

Wie durch das Studiendesign beabsichtigt, wird die Informationsaufnahme durch die geringe Anzeigedauer geprägt. Die gewählten Zeiten für die Anzeigedauer erwiesen sich als sinnvoll. Die Bestätigung der Hypothesen, dass bei einer längeren Anzeigedauer weniger Fehler gemacht werden (**H5**) und die Probanden weniger beansprucht sind (**H6**) zeigt im Zusammenhang mit der hohen Fehlerquote, dass die Aufgaben herausfordernd gestellt worden sind. Dies war eine Intention des Studiendesigns, um Deckeneffekte zu vermeiden.

Die stereoskopische Tiefenstaffelung wurde mit dem Ziel umgesetzt, den Tiefeneindruck auf beiden Displaytypen gleich stark zu gestalten. Die Ergebnisse der Vorstudie zur wahrgenommenen Disparität zeigen, dass dies gelungen ist. Allerdings ergaben sich dadurch Qualitätsunterschiede in der Darstellung für die Parallaxenverschiebungen, weil bei einem höher aufgelösten Display die Schärfe mit steigender Parallaxe stärker abnimmt. Darüber hinaus basiert der Effekt für das perspektivische 3D auf einer relativ geringen Ausprägung der monokularen Tiefenreize. Diese wurde für die vorliegende Studie gewählt, weil sie der Größenänderung entsprach, die durch einen stereoskopischen Effekt erzielt worden wäre. Wenn in dem Versuch eine deutlichere Ausprägung verwendet worden wäre, hätte dies vermutlich auch zu einem deutlicheren Effekt geführt.

Als letzter Punkt soll angemerkt werden, dass die Durchführung in einem abgedunkelten Raum mit einer statischen Sitzkiste ein sehr künstliches Versuchsszenario darstellt, welches nur bedingt die Übertragung der Ergebnisse in eine Realfahrt erlaubt.

6.6 Diskussion der Ergebnisse

Ziel dieser Studie war es, Aufschluss darüber zu geben, ob der Fahrer durch die Nutzung eines autostereoskopischen Displays bei der Wahrnehmung von Informationen unterstützt werden kann. Dabei liegt der Fokus auf der Frage, ob die Informationsaufnahme bei sehr kurzen Blickzuwendungen besser gestaltet werden kann.

Die Ergebnisse zeigen einen deutlichen Unterschied zwischen stereoskopischen und nichtstereoskopischen Darstellungen, wobei binokulare Tiefenreize die Informationsaufnahme in Abhängigkeit von der Komplexität unterstützen. Die Probanden machen bei stereoskopischen Darstellungen weniger Fehler und sind weniger beansprucht. Ersteres bestätigt die **Hypothese 1**, letzteres die **Hypothese 2**. Im Detail wird hierbei deutlich, dass eine hohe Auflösung des autostereoskopischen Displays wichtig ist. Auf dem höher aufgelösten Display ist die Beanspruchung der Probanden geringer und es werden weniger Fehler produziert. Darüber hinaus wird deutlich, dass schon geringe Tiefenunterschiede von wenigen Millimetern ausreichen, um einen Pop-Out-Effekt wahrzunehmen. Dies widerspricht den Untersuchungen von La Rosa et al. (2008), die einen Suchvorteil nur bei großen Disparitäten sehen. Bei genauerer Betrachtung wird auch deutlich, dass die in dieser Studie verwendeten perspektivischen Darstellungen von Grafiken ähnlich schlecht erkannt werden wie Abbildungen ohne Tiefenreize. Dieser Effekt könnte jedoch auch an der Umsetzung der perspektivischen Darstellung liegen und kann aus diesem Grund hier nicht abschließend bewertet werden.

Der Vorteil binokularer Tiefenreize nimmt dabei mit Steigerung der Komplexität der Abbildungen stark zu. Durch dieses Ergebnis wird auch die **Hypothese 3** klar bestätigt, welche die Abhängigkeit der Aufgabenbearbeitungsqualität von der Komplexität postuliert. Gleichermaßen wird die subjektive Beanspruchung von der Komplexität der Aufgaben beeinflusst. Dadurch wird sowohl die **Hypothese 4** bestätigt, dass die subjektive Beanspruchung mit zunehmender Aufgabenkomplexität steigt, als auch die Ergebnisse der Realfahrtstudie zu den Displaypositionen.

Für die Bedingungen „Bilder" und „Liste" konnte kein Unterschied festgestellt werden, was darauf deutet, dass für beide Informationsarten die Nutzung von binokularen Tiefenreizen sinnvoll ist. Es zeigt sich jedoch, dass unterschiedliche Gestaltungsmethoden zu verwenden sind. Für die Listen spielt es keine Rolle, ob die negative oder die positive Parallaxe genutzt wird. Bei den Bildern ist die Hervorhebung der Informationen in der negativen Parallaxe dagegen fehlerfreier wahrzunehmen als die Verwendung der positiven Parallaxe. Somit bestätigen sich auch für die hier verwendete Technik die Ergebnisse von O'Toole und Walker (1997), bei denen geometrische Figuren, die vor den Zielreizen liegen besser erkannt wurden.

Zusammenfassend wird durch diese Studie der Nutzen von autostereoskopischen Displays für die Infotainment-Gestaltung deutlich. Dabei kann besonders die negative Parallaxe bei Darstellungen mit hoher Komplexität die Wahrnehmung der Fahrer unterstützen und gleichzeitig deren Beanspruchung senken. Für die Verwendung dieser Displays im Fahrzeug bleiben aufgrund des künstlichen Szenarios dieser Studie jedoch Fragen zur Eignung während der Fahraufgabe offen. Ebenso stellt sich die Frage, ob Erkenntnisse aus

Laborstudien in Realfahrten repliziert werden können. Broy et al. (2015) stellen fest, dass ihre Ergebnisse zur 3D-Wahrnehmung zwischen den Labor- bzw. Fahrsimulatorstudien und der Realfahrt nicht durchgängig übereinstimmen.

7 Realfahrtstudie zur stereoskopischen Wahrnehmung im Fahrkontext

7.1 Fragestellung

In der vorangegangenen Studie zur Wahrnehmung von stereoskopischen Darstellungen konnten vielversprechende Erkenntnisse gewonnen werden, die für eine Weiterverfolgung des Themas sprechen. So konnten zum Beispiel Zielreize, die stereoskopisch unterstützt wurden, wesentliche schneller und fehlerfreier wahrgenommen werden. Da eine Generalisierung der Ergebnisse für die Verwendung im Realfahrzeug jedoch nur eingeschränkt möglich ist, soll eine Evaluation dieser Erkenntnisse während einer Realfahrt erfolgen. Zur Führung eines Fahrzeugs müssen verschiedene visuelle Informationen eingeholt werden, für die schnelle Umfokussierungen notwendig sind. Außerdem erfordert das autostereoskopische Display einen vordefinierten Sicht- und Winkelabstand und verfügt über einen begrenzten Sweet spot (vgl. Kapitel 2.3.2). Beide Aspekte könnten während einer Realfahrt zu Problemen der Wahrnehmbarkeit führen, da sie unter Umständen die normale Bewegungsfreiheit des Kopfes und das Blickverhalten einschränken. Darüber hinaus fehlen Erkenntnisse welche Auswirkungen eine stereoskopische Ansicht im Kombiinstrument auf das Blick- und Fahrverhalten hat. Deswegen soll die Wirkung auf diese Parameter untersucht und herausgefunden werden, ob Nachteile für den visuellen Komfort entstehen.

Die Fragen sollen zunächst für grundlegende generische Infotainment-Inhalte, wie in den vorangegangenen Studien, beantwortet werden und im Folgenden für anwendungsorientiertere Infotainment-Aufgaben überprüft werden. Dabei spielt weiterhin die Frage nach dem Einfluss der unterschiedlichen Komplexitätsgrade eine Rolle. Abschließend sollen erste Erkenntnisse darüber gewonnen werden, wie die Wirkung von stereoskopischer Tiefe, im Vergleich zu bereits im Fahrzeug etablierten Gestaltungsparametern, einzuordnen ist.

7.2 Hypothesen

Aus der Fragestellung werden Hypothesen abgeleitet, die zur Untersuchung des Einflusses der binokularen Tiefenreize auf verschiedene Leistungs- und Verhaltensmaße während des Fahrens dienen. Einbezogen werden auch die Auswirkungen der Komplexität der Anzeige. Der Effekt durch die unterschiedlichen Informationsarten wird in der Analyse der Daten explorativ untersucht.

Ein weiterer Aspekt aus der Fragestellung bezieht sich auf die Stärke von stereoskopischer Wirkung im Vergleich zu anderen Designelementen. Aus bisherigen Studien ist bekannt, dass nach Farbe und Form schneller gesucht werden kann als nach Tiefe (Chau & Yeh, 1995; Dünser et al., 2008). Darüber hinaus kann Tiefe aber den Effekt von Farbe noch

© Springer Fachmedien Wiesbaden GmbH, ein Teil von Springer Nature 2019
J. Sandbrink, *Gestaltungspotenziale für Infotainment-Darstellungen im Fahrzeug*,
AutoUni – Schriftenreihe 132, https://doi.org/10.1007/978-3-658-23942-8_7

steigern (Dünser et al., 2008). Allerdings wurden bei diesen Untersuchungen sehr starke Farbunterschiede genutzt (z. B. blau und rot), die im Fahrzeugkontext nicht immer geeignet sind. Dies liegt zum einen daran, dass sie inhaltlich codiert sind (Campbell et al., 2016; ISO/TR 16352:2005) und nur schwerlich ein einheitliches Design ermöglichen. Der Effekt von stereoskopischen Darstellungen soll deswegen im Vergleich zu einem gemäßigten Farbeinsatz und größenbezogenen Gestaltungsparametern explorativ untersucht werden.

Fahrleistung

Aufgrund der gleichen Displayposition ist nicht zu erwarten, dass die Art der Darstellungen mit binokularen Tiefenreizen und ohne binokulare Tiefenreize einen unterschiedlichen Effekt auf die Fahrleistung ausübt. Auch Broy und Kollegen (Broy, Alt et al., 2014; Broy, 2016) konnten in ihrer Simulatorstudie weder für die Längs- noch für die Querführung einen Unterschied zwischen 2D und 3D nachweisen. Krüger (2008) stellt in ihrer Studie eine größere Lenkwinkelvariabilität mit der autostereoskopischen Darstellung des Abstandsregeltempomaten fest, führt diese aber auf die unausgereifte Displaytechnik zurück. Da es bisher keine Testung der Fahrparameter in einer Realfahrt gab, sie aber sicherheitsrelevante Auswirkungen besitzen könnten, sollen sie in dieser Studie überprüft werden. Dafür wird angenommen, dass *die Dimension der Darstellung weder Einfluss auf die Längsführung* (**Hypothese 1**), *noch auf die Querführung* (**H2**) *hat*.

In Anlehnung an die Ergebnisse der vorhergehenden Realfahrtstudie (vgl. Kapitel 5.5.1) wird erwartet, *dass die Komplexität keinen Einfluss auf die Querführung ausübt* (**H3**). Dagegen wird für die Längsführung erwartet, *dass bei hoher Komplexität mehr Korrekturbremsungen vorgenommen werden* (**H4**).

Blickverhalten

Für das Blickverhalten sind keine Unterschiede in der durchschnittlichen oder maximalen Blickzuwendung der Einzelblicke zu erwarten, da das natürliche Kontrollverhalten der Fahrer diese beschränkt (Wierwille, 1993). Es wird daher die Hypothese aufgestellt, dass *die Dimension keinen Einfluss auf die durchschnittliche Blickdauer* (**H5**) *und auf die maximale Blickdauer* (**H6**) ausübt. Ebenso, dass *die Komplexität der Aufgabe keinen Einfluss auf die durchschnittliche Blickdauer* (**H7**) *und auf die maximale Blickdauer* (**H8**) hat.

Für die kumulierte Blickdauer, die zur Bearbeitung einer Aufgabe benötigt wird, ist dagegen ein Einfluss der Dimension und der Komplexität zu erwarten. Durch die Staffelung von Informationen auf unterschiedliche Tiefenebenen kann eine serielle anstelle einer parallelen Suche durchgeführt werden, da es dann zu einem Pop-Out des Zielobjektes kommt (Nakayama & Silverman, 1986). Dadurch verkürzt sich die benötigte Blickzeit pro Aufgabe, wie auch Pitts et al. (2015) mit Ihrer Studie zum autostereoskopischen Display im Fahrzeug belegen. Ausgehend von diesen Erkenntnissen wird angenommen, dass *die benötigte kumulative Blickdauer für eine Aufgabe bei Darstellungen mit binokularen Tiefenreizen geringer ist* (**H9**). Bei der Komplexität erhöht sich allerdings nicht alleine die Anzahl der Distraktoren, sondern auch die Anzahl der zu zählenden Zielobjekte. Deswegen muss trotz der seriellen Suche davon ausgegangen werden, dass die Komplexität einen Einfluss besitzt. Es wird angelehnt an die Ergebnisse der ersten Realfahrt-studie (vgl. Kapitel 5.5.2) angenommen, dass *die benötigte Blickdauer für eine Aufgabe länger ist, wenn die Komplexität hoch ist* (**H10**).

Event Detection Task

Aufgrund der gleichbleibenden HDD-Position sind keine Unterschiede im peripheren Sehen zu erwarten. Es wird daher angenommen, dass *es keinen Unterschied bei der Wahrnehmung der Umgebung zwischen der Bedingung mit binokularen Tiefenreizen und der ohne binokulare Tiefenreize gibt* (**H11**).

Bereits in der ersten Realfahrtstudie konnte aber festgestellt werden, dass die Fähigkeit Reize in der Umgebung zu erkennen mit steigender Nebenaufgabenkomplexität nachlässt. Dies bestätigt die Befunde aus der Literatur über die Abhängigkeit des visuellen Blick-felds vom mentalen Workload (Rantanen & Goldberg, 1999; Williams, 1982, 1985). Aus diesem Grund wird auch bei dieser Untersuchung davon ausgegangen, dass komplexe Nebenaufgaben das visuelle Blickfeld verkleinern, und dass *bei geringerer Komplexität der Nebenaufgabe weniger Events verpasst werden* (**H12**).

Nebenaufgabenbearbeitung

Für die Qualität der Nebenaufgabenbearbeitung wird in Anlehnung an die Standstudie zur 3D-Wahrnehmung (vgl. Kapitel 6.4.1) erwartet, dass *bei der Darstellung mit binokularen Tiefenreizen weniger Fehler gemacht werden* (**H13**). Außerdem kann die mögliche serielle Suche bei stereoskopischen Tiefenreizen die Bearbeitungszeit verkürzen (Nakayama & Silverman, 1986). Diese Erwartung formt die Hypothese, dass *mehr Aufgaben bearbeitet werden können, wenn die Darstellungen binokulare Tiefeninformati-onen besitzen* (**H14**). Auf Basis der Ergebnisse vorangegangener Studien werden für den Einfluss der Komplexität die Hypothesen formuliert: *Bei einer hohen Komplexität werden mehr Fehler gemacht* (**H15**) *und weniger Aufgaben bearbeitet* (**H16**).

Beanspruchung und visueller Diskomfort

Die im Vorfeld durchgeführte Standstudie zur stereoskopischen Wahrnehmung zeigt, dass unter Laborbedingungen die subjektive Beanspruchung durch binokulare Tiefenreize gesenkt werden kann. Daher wird auch für diese Studie erwartet, dass *die subjektive Beanspruchung bei Darstellungen mit binokularen Tiefenreizen geringer ist als bei Darstellungen ohne Tiefeninformationen* (**H17**). Darüber hinaus wird angenommen, dass die *subjektive Beanspruchung mit steigender Komplexität höher wird* (**H18**).

Ein auftretendes Problem im Umgang mit stereoskopischen Abbildungen besteht im Entstehen von visuellem Diskomfort (vgl. Kapitel 2.3.3). Die Gründe für die Entstehung dieses Unwohlseins wurden bereits umfassend untersucht (Lambooij et al., 2009; Terzić & Hansard, 2016). Sie kommen aber für den Anwendungsfall eines stereoskopischen Displays als Kombiinstrument vermutlich nicht zum Tragen. Dies liegt u. a. daran, dass im Fahrzeug nur kurze Blickzuwendungen zu erwarten sind. Aus diesem Grund wird die Hypothese aufgestellt, dass *es keinen Unterschied im visuellen Diskomfort zwischen Darstellungen mit binokularen Tiefenreizen und Darstellungen ohne Tiefenreize gibt* (**H19**).

7.3 Methodik

Im Folgenden wird die Methodik der Realfahrtstudie für die Fragestellungen zur stereo-skopischen Wahrnehmung während des Fahrens erläutert und die Durchführungsbedin-gungen vorgestellt. Die Versuchsumgebung und das -setting sind an die Realfahrstudie zum Einfluss der Displayposition angelehnt (vgl. Kapitel 5). Zusätzlich zur Darlegung der experimentellen Bedingungen und des Versuchsablaufes werden die verschiedenen Aufgaben der Probanden beschrieben. Die Durchführung des Versuchs erfolgte im Herbst 2016 mit einer Dauer von drei Wochen. Die Aufbereitung und Auswertung der Daten entspricht der in Kapitel 5.4 beschriebenen Vorgehensweise.

7.3.1 Versuchsdesign

Die hier beschriebene Studie bestand aus zwei Teilbereichen, wobei im ersten Teil die generischen Anzeigen aus den bereits durchgeführten Studien genutzt wurden. Dies wird im Folgenden als Grundlagenteil bezeichnet. Im zweiten Teil werden die Erkenntnisse aus den ersten Studien anwendungsorientiert evaluiert. Die Grundlagenuntersuchung war mit einem 2 x 2 x 2 Within-Subject-Versuchsdesign konzipiert. Als unabhängige Faktoren wurden die Dimension der Abbildung, die Kategorie des Anzeigentyps und die Komplexi-tät der Darstellung festgelegt. Bei dem Faktor „Dimension" handelte es sich um die Darstellungsvarianten ohne Tiefenreize (2D) und mit binokularen Tiefenreizen (3D). Die Faktoren „Kategorie" und „Komplexität" definierten die Art der angezeigten Nebenauf-gabe und deren Schwierigkeit. Der Faktor „Kategorie" beinhaltete die Ausprägungen „Bilder" und „Listen". Der Faktor „Komplexität" gliederte sich in „gering" und „hoch". Die Aufgaben sind in Kapitel 5.4.3 erläutert.

Im zweiten Teil des Versuchs wurden zwei Anwendungen betrachtet, die exemplarisch je einen Anwendungsfall der beiden generischen Aufgabenkategorien Listen und Bilder darstellen. Für die Bilder wurde eine Kartendarstellung verwendet mit einem 2 x 2 Within-Subjekt-Versuchsdesign. Als unabhängige Faktoren wurden die Dimension mit den Ausprägungen „2D" (Darstellung ohne aufgabenunterstützende Tiefenreize) und „3D" (Darstellung mit aufgabenunterstützenden binokularen Tiefenreizen) definiert. Außerdem wurde die Komplexität mit den Ausprägungen „gering" und „hoch" verwendet. Die Komplexität definierte sich durch die Anzahl der angezeigten Objekte und bestand in der geringen Komplexität aus vier Elementen und in der hohen Komplexität aus sieben Elementen. Als Ableitung der Liste wurde eine Telefonbuchdarstellung evaluiert, für die sieben verschiedene Gestaltungsvarianten entwickelt wurden. Dabei wurde jeweils eine Variante ohne Tiefenreize (2D) einer Variante mit binokularen Tiefenreizen (3D) gegen-übergestellt. Parameter der Gestaltung waren die Größe der Icons und Schriften sowie die Farbe. Die Gestaltungsvarianten sind in Tabelle 7.1 aufgeführt.

Die Probanden wurden zufällig einer von vier Gruppen zugeteilt, deren Abläufe zur Kontrolle der Lern- und Reihenfolgeneffekte variiert wurden. Es erfolgte jedoch immer zuerst die Durchführung des Grundlagenteils und im Anschluss der anwendungsorientier-te Teil.

Tabelle 7.1: Gestaltungsvarianten der Zielreize der Telefonbuchanzeige für die Bedingungen mit
und ohne Tiefeninformationen.

Dimension	2D		3D	
	Merkmale	**Hervorhebungen**	**Merkmale**	**Umsetzung**
Gestaltungs-varianten	**Icon**	10 % Vergrößerung	**Icon** **+ Tiefe**	10 % Vergrößerung + Disparität
	Icon **+ Schrift**	10 % Vergrößerung 10 % Vergrößerung	**Icon** **+ Schrift** **+ Tiefe**	10 % Vergrößerung 10 % Vergrößerung + Disparität
	Farbe	10 % weniger Transparenz	**Farbe** **+ Tiefe**	10 % Transparenz + Disparität
	-	-	**Tiefe**	Disparität

7.3.2 Aufgabenbeschreibung

Die Aufgabenbeschreibungen für die Probanden entsprachen denen der ersten Realfahrt-studie (vgl. Kapitel 5.4.3). Diese beinhalteten zunächst die Instruktionen zur sicheren Führung des Fahrzeugs und zur Beachtung des Event Detection Tasks. Weiterhin wurden die Probanden instruiert die jeweilige visuelle Nebenaufgabe auf dem Kombidisplay auszuführen, wenn sie über freie Ressourcen verfügten. Der Bearbeitungstakt wurde durch die Versuchspersonen bestimmt, da die Abbildungen erst nach der Antwort des Probanden umgeschaltet wurden. Die Reihenfolge der Aufgaben innerhalb der Kategorien wurde durch die Software randomisiert.

Die Nebenaufgaben für den Grundlagenteil wurden bereits in Kapitel 5.3.3 beschrieben. Die Nebenaufgabe zum Thema Navigationskarten bestand aus der visuellen Suche von definierten Points-of-Interest (PoI). In der geringen Komplexität sollte aus vier angezeig-ten Ladesäulen die Anzahl der Schnellladestationen (Icon Blitz) gezählt und verbal rückgemeldet werden (Abbildung 7.1), wobei es nur eine Art von Distraktoren gab. Der Lösungsbereich für die Zielobjekte lag zwischen eins und drei.

Bei der hohen Komplexität musste aus sieben angezeigten PoIs die Anzahl der Cafés (Icon Kaffeetasse) genannt werden (Abbildung 7.2). Im Gegensatz zur geringen Komple-xität bestanden die Distraktoren bei dieser Aufgabe aus bis zu drei verschiedenen Icons und die Lösungsmenge entsprach einem bis fünf Zielreizen.

Als Listenaufgabe diente eine Telefonbuchdarstellung mit neun Einträgen. Vier der Einträge wurden jeweils durch eine Gestaltungsvariante hervorgehoben. Bei jeder Darstellung wurde einmal der Name „Marina Tabeling" abgebildet, während die weiteren acht Namen zufällig aus der bereits im Grundlagenteil genutzten Namensliste eingesetzt wurden. Die Aufgabe der Probanden war zu entscheiden, ob der Name „Marina Tabeling" hervorgehoben war oder nicht. In Abbildung 7.3 ist beispielhaft eine Anzeige dargestellt, bei der die farbliche Gestaltungsvariante genutzt wurde. In Abbildung 7.4 wurde einer Vergrößerung des Icons und in Abbildung 7.5 eine Vergrößerung von Icon und Schrift genutzt.

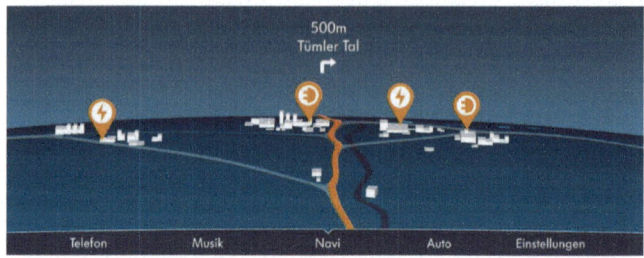

Abbildung 7.1: Versuchsdarstellung der Kartenaufgabe in der geringen Komplexität ohne binokulare Tiefenreize.

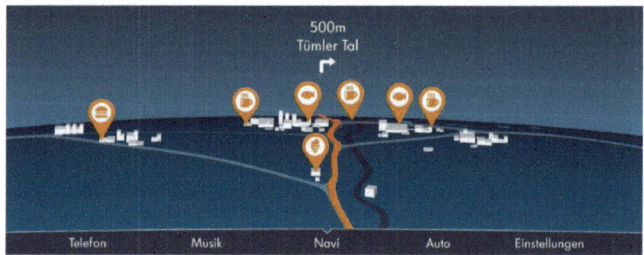

Abbildung 7.2: Versuchsdarstellung der Kartenaufgabe in der hohen Komplexität ohne binokulare Tiefenreize.

Abbildung 7.3: Versuchsdarstellung der Telefonbuchaufgabe mit farblichem Highlight ohne binokulare Tiefenreize.

Abbildung 7.4: Versuchsdarstellung der Telefonbuchaufgabe mit Hervorhebung durch das Icon ohne binokulare Tiefenreize.

Abbildung 7.5: Versuchsdarstellung der Telefonbuchaufgabe mit Hervorhebung durch das Icon und die Schrift ohne binokulare Tiefenreize.

7.3.3 Versuchsaufbau

Das Versuchsfahrzeug, die Teststrecke sowie die Verwendung eines Hasenfahrzeugs sind bereits in Kapitel 5.4 beschrieben, wobei in dieser Studie ein schwarzer Volkswagen Golf 7 als Hasenfahrzeug diente. Für den Versuch wurde das hochauflösende autostereoskopische Display mit 3840 x 2160 Pixel und Lentikularlinsen vor dem Serienkombiinstrument des Versuchsfahrzeugs verbaut (Abbildung 7.6). Zur optimalen Erkennung des stereoskopischen Effekts mussten die Probanden in einem Abstand von circa 70 Zentimetern und 15 Grad zum Display sitzen.

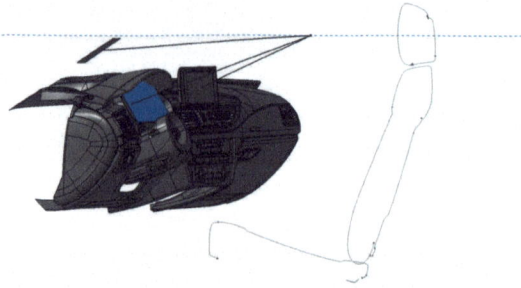

Abbildung 7.6: Darstellung des Fahrzeugaufbaus mit autostereoskopischem Display als Kombiinstrument.

Für die Anzeigen des Grundlagenteils wurden die Zielreize in den Bedingungen mit binokularen Tiefenreizen jeweils in der negativen Parallaxe dargestellt, während die Distraktoren auf der Nullebene lagen. Für die Kartendarstellung mit binokularen Tiefeninformationen wurde eine vollständige dreidimensionale Karte in der positiven Parallaxe erstellt und die Zielreize (PoIs) in der negativen Parallaxe abgebildet. In der Telefonbuchaufgabe wurden die Zielreize in den Bedingungen mit binokularen Tiefenreizen jeweils in der negativen Parallaxe dargestellt während die Distraktoren auf der Nullebene lagen.

Zur Bestimmung des subjektiven Tiefeneindrucks der verschiedenen Darstellungen wurde ein Pretest mit zwölf Probanden durchgeführt, wobei die wahrgenommene Tiefe in Millimetern erhoben wurde. Aufgrund eines Ausreißers für die Listenbedingung, werden in Tabelle 7.2 die deskriptiven Lage- und Streuungsparameter dargestellt.

Tabelle 7.2: Wahrgenommene Disparität der stereoskopischen Darstellungsvarianten in Millimeter.

Darstellungsvariante	Median	Quartilsabstand	Minimum	Maximum
3D – 4K Bilder	4,5	2,75	2,0	8,0
3D – 4K Listen	5,0	4,75	2,0	17,0
Telefonbuchanwendung	4,0	1,75	1,0	8,0
Kartendarstellung	4,5	2,75	1,5	10,0

7.3.4 Versuchsdurchführung

Die Gesamtdauer des Versuchs belief sich auf circa drei Stunden und der Ablauf ähnelte der ersten Realfahrtstudie. Zwei Versuchsleiter betreuten den Versuch, wobei sich der Erste auf dem Beifahrersitz befand und die Probanden durch den Versuch leitete. Der zweite Versuchsleiter überwachte und steuerte von der Rücksitzbank die Datenaufzeichnungssysteme und Nebenaufgabensoftware.

Auf eine kurze Begrüßung folgte die Erläuterung des Versuchs und der Test zur stereoskopischen Sehfähigkeit der Probanden. Im Anschluss wurde ein stereoskopisches Bild auf dem Kombidisplay angezeigt und die Probanden wurden gebeten den Fahrersitz und das Lenkrad so einzustellen, dass der 3D-Effekt für sie gut zu sehen war. Darüber hinaus stellten sie das HUD auf ihre Bedürfnisse ein. Im Anschluss wurde ihnen das Blickerfassungssystem erklärt. Während die faceLAB-Kalibrierung durchgeführt wurde, füllten die Versuchspersonen den ersten Fragebogen zu soziodemografischen Daten und Persönlichkeitseigenschaften aus, welcher auch in den bisherigen Studien verwendet wurde (Anhang B.2).

Darauf folgten die Aufgabenerläuterung zum Grundlagenteil und einige Übungsaufgaben. Anschließend erhielten die Probanden die Gelegenheit sich bei zwei Übungsrunden mit dem Fahrzeug, der Strecke und dem Event Detection Task vertraut zu machen. Daran schlossen sich die Erhebung einer Baselinefahrt und die ersten acht Versuchsrunden an. Nach einer kurzen Pause folgten die weiteren elf Bedingungen des anwendungsorientierten Versuchsteils und zum Abschluss eine weitere Baselinefahrt zur Überprüfung des Übungseffekts für das Fahren. Nach jeder Runde wurde kurz an den Startpunkten angehalten.

Während des Versuchs wurden Blickdaten und Fahrdaten sowie die Nebenaufgabenleistung und die erkannten Events beim Event Detection Task aufgezeichnet. Nach jeder Runde wurde die Beanspruchung mit der SEA-Skala erfasst (vgl. Kapitel 5.4.5.5) und das Unwohlsein der Probanden sowie die Unterstützung durch 3D abgefragt. Zum Abschluss des Versuchs füllten die Probanden den zweiten Fragebogen bezüglich ihrer Smartphone- und Fahrgewohnheiten aus (Anhang B.3) und gaben ihre Einschätzung zum Mehrwert von 3D in Fahrzeugen an (Anhang D.1).

7.3.5 Stichprobe

32 Versuchspersonen nahmen an der Studie teil. Sie wurden aus demselben Pool rekrutiert wie in Studie zwei und drei, wobei aufgrund der Blickerkennung auch hier Brillenträger im Vorhinein ausgeschlossen wurden. Aufgrund von zwei Ausfällen bei der Datenaufzeichnung wurden die Datensätze von zwei Probanden von der Auswertung ausgeschlossen. Zusätzlich wurde ein weiterer Proband ausgeschlossen, weil er trotz Fähigkeit zum stereoskopischen Sehen keine stereoskopischen Inhalte während der Fahrt erkennen konnte. Die Muttersprache der verbleibenden 29 Probanden war Deutsch.

Von den untersuchten 29 Versuchspersonen waren 18 männlich (62 %) und elf weiblich (38 %). Der Median der Altersverteilung lag bei 33 Jahren ($QA = 23.5$), wobei die Altersspanne zwischen 22 und 57 Jahren lag. Die Verteilung der Altersgruppen ist in Abbildung 7.7 abgebildet. Die mittlere Fahrerfahrung betrug 16 Jahre ($QA = 22.5$) und der Median der jährlichen Fahrleistung lag bei 11.000 bis 20.000 gefahrenen Kilometern pro Jahr. 3,3 Prozent der Probanden (N = 1) gaben an, vor dem Versuch keine Erfahrung mit 3D zu besitzen, 26,7 Prozent (N = 8) gaben wenig und 53,3 Prozent (N = 16) gaben mäßig viel Erfahrung an. Darüber hinaus hatten 13,3 Prozent der Probanden (N = 4) viel Erfahrung. Keiner der Teilnehmer gab an sehr viel Erfahrung mit 3D-Darstellungen zu besitzen.

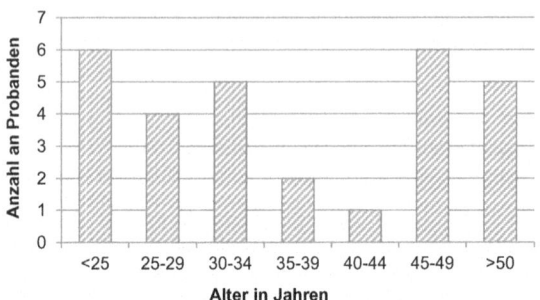

Abbildung 7.7: Häufigkeitsverteilung der Altersklasse der Probanden.

7.4 Ergebnisse

Im folgenden Kapitelteil werden die Ergebnisse der Untersuchungsvariablen für die zur Verfügung stehenden Daten berichtet. Im Laufe der Versuchsdurchführung kam es bei einzelnen Probanden zu kurzfristigen Ausfällen bei der Datenaufzeichnung, wodurch sich teilweise die Anzahl der verfügbaren Datensätze reduziert. Darüber hinaus wurde wie in der vorhergehenden Studie nur das Blickverhalten der Probanden analysiert, deren Blicke je Bedingung zu mindestens 90 Prozent erkannt wurden. Von den Variablen der Längsführung kann aufgrund einer zu gering aufgelösten GPS-Datenaufzeichnung nur das Bremsverhalten analysiert werden.

7.4.1 Fahrleistung

Querführung

In die Berechnung der Steering Wheel Reversal Rate (SRR) als Maß für die Querführungsqualität bei den Grundlagenaufgaben gehen 27 Datensätze ein. Die statistischen Kennwerte zeigen einen Effekt für den Faktor „Komplexität" ($F_{(1, 26)} = 6.25$, $p = .019$). Dabei liegt die SRR in der geringen Komplexität im Mittel bei 10,81 ($SD = 0.19$) und in der hohen Komplexität bei 11,16 ($SD = 0.24$). Für die beiden Faktoren „Dimension" ($p = .540$) und „Kategorie" ($p = .213$) lassen sich keine Effekte nachweisen.

In die Analyse der Faktoreinflüsse beim Telefonbuchdesign gehen 29 Datensätze ein, während in die Analyse zum Kartendesign die Datensätze von 28 Probanden verwendet werden. Die Teststatistik zeigt für beide Aufgabenarten keine signifikanten Einflüsse der Faktoren auf die SRR (Anhang D.2).

Längsführung

Als Maß für die Längsführung wird die Anzahl der Bremsvorgänge mit einer maximalen Verzögerung von mehr als zwei m/s² untersucht. Die genutzte GEE mit Poisson-Verteilungsannahme bezieht sich für die Grundlagenaufgaben auf einen Datensatz mit 27 Probanden. Es weist dabei lediglich der Faktor „Komplexität" eine Tendenz auf ($\chi^2_{(1)} = 3.40$, $p = .065$). In der geringen Komplexität ($M = 0.83$, $SD = 0.11$) werden weniger häufig Korrekturbremsungen vollzogen als in der hohen Komplexität ($M = 0.97$, $SD = 0.13$).

Für die Telefonbuchaufgabe können 29 Datensätze in die Analyse einbezogen werden. Dabei zeigt sich ein signifikanter Effekt über die Gestaltungsvarianten ($\chi^2_{(6)} = 15.28$, $p = .018$). Die Mittelwerte sind in Abbildung 7.8 aufgetragen, wobei die Kontraste lediglich den Unterschied für die Designvariante „Icon" belegen ($\chi^2_{(1)} = 6.42$, $p = .011$). Eine Übersicht der deskriptiven Werte ist in Anhang D.3 aufgeführt.

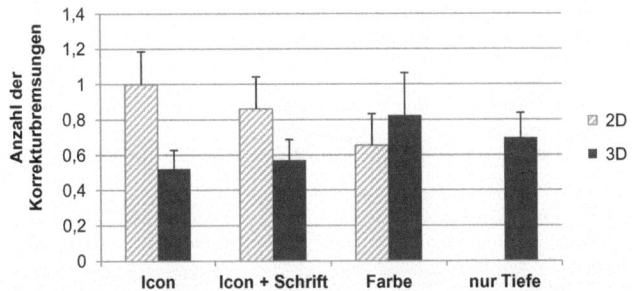

Abbildung 7.8: Mittelwertdiagramm der Korrekturbremsungen der Telefonbuchdarstellungen für die Dimensionen.

Für die Analyse der Kartenaufgabe mit 26 Datensätzen weist die Teststatistik keine Effekte für die Faktoren „Dimension" ($p = .666$) und „Komplexität" ($p = .364$) auf.

7.4.2 Blickverhalten

Grundlagen – Durchschnittliche Blickdauer

Für die Analyse der durchschnittlichen Blickdauer auf die Zieldisplays kann ein Datensatz mit 18 Probanden verwendet werden. Die Teststatistik weist einen Haupteffekt für die Faktoren „Kategorie" ($F_{(1, 17)} = 13.95$, $p < .002$) und „Komplexität" ($F_{(1, 17)} = 15.19$, $p = .001$) auf, während die Dimension keinen bedeutsamen Einfluss besitzt ($p = .575$). Mit dem Faktor „Dimension" liegen jedoch zwei Interaktionen vor. Zum einen mit dem Faktor „Kategorie" ($F_{(1, 17)} = 8.47$, $p = .010$) und zum anderen mit dem Faktor „Komplexität" ($F_{(1, 17)} = 5.34$, $p = .034$). Wie in Abbildung 7.9 zu sehen, liegt die durchschnittliche Blickdauer der Bilderaufgaben über denen der Liste, wobei dieser Unterschied in der Darstellung ohne binokulare Tiefenreize stärker ausgeprägt ist.

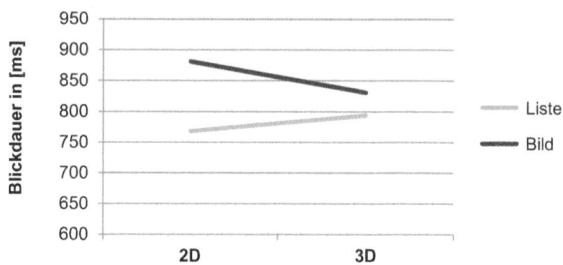

Abbildung 7.9:   Interaktionsdiagramm der durchschnittlichen Blickdauer der Grundlagen für die Faktoren „Dimension" und „Kategorie".

Der Interaktion zwischen „Dimension" und „Komplexität" ist zu entnehmen, dass die Aufgaben mit hoher Komplexität eine längere durchschnittliche Blickdauer hervorrufen (Abbildung 7.10). Dieser Unterschied ist in der Darstellung mit binokularen Tiefenreizen stärker ausgeprägt als in der Darstellung ohne Tiefenreize.

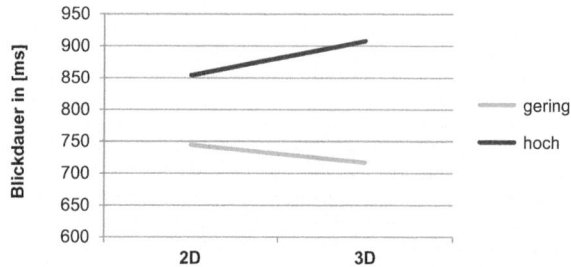

Abbildung 7.10:   Interaktionsdiagramm der durchschnittlichen Blickdauer der Grundlagen für die Faktoren „Dimension" und „Komplexität".

Grundlagen - Maximale Blickdauer

Für das Maß der maximalen Blickdauer auf die Zieldisplays werden nach Analyse des Boxplots zwei Probanden aufgrund hoher Ausreißer ausgeschlossen, sodass die Datensätze von 16 Probanden verbleiben und zur Analyse herangezogen werden (Anhang D.4). Die Teststatistik belegt für diese Analyse einen Haupteffekt der Komplexität ($F_{(1, 15)} = 38.87$, $p < .001$), jedoch nicht für die Faktoren „Dimension" ($p = .347$) oder „Kategorie" ($p = .094$). In der geringen Komplexität beträgt die maximale Blickdauer im Mittel 1744,70 Millisekunden ($SD = 118.23$), während sie in der hohen Komplexität im Mittel um 550 Millisekunden länger ist ($M = 2295.84$, $SD = 152.58$).

Grundlagen – Anzahl Blicke pro Anzeige

Die Teststatistik zeigt für die Anzahl benötigter Blicke zur Beantwortung einer Aufgabe signifikante Haupteffekte der Faktoren „Dimension" ($F_{(1, 15)} = 107.11$, $p < .001$) und

„Komplexität" $(F_{(1, 15)} = 123.92, p < .001)$ sowie zwei Wechselwirkungen. Letztere betreffen zum einen die „Dimension" mit der „Komplexität" $(F_{(1, 15)} = 82.94, p < .001)$ sowie zum anderen die „Kategorie" und die „Komplexität" $(F_{(1, 15)} = 8.18, p = .004)$.

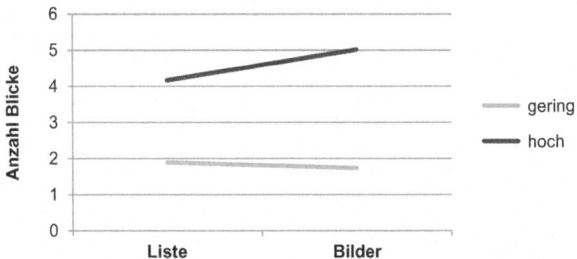

Abbildung 7.11: Interaktionsdiagramm der durchschnittlich benötigten Anzahl an Blicken zur Bearbeitung einer Aufgabe in den Grundlagen für die Faktoren „Kategorie" und „Komplexität".

Für die Bearbeitung der Darstellungen in der geringen Komplexität werden weniger Blicke benötigt als in der hohen Komplexität. Der Unterschied ist für die Ausprägung „Bilder" stärker ausgeprägt als für die Listen (Abbildung 7.11). Bei Betrachtung der Interaktion zwischen der Dimension und der Komplexität ist ein deutlicher Einfluss der Dimension zu sehen (Abbildung 7.12). Für Darstellungen mit binokularen Tiefenreizen werden weniger Blicke benötigt als für Darstellungen ohne Tiefenreize. Besonders deutlich ist dieser Effekt in der hohen Komplexität ausgeprägt. So werden bei der 2D-Darstellung in der hohen Komplexität circa dreimal so viele Blicke benötigt wie in der geringen Komplexität, während in der 3D-Darstellung nur anderthalb Mal so viele Blicke benötigt werden. Die exakten Werte sind in Anhang D.5 zu finden.

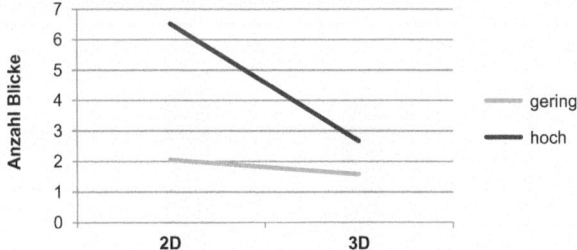

Abbildung 7.12: Interaktionsdiagramm der durchschnittlich benötigten Anzahl an Blicken zur Bearbeitung einer Aufgabe in den Grundlagen für die Faktoren „Dimension" und „Komplexität".

In Abbildung 7.13 sind die Anzahlen der benötigten Blicke und die durchschnittlichen Blickdauern für zwei- und dreidimensionale Darstellungen gegenübergestellt. Sie zeigt, dass Abbildungen, die nach Zwahlen et al. (1987) für die Nutzung im Fahrzeug aufgrund ihrer Blickzuwendungen als nicht akzeptabel eingestuft werden müssten, durch die Unterstützung von binokularen Tiefenreizen im Fahrzeug als unkritisch angesehen werden können.

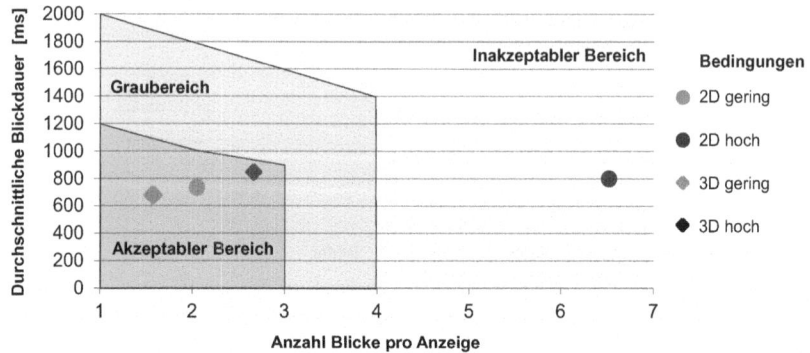

Abbildung 7.13: Grafische Darstellung der Blickdaten in Bezug auf die Entwicklungs-empfehlungen im Fahrzeug nach Zwahlen (1987).

Grundlagen – Blickverteilung

Für die Betrachtung der prozentualen Blickzuwendung auf das autostereoskopische Display wird eine Analyse mit 18 Probanden gerechnet. Diese zeigt Effekte für die „Kategorie" ($F_{(1, 17)}$ = 18.03, p = .001) und die „Komplexität" ($F_{(1, 17)}$ = 7.89, p = .012), wobei keine Wechselwirkung auftritt. Insgesamt ist der Blickanteil auf das Display bei den Bildern höher als bei den Listen (Abbildung 7.14). Darüber hinaus ist er größer in der Bedingung mit hoher Komplexität.

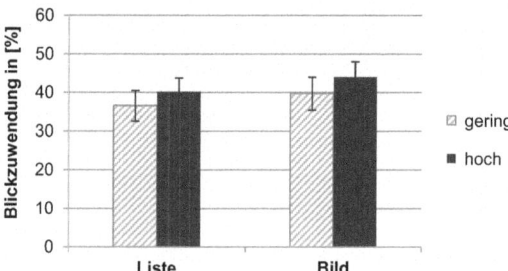

Abbildung 7.14: Mittelwertdiagramm der Blickzuwendung auf das autostereoskopische Display in Prozent für die Faktoren „Kategorie" und „Komplexität". Aufgetragen sind Mittelwerte und Standardabweichungen.

Grundlagen – Blickdauer pro Aufgabe

Als weiteres Maß wird im Folgenden die Gesamtdauer betrachtet, die zur Beantwortung einer Aufgabe nötig ist. Dafür wurde der Datensatz von 18 Probanden genutzt. Die Teststatistik weist dabei signifikante Haupteffekte für alle drei Faktoren und deren Wechselwirkungen auf (Tabelle 7.3). Die Art der Interaktion ist in Abbildung 7.15 bzw. Abbildung 7.16 zu erkennen.

Tabelle 7.3:   Deskriptive Werte und Teststatistik für die benötigte Blickdauer pro Anzeige.

Dimension	$F_{(1, 17)} = 69.08$, p < .001	
	2D	M = 3629.77 (SD = 308.92)
	3D	M = 1672.45 (SD = 118.07)
Komplexität	$F_{(1, 17)} = 110.99$, p < .001	
	Gering	M = 1372.34 (SD = 108.11)
	Hoch	M = 3929.87 (SD = 315.31)
Kategorie	$F_{(1,17)} = 13.50$, p = .002	
	Liste	M = 2360.82 (SD = 181.00)
	Bild	M = 2941.39 (SD = 247.72)
Dimension x Komplexität	$F_{(1, 17)} = 62.20$, p < .001	
Dimension x Kategorie	$F_{(1, 17)} = 11.37$, p = .004	
Komplexität x Kategorie	$F_{(1, 17)} = 18.06$, p = .001	

Bei der Darstellung mit binokularen Tiefenreizen sind weniger lange Blickzuwendungen je Aufgabe notwendig als bei der Darstellung ohne Tiefenreize. Während der Unterschied in der geringen Komplexität bei nur etwa 600 Millisekunden liegt, beträgt er in der hohen Komplexität mehr als 3000 Millisekunden und ist somit um ein Fünffaches länger.

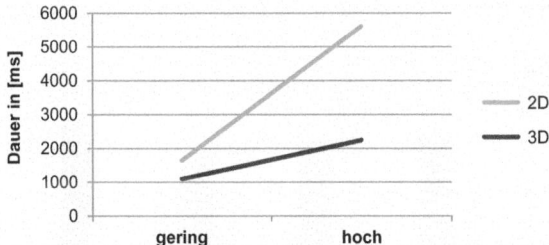

Abbildung 7.15:   Interaktionsdiagramm der benötigten Blickdauer zur Bearbeitung einer Aufgabe für die Faktoren „Komplexität" und „Dimension". Aufgetragen sind die Mittelwerte in Millisekunden.

Die Interaktion zwischen der Dimension und der Kategorie zeigt, dass der Unterschied zwischen 2D und 3D bei den Bildern stärker ausgeprägt ist als bei den Listen. Während er bei der Liste etwa 1500 Millisekunden beträgt, liegt der Unterschied bei den Bildern bei etwa 2400 Millisekunden und ist damit mehr als anderthalb mal so groß.

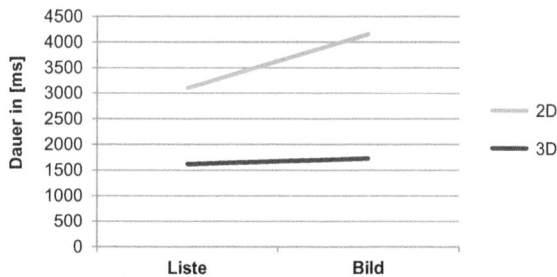

Abbildung 7.16:　Interaktionsdiagramm der benötigten Blickdauer zur Bearbeitung einer Aufgabe für die Faktoren „Kategorie" und „Dimension". Aufgetragen sind die Mittelwerte in Millisekunden.

Telefonbuch

Die Analyse der Blickdaten für die Telefonbuchaufgabe basiert für alle Maße auf dem Datensatz von 18 Probanden. Bei der Betrachtung der Teststatistiken zeigt sich weder für die durchschnittliche Blickdauer ($p = .840$) noch für die maximale Blickdauer ($p = .360$) ein signifikanter Unterschied zwischen den Designvarianten.

Die Analyse der Anzahl der benötigten Blicke zur Aufgabenbearbeitung weist auf einen bedeutsamen Unterschied hin ($F_{(3.06, 51.96)} = 28.02$, $p < .001$). Die Kontraste belegen signifikante Unterschiede für die Bedingungen „Icon" ($F_{(1, 17)} = 31.67$, $p < .001$), „Icon + Schrift" ($F_{(1, 17)} = 20.86$, $p < .001$) und „Farbe" ($F_{(1, 17)} = 10.61$, $p = .005$). Die Richtung der Unterschiede ist in Abbildung 7.17 zu erkennen. Durch die Unterstützung von binokularen Tiefenreizen nimmt die Anzahl der benötigten Blicke deutlich ab.

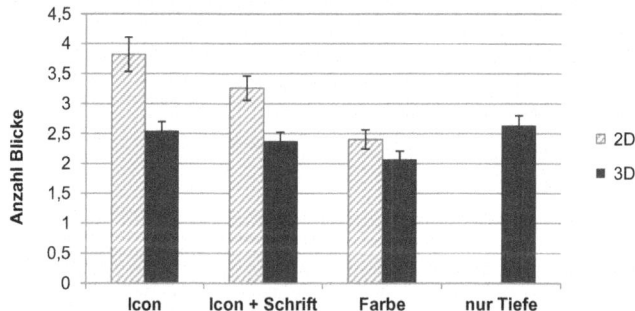

Abbildung 7.17:　Mittelwertdiagramm der Anzahl benötigter Blicke zur Bearbeitung der Telefonbuchaufgaben für die Gestaltungsvarianten gegenübergestellt in Bezug auf 2D und 3D. Aufgetragen sind die Mittelwerte und Standardabweichungen.

Das Maß der prozentualen Blickverteilung auf das autostereoskopische Display zeigt keinen Effekt über die verschiedenen Gestaltungsvarianten ($p = .859$). Bei Betrachtung der kumulierten Blickdauer zur Bearbeitung einer Aufgabe zeigt sich dagegen ein Effekt über die verschiedenen Varianten ($F_{(3.47,\ 58.95)} = 25.31, p < .001$). In Abbildung 7.18 ist die Länge der Blickzuwendungen in den unterschiedlichen Varianten aufgetragen. Darin wird deutlich, dass die benötigte Dauer sinkt, wenn eine Unterstützung durch binokulare Reize vorliegt. Die Kontraste belegen die Unterschiede für die Bedingungen „Icon" ($F_{(1,\ 17)} = 35.09, p < .001$) und „Icon + Schrift" ($F_{(1,\ 17)} = 15.51, p = .001$) und deuten auf eine Tendenz für die Bedingung „Farbe" ($F_{(1,\ 17)} = 4.41, p = .051$) hin.

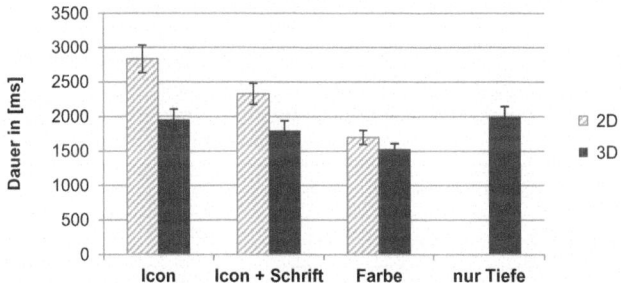

Abbildung 7.18: Mittelwertdiagramm der benötigten Dauer zur Bearbeitung einer Aufgabe für die Telefonbuchvarianten gegenübergestellt in 2D und 3D.

Karte

Die Analyse der durchschnittlichen Blickdauer auf die Zieldisplays bei Bearbeitung der Kartenaufgaben basiert auf einem Datensatz mit 20 Probanden. Die Teststatistik weist einen Haupteffekt für den Faktor „Komplexität" ($F_{(1,\ 19)} = 8.22, p = .010$) auf, während die Dimension keinen bedeutsamen Einfluss besitzt ($p = .785$). Die durchschnittliche Blickdauer ist in der geringen Komplexität im Mittel ($M = 624.20, SD = 45.38$) etwa 120 Millisekunden kürzer als in der hohen Komplexität ($M = 744.46, SD = 72.34$).

Die maximale Blickdauer kann mit einem Datensatz von 19 Probanden analysiert werden, weil ein Proband als Ausreißer ausgeschlossen wird (Anhang D.6). Dabei zeigt sich ein Haupteffekt für die Komplexität ($F_{(1,\ 18)} = 26.49, p < .001$), aber ebenfalls kein Effekt für die Dimension ($p = .645$). In der geringen Komplexität ($M = 1626.37, SD = 107.55$) ergeben sich etwa 600 Millisekunden kürzere maximale Blickzuwendungen als in der hohen Komplexität ($M = 2242.68, SD = 178.69$).

Ein sehr ähnliches Bild zeigt sich für die Anzahl der benötigten Blicke pro Aufgabe, in deren Analyse 19 Probanden einbezogen werden. Auch dort hat die Komplexität ($F_{(1,\ 18)} = 111.50, p < .001$) einen bedeutsamen Einfluss im Gegensatz zur Dimension ($p = .521$). Für die Bearbeitung einer Aufgabe der hohen Komplexität ($M = 2.76, SD = 0.16$) werden fast doppelt so viele Blicke benötigt wie in der geringen Komplexität ($M = 1.41, SD = 0.061$).

Für das Maß der Blickzuwendung zum autostereoskopischen Display in Prozent ergeben sich keine Haupteffekte. Dafür zeigt sich für das Maß der Dauer der kumulierten Blickzuwendung, die für eine Aufgabe benötigt wird, ein Effekt für die Komplexität ($F_{(1, 18)}$ = 115.86, $p < .001$). Während in der geringen Komplexität im Mittel 883,22 Millisekunden ($SD = 55.64$) benötigt werden, sind in der hohen Komplexität 1979,74 Millisekunden ($SD = 135.77$) nötig.

Als erläuternder Punkt zum Blickverhalten ist noch aufzuführen, dass sowohl in 2D als auch in 3D, die Anzahl der bearbeiteten Aufgaben sehr stark mit der Anzahl der Blicke auf das Display und der maximalen Blickdauer korreliert. Diese Zusammenhänge sind in Tabelle 7.4 aufgeführt.

Tabelle 7.4: Teststatistik der Korrelationsberechnungen nach Spearman zum Zusammenhang zwischen der Anzahl bearbeiteter Aufgaben und Blickmaßen.

	Anzahl Blicke FPK	**Max. Blickdauer FPK**
Anzahl bearbeiteter Aufgaben in 2D	(r_p = .548, p = .019)	(r_p = .604, p = .008)
Anzahl bearbeiteter Aufgaben in 3D	(r_p = .808, p < .001)	(r_p = .507, p = .032)

7.4.3 Event Detection Task

In die GEE mit Poisson-Verteilungsannahme gehen für die Analyse des Grundlagenteils die Daten von 27 Probanden ein. Dabei zeigt sich für das Maß der verpassten Events ein Haupteffekt der Komplexität ($\chi^2_{(1)}$ = 23.43, $p < .001$) sowie eine Interaktion der Faktoren „Komplexität" und „Kategorie" ($\chi^2_{(1)}$ = 8.77, $p = .003$). In Abbildung 7.19 ist zu erkennen, dass während der hohen Komplexität mehr Events verpasst werden. Der Unterschied zwischen der geringen und der hohen Komplexität ist dabei in der Bedingung der Bilder stärker ausgeprägt als für die Listen. Die detaillierten Werte sind im Anhang D.7 aufgeführt.

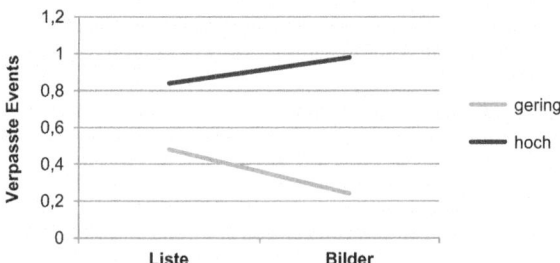

Abbildung 7.19: Interaktionsdiagramm der verpassten Events beim Event Detection Task für die Faktoren „Kategorie" und „Komplexität".

Für die Bewertung der anwendungsnahen Aufgaben wird ein Datensatz mit 29 Probanden betrachtet. Dabei zeigt sich in der Telefonbuchbedingung kein signifikanter Unterschied über die Gestaltungsvarianten ($p = .097$). Für die Karte ist ein Haupteffekt für die Komplexität zu finden ($\chi^2_{(1)} = 9.83$, $p = .002$). Dabei werden in der geringen Komplexität ($M = 0.21$, $SD = 0.07$) im Mittel weniger Events verpasst als in der hohen Komplexität ($M = 0.60$, $SD = 0.15$).

7.4.4 Nebenaufgabenbearbeitung

Grundlagen

In die Betrachtung der Bearbeitungsqualität der Grundlagenaufgaben fließen 27 Datensätze ein. Es zeigen sich signifikante Haupteffekte der Faktoren „Dimension" ($F_{(1, 26)} = 68.57$, $p < .001$) und „Komplexität" ($F_{(1, 26)} = 61.07$, $p < .001$) sowie eine Wechselwirkung zwischen diesen Faktoren ($F_{(1, 25)} = 34.84$, $p < .001$). Die Interaktion ist in Abbildung 7.20 abgebildet. Sie zeigt auf, dass in der geringen Komplexität ohne Tiefenreiz etwa doppelt so viele Fehler gemacht werden wie mit binokularem Tiefenreiz. Unter der hohen Komplexität liegen die Fehlerprozente sogar viermal höher als in der Bedingung ohne Tiefenreiz (Anhang D.8).

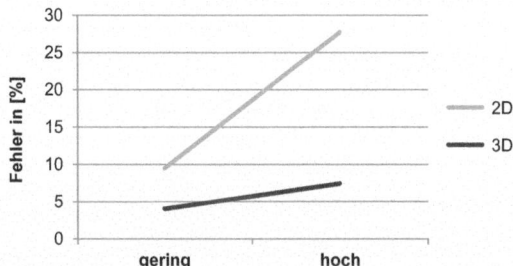

Abbildung 7.20: Interaktionsdiagramm der Bearbeitungsqualität der Grundlagenaufgaben für die Faktoren „Dimension" und „Komplexität". Aufgetragen sind die Mittelwerte in Prozent.

Für die Analyse der Anzahl der bearbeiteten Aufgaben wird eine Varianzanalyse mit Messwiederholung gerechnet, da die Residuen eine Normalverteilung aufweisen, obwohl es sich um Zählvariablen handelt. Die Teststatistik weist signifikante Unterschiede für den Faktor „Dimension" ($F_{(1, 26)} = 63.84$, $p < .001$) und den Faktor „Komplexität" ($F_{(1, 26)} = 214.84$, $p < .001$) ohne Interaktion auf. Für beide Komplexitätsbedingungen werden in der 3D-Variante circa 18 Bilder mehr pro Runde bearbeitet als in der 2D-Variante (Abbildung 7.21). Die exakten Werte sind im Anhang D.9 dargestellt.

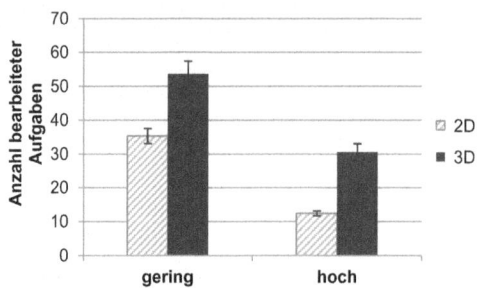

Abbildung 7.21: Mittelwertdiagramm über die Anzahl der bearbeiteten Aufgaben der Grundlagen für die Faktoren „Komplexität" und „Dimension". Aufgetragen sind die Mittelwerte und Standardabweichungen.

Telefonbuch

Die Betrachtung der Aufgabenbearbeitung für die Telefonbuchvarianten basiert auf einem Datensatz mit 29 Probanden. Die Analyse der Qualität der Bearbeitung zeigt einen signifikanten Unterschied zwischen den Bedingungen ($F_{(2.86, 79.98)} = 11.90$, $p < .001$). Wie in Abbildung 7.22 zu sehen, werden in den Designs, die durch binokulare Tiefenreize unterstützt werden, weniger Fehler gemacht. Die Kontraste belegen die Unterschiede für alle drei Bedingungen „Icon" ($F_{(1, 28)} = 19.79$, $p < .001$), „Icon + Schrift" ($F_{(1, 28)} = 6.54$, $p = .016$) und „Farbe" ($F_{(1, 28)} = 6.17$, $p = .019$). Die exakten Werte sind in Anhang D.10 aufgetragen.

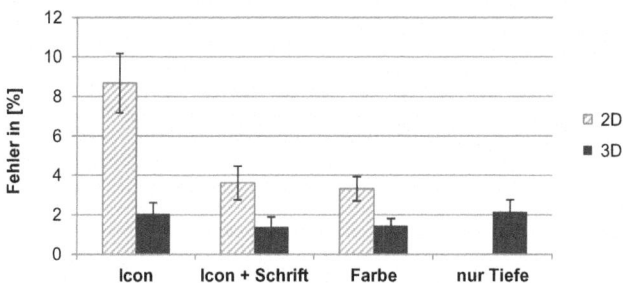

Abbildung 7.22: Mittelwertdiagramm der Fehlerprozente für die einzelnen Telefonbuchvarianten gegenübergestellt für die Dimensionen.

Zur Analyse der Quantität wird eine GEE mit Poisson-Verteilungsannahme gerechnet. Dabei zeigt sich ein signifikanter Unterschied zwischen den Bedingungen mit $\chi^2_{(6)} = 275.10$, $p < .001$. Die Mittelwerte sind in Abbildung 7.23 aufgetragen. Es ist zu sehen, dass in den 3D-Varianten jeweils mehr Aufgaben bearbeitet werden als in den 2D-Varianten. Die Kontraste belegen die Unterschiede für die Bedingungen „Icon"

$(\chi^2_{(1)} = 23.43, \quad p < .001)$, „Icon + Schrift" $(\chi^2_{(1)} = 17.03, \quad p < .001)$ sowie „Farbe" $(\chi^2_{(1)} = 4.65, p = .031)$. Die exakten Werte sind in Anhang D.11 aufgetragen.

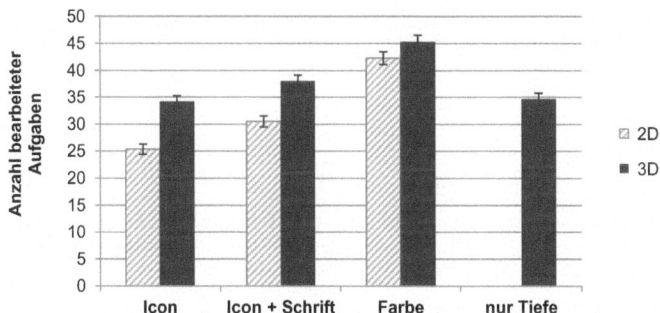

Abbildung 7.23: Mittelwertdiagramm der bearbeiteten Aufgaben für die einzelnen Telefonbuchvarianten gegenübergestellt für die Dimensionen. Aufgetragen sind die Mittelwerte und Standardabweichungen.

Karten

In die Analyse zur Bearbeitung der Kartenaufgaben gehen 28 Datensätze ein. Die Teststatistik weist für die Qualität der Aufgabenbearbeitung einen signifikanten Haupteffekt für den Faktor „Komplexität" $(F_{(1, 27)} = 22.62, \quad p < .001)$, aber nicht für die Dimension $(p = .767)$ auf. In der geringen Komplexität werden im Mittel 1,9 Prozent Fehler $(SD = 0.3)$ gemacht, während in der hohen Komplexität im Mittel 6,9 Prozent Fehler $(SD = 1.1)$ gemacht werden.

Die GEE für die Anzahl der bearbeiteten Aufgaben weist einen signifikanten Effekt für die Komplexität $(\chi^2_{(1)} = 541.88, p < .001)$, aber nicht für die Dimension $(p = .206)$ auf. Im Mittel werden in der geringen Komplexität 67,32 $(SD = 3.32)$ Aufgaben bearbeitet, während in der hohen Komplexität nur etwa die Hälfte bearbeitet wird $(M = 32.99, SD = 2.00)$.

7.4.5 Subjektive Beanspruchung

Grundlagen

In die Analyse zur Bewertung der subjektiven Beanspruchung gehen 26 Datensätze ein. Die Teststatistik weist für die Grundlagenaufgaben Haupteffekte für die Faktoren „Dimension" $(F_{(1, 25)} = 48.85, \quad p < .001)$ und „Komplexität" $(F_{(1, 25)} = 92.18, \quad p < .001)$ auf. Darüber hinaus zeigen sich Interaktionen zwischen den Faktoren „Dimension" und „Komplexität" $(F_{(1, 25)} = 4.31, \quad p = .048)$, zwischen „Dimension" und „Kategorie" $(F_{(1, 25)} = 11.07, p = .003)$ sowie zwischen den Faktoren „Kategorie" und „Komplexität" $(F_{(1, 25)} = 14.16, p = .001)$.

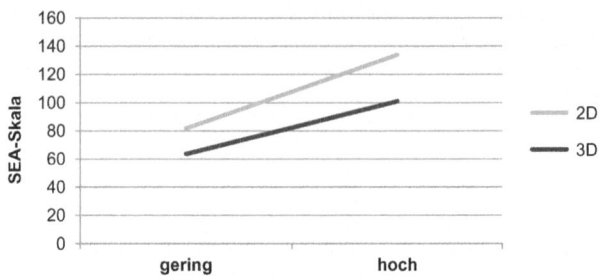

Abbildung 7.24:   Interaktionsdiagramm der subjektiven Beanspruchung für die Faktoren „Dimension" und „Komplexität" im Grundlagenteil. Aufgetragen sind die Mittelwerte auf der SEA-Skala, welche Werte von 0 bis 220 umfasst.

Wie in Abbildung 7.24 zu sehen, liegt die subjektive Beanspruchung für beide Komplexitätsbedingungen niedriger, wenn die Darstellung binokulare Tiefenreize beinhaltet. In der hohen Komplexität ist dieser Unterschied etwas stärker ausgeprägt als in der niedrigen. Auch wenn kein signifikanter Unterschied zwischen der Listen- und der Bilderbedingung deutlich wird ($p = .069$), zeigt sich in der Interaktion mit der Dimension, dass der Einfluss der Dimension bei den Bildern wesentlich stärker ausgeprägt ist als bei den Listen (Abbildung 7.25).

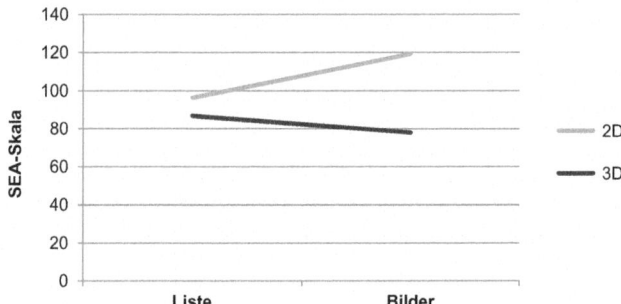

Abbildung 7.25:   Interaktionsdiagramm der subjektiven Beanspruchung für die Faktoren „Dimension" und „Kategorie" im Grundlagenteil. Aufgetragen sind die Mittelwerte auf der SEA-Skala, welche Werte von 0 bis 220 umfasst.

Karte

Die Teststatistik weist für die Auswertung der Kartenaufgabe über 27 Probanden einen signifikanten Haupteffekt des Faktors „Komplexität" auf ($F_{(1, 26)} = 93.49$, $p < .001$). Dabei ist die subjektive Beanspruchung in der geringen Komplexität niedriger ($M = 56.67$, $SD = 6.05$) als in der hohen Komplexität ($M = 103.11$, $SD = 7.63$).

Telefonbuch

In die Varianzanalyse zur Auswertung der Gestaltungsvarianten des Telefonbuchs gehen 28 Datensätze ein. Es zeigt sich dabei ein signifikanter Effekt zwischen den Varianten ($F_{(4, 108)} = 20.09$, $p < .001$). In Abbildung 7.26 sind die Mittelwerte der einzelnen Bedingungen aufgetragen. Darin ist zu sehen, dass die Varianten mit 3D-Unterstützung durchgehend als weniger beanspruchend wahrgenommen werden als ohne. Die Kontraste belegen darüber hinaus signifikante Unterschiede zwischen den 2D- und 3D-Darstellungen für die Bedingungen „Icon" ($F_{(1, 27)} = 31.69$, $p < .001$) und „Icon + Schrift" ($F_{(1, 27)} = 11.24$, $p = .002$).

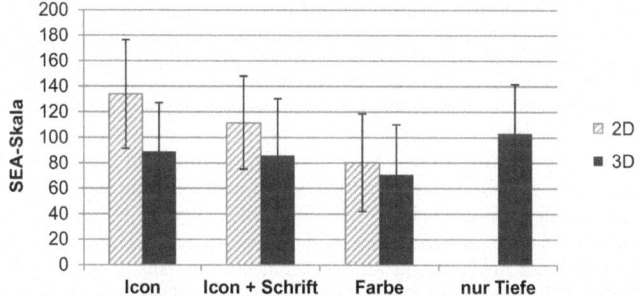

Abbildung 7.26: Mittelwertdiagramm der subjektiven Beanspruchung für die einzelnen Telefonbuchvarianten gegenübergestellt für die Dimensionen. Aufgetragen sind die Mittelwerte und Standardabweichungen auf der SEA-Skala, die Werte von 0 bis 220 beinhalten kann.

In Bezug auf den visuellen Diskomfort konnte in keinem der drei Studienteile ein Unterschied zwischen den Darstellungsvarianten mit und ohne binokulare Tiefenreize gefunden werden.

7.4.6 Einfluss personenbezogener Faktoren

Der Einfluss der personenbezogenen Variablen auf die oben berichteten Ergebnisse wird anhand von bivariaten Korrelationsberechnungen nach Spearman mit zweiseitiger Signifikanzprüfung untersucht. Keine der soziodemografischen Eigenschaften der Probanden oder Persönlichkeitsfaktoren steht im Zusammenhang mit der subjektiv erlebten Beanspruchung, der Querführungsgüte oder dem Blickverhalten während des Versuchs. Es besteht aber ein starker negativer Zusammenhang zwischen dem Alter und der Fähigkeit zum stereoskopischen Sehen ($r_p = -.523$, $p = .004$). Dabei muss jedoch beachtet werden, dass nur drei von 29 Probanden beim Test zum stereoskopischen Sehen nicht vollkommen fehlerfrei geantwortet haben. Es existieren darüber hinaus keine Zusammenhänge zwischen dem Alter, der stereoskopischen Sehfähigkeit und der Bearbeitung der Aufgaben. Das Alter spielt jedoch im Zusammenhang mit der Leistung beim Event Detection Task eine Rolle, bei dem mehr Events verpasst wurden, je älter die Probanden waren ($r_p = .443$, $p = .021$). Es gibt darüber hinaus einen negativen Zusammenhang zwischen der Persönlichkeitseigenschaft Extraversion und der kumulierten Blickdauer, die für die Bearbeitung einer Aufgabe entsteht ($r_p = -.484$, $p = .042$). Je höher die Extraversion ausgeprägt ist, desto kürzer wurde auf die Aufgabe geschaut. Ein weiterer Zusammenhang hinsichtlich der Persönlichkeit besteht zwischen der Wertvorstellung Macht und der Anzahl an Korrekturbremsungen ($r_p = .399$, $p = .039$). Probanden mit einer hohen Ausprägung auf der Machtdimension bremsen häufiger. Dagegen machen Teilnehmer mit einer hohen Ausprägung des Faktors „Konformität" weniger Fehler beim Bearbeiten der Aufgaben in 3D ($r_p = -.446$, $p = .020$).

7.5　Diskussion der Untersuchungsmethode

Zusammenfassend zeigt die Auswertung der Studie, dass diese Art der Untersuchungsdurchführung eine geeignete Methode zur Beantwortung der Fragestellung darstellt. Im Verlauf des Versuchs sind jedoch einzelne Punkte aufgefallen, die nachfolgend diskutiert werden sollen. Dazu zählt zum einen, dass die Helligkeit des verwendeten Displays für den automobilen Kontext noch nicht ausreichend ist. Bei starkem Sonnenlicht kam es in einigen Abschnitten der Strecke zu einem direkten Lichteinfall auf das Display, wodurch die Ablesbarkeit der Displayinhalte erschwert wurde. Darüber hinaus war es für sehr große Fahrer schwer in den engeren Kurven im „Sweet spot" des Displays zu bleiben. Für einen späteren Einsatz im Fahrzeug müsste demnach eine Anpassbarkeit der Eye-Box, zum Beispiel durch ein integriertes Head-Tracking, erfolgen. Zur Einschätzung der Bedeutsamkeit dieses Problems sei jedoch angemerkt, dass in der Umsetzung der autostereoskopischen Displayinhalte für diese Studie die Eye-Box des Displays etwas größer war als die eines Serien-HUD.

Für die Anzeigeinhalte ist anzumerken, dass bei den Grundlagenaufgaben die Aufgabe mit stereoskopischen Tiefenreizen in der geringen Komplexität der Listenbedingung nicht durchgehend konsistent war. Einige Probanden merkten an, dass, wenn alle drei Namen Frauennamen waren, die Identifikation von diesen schwerer fiel, da nur eine Ebene genutzt wurde. Es fiel demnach der Pop-Out-Effekt weg, wenn keine Männernamen abgebildet waren. Außerdem waren die Gestaltungsvarianten bei der Telefonaufgabe unauffällig umgesetzt, da nur eine zehnprozentige Vergrößerung verwendet wurde. Diese bewusste Entscheidung wurde getroffen, um die Wirkung der binokularen Tiefenreize messbar zu machen, sollte jedoch bei der Bewertung beachtet werden.

Für die Kartenaufgabe ist die Umsetzung der Aufgabenunterstützung durch stereoskopischen Tiefe nicht optimal gelungen. Ein Grund dafür könnte in den verwendeten Parallaxen liegen, die keinen deutlichen Pop-Out-Effekt hervorriefen. Darüber hinaus ist die PoI-Suche möglicherweise kein geeigneter Usecase, der durch stereoskopische Tiefe unterstützt werden kann. Die zu vergleichenden Elemente bzw. PoIs lagen zum Teil relativ weit auseinander, was einen direkten Vergleich erschwert. Außerdem war diese Darstellung anfälliger für eine Verschiebung des Blickwinkels, da die gesamte Breite des Displays genutzt wurde. Ein weiterer Aspekt könnte in dem Schwierigkeitsgrad der gewählten Aufgabe liegen, die vermutlich zu einfach war und damit keine deutliche Verbesserung durch stereoskopische Unterstützung zuließ.

7.6 Diskussion der Ergebnisse

Untersuchungsgegenstand dieser Studie war die erstmalige umfangreiche Evaluation eines autostereoskopischen Displays als Kombiinstrument und seine Auswirkungen auf verschiedene Parameter der Fahrleistung, des Fahrerverhaltens und der Wahrnehmung. Dazu sind verschiedene Verhaltens- und Leistungsparameter betrachtet worden, um die Auswirkungen von binokularen Tiefenreizen auf die visuelle Informationsaufnahme zu ermitteln.

Für den Zusammenhang von Dimension und Fahrleistung wurden die Hypothesen aufgestellt, dass die Dimension der Darstellung weder Einfluss auf die Längsführung (**H1**), noch auf die Querführung (**H2**) besitzt. Diese Hypothesen können weitestgehend bestätigt werden. In den Grundlagenaufgaben und für die Karte konnte kein Einfluss der Dimension auf die Quer- oder Längsführung nachgewiesen werden. Lediglich bei der Telefonbuchaufgabe zeigt sich für die Gestaltungsvariante „Icon", dass bei der Unterstützung durch binokulare Tiefenreize weniger Korrekturbremsungen vorgenommen werden. Aus den Ergebnissen lässt sich schließen, dass stereoskopische Darstellungen in dieser Form keinen negativen Einfluss auf die Fahrleistung gegenüber zweidimensionalen Darstellungen ausüben. Stattdessen können sie sogar eine positive Wirkung besitzen.

Die Annahmen, dass die Komplexität keinen Einfluss auf die Querführung ausübt (**H3**), aber bei hoher Komplexität mehr Korrekturbremsungen vorgenommen werden (**H4**), bestätigen sich nicht. Bei der Analyse der Querführung wird deutlich, dass die Qualität in der hohen Komplexität schlechter ist als in der geringen. Dagegen kann dieser Effekt für die Längsführung nicht nachgewiesen werden. Der nachgewiesene Effekt der Komplexität auf die Querführung zeigt noch einmal, dass die Steering Wheel Reversal Rate ein sensibles Maß zur Bestimmung der Fahrleistung ist. Hätten stereoskopische Darstellungen einen bedeutenden Einfluss auf die Querführung gehabt, hätte dieser auch nachgewiesen werden können.

Für das Blickverhalten wurde angenommen, dass die Dimension weder Einfluss auf die durchschnittliche Blickdauer (**H5**) noch auf die maximale Blickdauer (**H6**) ausübt. Diese Hypothesen können sowohl für die anwendungsorientierten Aufgaben als auch für die Grundlagenaufgaben bestätigt werden. Damit stehen die Ergebnisse auch im Einklang mit den Befunden von Broy und Alt et al. (2014). Dementsprechend kann davon ausgegangen werden, dass diese Variablen durch einen anderen dominierenden Faktor bestimmt werden wie beispielsweise das Kontrollblickverhalten bei HDD (Wierwille, 1993).

Allerdings übt die Komplexität bei den Grundlagen- und Kartenaufgaben einen deutlichen Einfluss aus, sodass die Hypothesen (**H7** und **H8**) abgelehnt werden müssen. Sowohl die durchschnittliche als auch die maximale Blickzuwendung nimmt in der hohen Komplexität zu. Möglicherweise sind die Probanden motiviert, die Aufgaben mit möglichst wenigen Blicken zu lösen und versuchen die Kontrollblicke zwischen den Aufgaben auszuführen. Dies könnte die längeren Blickzuwendungen bei komplexen Aufgaben erklären. Ein weiterer Grund könnte in der höheren Anzahl an Distraktoren in den komplexeren Aufgaben liegen, wodurch die Blickzuwendungszeiten steigen könnten.

Dieser Effekt für die durchschnittliche Blickdauer wurde in der ersten Realfahrtstudie vermutlich aufgrund der starken Interaktion mit dem HUD nicht deutlich.

Die Annahmen, dass die kumulierte Blickdauer zur Bearbeitung einer Aufgabe bei Darstellungen mit binokularen Tiefenreizen geringer ist (**H9**) und steigt, wenn die Komplexität hoch ist (**H10**), bestätigen sich deutlich. Es wird im Schnitt nur halb so lange für eine Aufgabe benötigt, wenn eine Unterstützung durch binokulare Tiefenreize vorliegt. Der Pop-Out-Effekt durch die stereoskopische Tiefe ist also auch während der Fahrt für den Fahrer deutlich wahrnehmbar. Außerdem sind die Blickzuwendungen in der hohen Komplexität fast dreimal so lange wie in der geringen Komplexität. In der Zusammenwirkung dieser Faktoren liegt die weitere Erkenntnis, dass die autostereoskopische Aufgabenunterstützung bei komplexen Aufgaben stärker ist als bei geringen. Dies überrascht nicht grundsätzlich, da Erkenntnisse aus der Literatur und die Ergebnisse der Laborstudie bereits darauf hindeuteten. Überraschend ist aber die Größe des Effekts, da sich die Blickzeit um den Faktor fünf erhöht. Anzumerken ist auch, dass der Unterschied zwischen 2D und 3D bei den Bildern stärker ausgeprägt ist als bei den Listenaufgaben. Zwar beziehen sich die gerade dargestellten Zahlen auf die Grundlagenaufgaben, es können aber dieselben Effekte auch für die anwendungsorientierten Aufgaben festgestellt werden. Bei der Telefonbuchaufgabe reduziert sich die Blickzuwendungszeit durch Tiefenreize für alle Varianten und bei der Kartenaufgabe verdoppelt sich die Blickzuwendung in der hohen Komplexität im Vergleich zur geringen Komplexität.

Für die Umfeldwahrnehmung wurde angenommen, dass es keinen Unterschied zwischen der Bedingung mit binokularen Tiefenreizen und der ohne Tiefenreize gibt (**H11**), aber bei geringerer Komplexität weniger Events verpasst werden (**H12**). Beide Hypothesen werden bestätigt. Darüber hinaus zeigte sich bei den Grundlageaufgaben, dass der Unterschied der Komplexität bei den Bildern stärker ausgeprägt ist als für die Listen. Die Sensitivität des Maßes für die Effekte der Komplexität belegt die Güte der Messung und unterstützt die Annahme, dass die Dimension keinen Einfluss besitzt. Es sind demnach keine grundsätzlich nachteiligen Effekte auf die Umgebungswahrnehmung durch die Verwendung eines autostereoskopischen Displays zu erwarten.

Hinsichtlich der Effekte von stereoskopischen Darstellungen auf die Nebenaufgabenbearbeitung wurde angenommen, dass bei einer Darstellung mit binokularen Tiefenreizen weniger Fehler gemacht (**H13**), aber mehr Aufgaben bearbeitet werden können (**H14**). Die Hypothesen zu diesen Annahmen können für die Grundlagen- und die Telefonbuchaufgaben klar bestätigt werden. Es werden in den Bedingungen, bei denen eine aufgabenbezogene Unterstützung durch binokulare Tiefenreize vorliegt, deutlich mehr Aufgaben bearbeitet und die Fehler nehmen um mehr als die Hälfte ab. Ebenso wird der Einfluss der Komplexität bestätigt, da bei einer hohen Komplexität mehr Fehler gemacht (**H15**) und weniger Aufgaben bearbeitet werden (**H16**). Das Zusammenwirken des Einflusses der Dimension und der Komplexität bei der Bearbeitungsquantität der Grundlagen zeigt, dass die positive Wirkung durch binokulare Tiefenreize besonders stark bei komplexen Aufgaben zum Tragen kommt und hier Fehler um mehr als 75 Prozent reduziert werden können. Auch bei der Telefonbuchanwendung werden in allen Bedingungen, in denen eine binokulare Tiefenunterstützung vorliegt, mehr Aufgaben bearbeitet und weniger Fehler gemacht. Besonders durch eine Kombination aus zweidimensionalen Objekteigenschaften wie zum Beispiel Größe und stereoskopischer Tiefe lassen sich bessere Leistungen erzielen. Damit können Erkenntnisse aus Grundlagenuntersuchungen (Reis et al., 2011) auch in diesem anwendungsnahen Kontext belegt werden. Dies gilt sogar für die Variante, in der ein Pop-Out durch die Farbgestaltung erzielt wurde. Das Wahrnehmen und Verarbeiten der visuellen Informationen wird durch das stereoskopische Feature vereinfacht, welches wie angenommen eine Art der parallelen Suche ermöglicht. Allerdings ist zu vermerken, dass bei der Kartenaufgabe nur Effekte der Komplexität belegt werden konnten.

Für die subjektive Beanspruchung der Probanden wurden die Hypothesen aufgestellt, dass diese bei Darstellungen mit binokularen Tiefenreizen geringer ist als bei Darstellungen ohne Tiefeninformationen (**H17**) mit steigender Komplexität aber ansteigt (**H18**). Beide Hypothesen können für die Grundlagen- und Telefonbuchaufgabe bestätigt werden. Die subjektive Beanspruchung ist deutlich geringer, wenn die Fahrer durch binokulare Tiefeninformationen in ihrer Aufgabe unterstützt werden. Dieser Effekt wird zudem stärker, wenn die Aufgaben komplexer sind. Gleiches gilt für die größenbezogenen Gestaltungsparameter der Telefonbuchaufgabe, in der die Beanspruchung durch stereoskopische Effekte deutlich sinkt. Ebenso wie für die anderen Maße, kann bei der Kartenaufgabe nur ein Einfluss der Komplexität auf das subjektive Wohlbefinden bestätigt werden. Aus den Ergebnissen wird dennoch deutlich, dass nicht nur die objektiven Maße für eine verbesserte Wahrnehmung der Anzeigen durch 3D sprechen, sondern auch die Fahrer selbst die Unterstützung erleben.

Zusätzlich kann die **Hypothese 19** vollständig bestätigt werden, da in keinem Studienteil ein Unterschied im visuellen Diskomfort zwischen Darstellungen mit binokularen Tiefenreizen und Darstellungen ohne Tiefenreize vorliegt (**H19**).

Abschließend kann durch diese Evaluation in der Realfahrt das Fazit gezogen werden, dass autostereoskopische Anzeigeinhalte für das Kombiinstrument grundsätzlich vorteilhaft sind. Es konnten keinerlei negative Effekte auf die Fahrleistung oder die Umfeldwahrnehmung gefunden werden. Darüber hinaus konnten für viele Aspekte, die den Fahrer und sein Verhalten betreffen, sogar eindeutige Vorteile festgestellt werden. Die visuelle Wahrnehmung des Fahrers wird so unterstützt, dass Anzeigeinhalte schneller und fehlerfreier aufgenommen werden können. Es ist zudem erkennbar, dass zweidimensionale Darstellungen, die nach Zwahlen et al. (1987) für die Nutzung im Auto ungeeignet sind, durch Unterstützung binokularer Tiefenreize im Fahrzeug nutzbar werden. Der Pop-Out-Effekt durch stereoskopische Tiefe ist ein so starker aber indirekter Gestaltungsparameter, dass er intensiver wirken kann als geringe Größenänderungen und dezente Farbwechsel. Damit bietet er ein großes Potenzial für eine intuitive und nutzergerechte HMI-Gestaltung. Der Fahrer wird durch 3D in seiner Wahrnehmung unterstützt und dies verringert die Beanspruchung effektiv. Darüber hinaus scheinen Bedenken bezüglich des visuellen Diskomforts für die Nutzung eines autostereoskopischen Kombiinstruments unbegründet. Einschränkend ist jedoch anzumerken, dass viele dieser positiven Wirkungen nur für die generischen Bilder und das Anwendungsbeispiel des Telefonbuchs gelten, in denen jeweils nur zwei Ebenen und die negative Parallaxe verwendet wurden.

Für die Anwendung einer dreidimensionalen Karte konnte eine Unterstützung durch Tiefenstaffelung nicht nachgewiesen werden. Gründe dafür könnten in der Gestaltung der Karte und der Nebenaufgabe begründet liegen. Gerade die stereoskopische Navigationsdarstellung hat jedoch einen großen Mehrwert für den Fahrer zu bieten (Götzelmann & Katzer, 2012). Aufgrund dessen sollten weitere Gestaltungs-möglichkeiten und Anwendungsbeispiele einer stereoskopischen Karte untersucht werden, um die positive Wirkung der Tiefenstaffelung besser zu nutzen.

8 Diskussion

8.1 Zusammenfassung

Das gesetzte Ziel dieser Arbeit war es, verschiedene Parameter der Gestaltung von Infotainment-Anzeigen zu optimieren, um die wachsenden Wünsche der Fahrer nach visueller Information und Unterhaltung während der Fahrt auf sichere Art und Weise zu gewährleisten.

Der Wunsch von Nutzern nach Information und Funktion während des Autofahrens ist groß. Auch wenn das Telefonieren, Navigieren und Musik hören in den meisten Fahrzeugen schon standardmäßig möglich ist, wird das Smartphone viel verwendet. Dies liegt daran, dass auch Funktionen genutzt werden, die zurzeit nicht über Fahrzeugsysteme abgebildet werden, aber eine starke Interaktion mit dem Gerät erfordern. Eine Verbannung der Mobile Devices aus den Fahrzeugen zur Herstellung der Fahrsicherheit ist vermutlich weder realisierbar noch ist dies zielführend, da neben der gewünschten Information und Erreichbarkeit auch Langeweile zu den Motiven zählt. Sowohl um Kundenanforderungen zu erfüllen als auch um das Fahren sicherer zu machen, sollten Automobilhersteller reagieren und umfassendere Funktionen auf eine Weise ins Fahrzeug bringen, die sowohl sicher als auch angenehm zu nutzen sind.

Entscheidend dafür ist die richtige Anzeigepositionierung. Bisherige Umsetzungen, die zum Großteil aus dem Spiegeln der Funktionen vom Smartphone in die Mittelkonsole bestehen, werden in Zukunft nicht mehr ausreichen, da sowohl die Anzahl als auch die Komplexität der Funktionen steigt. Ferner wird der Wunsch des Nutzers, sämtliche Funktionen im Fahrzeug zu Verfügung zu haben, in Zukunft weiter wachsen, da die allgegenwärtige Verfügbarkeit außerhalb des Fahrzeugs selbstverständlich wird. Auch die Anbindung der Funktionen mit der Möglichkeit der Touch- oder Sprachbedienung und der Zugriff auf einzelne Funktionen in der Multifunktionsanzeige können nur der Beginn sein. Wenn der Bedarf nach Funktionen mit umfangreichen visuellen Anzeigen steigt, die beispielsweise eine Einblendung von vollständigen Sätzen erfordern wie es für das Texten notwendig ist, werden die Grenzen dieser Vorgehensweise erreicht. Der Einzug von Funktionen ins Fahrzeug sollte eine Integration der Anzeigen ins gesamte HMI-Konzept beinhalten und nicht lediglich die Übernahme des Smartphone-HMIs auf ein Fahrzeugdisplay darstellen. Außerdem ist es dadurch möglich, unterschiedliche Bedienkonzepte in einem Fahrzeug zu vermeiden und eine Durchgängigkeit der Daten sicherzustellen.

Bei Abwägungen über mögliche Positionierungen von Anzeigen in Displays sollte das HUD auch für Funktionen des Infotainments stärker in Betracht gezogen werden. Obwohl es den Blick länger bindet, überwiegen die Vorteile. Die Fahrer können Informationen im HUD angenehmer ablesen als auf den anderen Displays. Dazu ermöglicht es eine bessere Umfeldwahrnehmung und Spurhaltung als die HDDs. Einzig die Parameter der Längsführung sollten noch weiter betrachtet werden, da durch die vorliegende Arbeit nicht abschließend zu bewerten ist, ob die Änderungen im Fahrverhalten sicherheitsrelevant sind.

© Springer Fachmedien Wiesbaden GmbH, ein Teil von Springer Nature 2019
J. Sandbrink, *Gestaltungspotenziale für Infotainment-Darstellungen im Fahrzeug*,
AutoUni – Schriftenreihe 132, https://doi.org/10.1007/978-3-658-23942-8_8

Im Hinblick auf die HDDs muss festgehalten werden, dass eine stärkere Nutzung des Kombiinstruments für komplexe Anzeigen wie beispielweise Navigationskarten zu begrüßen ist. Der horizontale Versatz nach rechts von der Sichtachse wirkt sich u. a. auf die Querführung und das subjektive Erleben negativer aus als der Versatz nach unten auf die Position des Kombiinstruments. Dies spricht dafür Fahrzeugdisplays noch stärker an der vertikalen Sichtachse auszurichten.

Durch die Zentrierung der Displays an der Sichtachse des Fahrers sowie eine verstärkte Nutzung des HUDs, würden die Anzeigen jedoch vermehrt in den peripher sichtbaren Bereich rücken. Dadurch kann eine unbeabsichtigte Aufmerksamkeitslenkung entstehen, die von der Fahrszene ablenken kann. Außerdem ist auf Basis der bisher durchgeführten Studien keine abschließende Einschätzung darüber möglich, wie sich eine Integration der Infotainment-Inhalte im Zusammenhang mit allen anderen fahrrelevanten Anzeigen auswirkt. Dennoch sollte der zurzeit vorherrschende Trend in der Automobilindustrie, immer größere Displays in der Mittelkonsole zu verbauen, um insbesondere komplexere Informationen darzustellen, hinterfragt werden.

Neben einer sinnvollen Integration der Funktionen in bestehende Fahrzeugdisplays, können neue Technologien eine Unterstützung bieten, um den Fahrer zu entlasten und seine Informationswahrnehmung zu erleichtern. Die Untersuchungen zu stereoskopischen Anzeigen machen deutlich, dass geringere Blickzuwendungen notwendig sind, um Informationen wahrzunehmen, wenn diese durch binokulare Tiefenreize gekennzeichnet sind. Da Blickabwendungen einen der entscheidendsten Faktoren für die Fahrsicherheit darstellen, spricht dies für das große Potenzial von dreidimensionalen Anzeigen im Fahrzeug. Darüber hinaus können Anzeigen durch binokulare Tiefenreize ihrer Wichtigkeit nach im Raum gestaffelt werden. Gerade im Hinblick auf die bestehende und wachsende Komplexität von HMIs im Fahrzeug, stellen stereoskopische Tiefenreize einen effektiven Parameter für die Gestaltung dar. Dies liegt insbesondere darin begründet, dass sie dezent integrierbar und dennoch bereits bei kleinen Tiefeneindrücken sehr wirkungsvoll sind.

Die Fahrstudie zeigt, dass binokulare Tiefenreize im Vergleich zu rein zweidimensionalen Anzeigen keinerlei negative Effekte auf das Fahren erzeugen. Bedenken bezüglich eines möglicherweise auftretenden Unwohlseins durch die Verwendung von stereoskopischen Darstellungen sind unbegründet. Die hauptsächlichen Ursachen für die Entstehung von visuellem Diskomfort (Lambooij et al., 2009; Terzić & Hansard, 2016) scheinen für die Anwendung bei Fahrzeugdisplays keine Bedeutung zu besitzen. Stattdessen entstehen selbst mit einer technologisch unvollendeten Ausbaustufe eines autostereoskopischen Displays mit geringer Endauflösung auch während der Fahrt klare Vorteile für die Informationsaufnahme. Sehr komplexe Anzeigen können mit wenigen kurzen Blicken erfasst werden. Dies kann auf einen wahrnehmungsbasierten Pop-Out-Effekt durch die Tiefenstaffelung zurückgeführt werden (Nakayama & Joseph, 1998). Darüber hinaus kann stereoskopische Tiefe Pop-Out-Effekte, die auf anderen Gestaltungsmerkmalen wie zum Beispiel Farbe basieren, verstärken. Eine Herausforderung birgt jedoch die konkrete Gestaltung der Anzeigen, um die Vorteile auch in Serienanzeigen zur Geltung zu bringen. Der Vergleich zwischen der Unterstützung bei generischen und anwendungsbezogenen Darstellungen zeigt, dass bei der Umsetzung Potenziale verloren gehen können. Aufgrund der geringen Erfahrungswerte bei der stereoskopischen Anzeigengestaltung im Fahrzeug ist im diesem Bereich weitere Forschung notwendig.

8.2 Fazit und Ausblick

Die vorliegende Arbeit zeigt Parameter auf, durch die eine nutzergerechte Darstellung von Infotainment-Anzeigen ermöglicht werden kann, ohne den Fahrer stärker zu belasten oder abzulenken. Durch eine stärkere Integration der Inhalte kann die Nutzung von nicht automotive-geeigneten Geräten verringert werden, weil die Fahrer ihr Informationsbedürfnis über Fahrzeugdisplays erfüllen können.

Die ausschließliche Verwendung von HUDs für Warnungen und fahrtbezogene Anzeigen erscheint nicht mehr zielführend, da Fahrer auch von Infotainment-Anzeigen im HUD profitieren würden. Für die Integration der Infotainment-Inhalte sollte jedoch das Zusammenwirken mit den fahrtbezogenen Anzeigen untersucht werden. Es muss vor allem eine Strategie zur Priorisierung von Anzeigen erarbeitet werden, da die Anzeigefläche eines HUDs aktuell noch sehr begrenzt ist.

Ebenso besitzen stereoskopische Abbildungen ein großes Potenzial für die Informationsaufnahme, wodurch sich ein Sicherheitsgewinn gegenüber zweidimensionalen Displays erzielen lässt. Technologisch betrachtet weisen die verwendeten Lentikularlinsendisplays bisher keine Serienreife auf, da die Leuchtstärke der Displays noch zu gering für die Verwendung im Fahrzeug ist. Darüber hinaus verringert sich die Auflösung durch die Verwendung der Lentikularlinsen bei mehreren Ansichten so stark, dass die qualitative Anmutung leidet. Aus diesem Grund sollten weitere technische Umsetzungen für autostereoskopische Displays untersucht werden, um die Anzahl der benötigten Sichten beispielsweise durch eine softwareseitige Nachführung mittels Head-Tracking zu reduzieren. Ebenso könnte eine Erhöhung der Displayauflösung die Qualitätsanmutung verbessern, wobei eine solche Auflösung jedoch mit einer geringeren darstellbaren Tiefe verbunden ist.

Es ist dessen ungeachtet anzunehmen, dass in wenigen Jahren technische Lösungen existieren, die auch in Serienfahrzeugen nutzbar sind. Diese Arbeit zeigt Potenziale auf, um durch Tiefenstaffelung von Informationen das schnelle Erfassen von Anzeigen zu unterstützen. Weitere Vorteile könnten autostereoskopische Displays für die Strukturierung von HMI-Menüs bieten. Aktuelle Infotainment-Systeme müssen aufgrund einer kleinen Displayfläche eine große Menge an Funktionen in einer Menüstruktur zusammenfassen, die es den Fahrern ermöglicht, den Überblick zu behalten und sich zurechtzufinden. Dabei stellt die Abbildung der Struktur im zweidimensionalen Raum eine Herausforderung dar, weil sie nur indirekt anzeigen kann, auf welcher Ebene der Nutzer sich befindet und wie die Informationen zusammenhängen. Eine dreidimensionale Menüstruktur könnte es dem Fahrer ermöglichen, ein exakteres mentales Modell zu erstellen und somit zielgerichteter und schneller die gewünschten Bedienschritte vorzunehmen.

Darüber hinaus bieten sich durch perspektivische Darstellungen Möglichkeiten, das Situations- und Umfeldbewusstsein des Fahrers zu unterstützen (Rhede, 2017). Darauf aufbauend könnte eine dreidimensionale Darstellung der Umgebung auf einem Display das Mapping für den Fahrer zwischen Informationen der Fahrzeugsensorik und der realen Welt vereinfachen. In der teilautomatisierten Fahrt kann der Fahrer dadurch in seiner Funktion als Systemüberwacher unterstützt werden, während im hochautomatisierten Fahren eine stereoskopische Ansicht Übernahmezeiten reduzieren könnte, da dem Fahrer das erforderliche umfassende Bewusstsein für die umgebende Situation schneller vermittelt werden kann.

Allerdings zeichnen sich bei Betrachtung der Möglichkeiten auch Herausforderungen ab, die näher untersucht werden müssen. So stellt eine dreidimensionale Menüstruktur neue Anforderungen an die Bedienkonzepte und Eingabeelemente. Diese müssen neu gestaltet werden, um alle Vorteile für den Nutzer anwendbar zu machen. Bei dieser Fragestellung können auch anderweitige neue Technologien, die bisher im Fahrzeug keine Rolle einnehmen, wie beispielsweise Raumgesten, Einzug ins Fahrzeug erhalten. Außerdem wurde in keiner der bisherigen Studien die Bewegung von Anzeigen und Objekten im Raum bzw. Animationen untersucht. Diese könnten zum Beispiel die Salienz von Anzeigen zusätzlich erhöhen, aber auch stark ablenkend wirken. Ebenso ist die Beziehung von stereoskopischen Reizen zu weiteren Designelementen wie Farbe und Größe bisher nur in Ansätzen untersucht worden und bedarf näherer Betrachtung.

Ein weiteres Potenzial könnte sich aus der Kombination eines autostereoskopischen Kombiinstrumentes mit dem kontaktanalogen HUD erschließen. Diese Technik, welche zurzeit stark in den Fokus der Autoindustrie gerückt ist, stellt bereits ein dreidimensionales Display dar, da es Anzeigen direkt in der räumlichen Umwelt verortet. Ein stereoskopisches Kombiinstrument könnte die Logik der kontaktanalogen Head-up-Anzeige aufgreifen und eine durchgängige Anzeigengestaltung ermöglichen. Neben Herausforderungen auf technischer Seite, wäre aber auch zu überlegen, wie sich die vergrößerte Anzeigefläche eines kontaktanalogen HUDs auf die Ablenkung des Fahrers auswirkt.

Letztlich fehlen für einen möglichen Einsatz von stereoskopischen Displays im Fahrzeug Erkenntnisse über deren Auswirkungen auf Personen, die nicht stereoskopisch sehen können. Wenn zukünftig 3D-Displays in Fahrzeugen Menüstrukturen und Anzeigemengen neu definieren, muss sichergestellt sein, dass dies keine Nachteile für Stereoblinde mit sich bringt.

Literaturverzeichnis

Abel, H.-B., Blume, H.-J. & Skabrond, K. (2006). Integration der Anzeigegeräte ins Fahrzeug. In H.-J. Gevatter & U. Grünhaupt (Hrsg.), *Handbuch der Mess- und Automatisierungstechnik im Automobil. Fahrzeugelektronik, Fahrzeugmechatronik* (2. Aufl., S. 387–389). Berlin: Springer.

Ablaßmeier, M., Poitschke, T., Wallhoff, F., Bengler, K. & Rigoll, G. (2007). Eye gaze studies comparing head-up and head-down displays in vehicles. In *Proceedings of the 2007 IEEE International Conference on Multimedia and Expo* (S. 2250–2252). Piscatawa, NJ: IEEE Service Center.

Af Segerstad, Y. H. (2005). Language Use in Swedish Mobile Text Messaging. In R. S. Ling & P. E. Pedersen (Hrsg.), *Mobile communications. Re-negotiation of the social sphere* (S. 313–334). London: Springer.

Agresti, A. (2007). *An Introduction to Categorical Data Analysis* (2. Aufl.). New Jersey: Wiley.

Alliance of Automobile Manufacturers (Hrsg.). (2006). *Statement of Principles, Criteria and Verification Procedures on Driver Interactions with Advanced In-Vehicle Information and Communication Systems. AAM Guidelines.*

Alm, H. & Nilsson, L. (1994). Changes in driver behaviour as a function of handsfree mobile phones— A simulator study. *Accident Analysis & Prevention, 26* (4), 441–451. https://doi.org/10.1016/001-4575(94)90035-3

Arnett, J. (1994). Sensation seeking: A new conceptualization and a new scale. *Personality and Individual Differences, 16* (2), 289–296. https://doi.org/10.1016/0191-8869(94)901651

Atchley, P. & Chan, M. (2011). Potential benefits and costs of concurrent task engagement to maintain vigilance: a driving simulator investigation. *Human Factors, 53* (1), 3–12. https://doi.org/10.1177/0018720810391215

Bando, T., Iijima, A. & Yano, S. (2012). Visual fatigue caused by stereoscopic images and the search for the requirement to prevent them. A review. *Displays, 33* (2), 76–83. https://doi.org/10.1016/j.displa.2011.09.001

Barlow, H. B., Blakemore, C. & Pettigrew, J. D. (1967). The neural mechanism of binocular depth discrimination. *Journal of Physiology, 193* (2), 327–342.

Baumann, M., Rösler, D., Jahn, G. & Krems, J. F. (2003). Assessing Driver Distraction using Occlusion Method and Peripheral Detection Task. In H. Strasser, K. Kluth, H. Rausch & H. Bubb (Hrsg.), *Quality of work and products in enterprises of the future* (S. 53–56). Stuttgart: Ergonomica Verlag.

© Springer Fachmedien Wiesbaden GmbH, ein Teil von Springer Nature 2019
J. Sandbrink, *Gestaltungspotenziale für Infotainment-Darstellungen im Fahrzeug,*
AutoUni – Schriftenreihe 132, https://doi.org/10.1007/978-3-658-23942-8

Bayly, M., Young, K. L. & Regan, M. A. (2009). Sources of Distraction inside the Vehicle and Their Effects on Driving Performance. In M. A. Regan, J. D. Lee & K. L. Young (Hrsg.), *Driver distraction. Theory, effects, and mitigation* (S. 191–213). Boca Raton: CRC Press.

Beier, G. (2004). *Kontrollüberzeugungen im Umgang mit Technik (KUT). Ein Persönlichkeitsmerkmal mit Relevanz für die Gestaltung technischer Systeme.* Dissertation. Humbold-Universität Berlin.

Bell, G. P., Craig, R., Paxton, R., Wong, G. & Galbraith, D. (2008). Beyond Flat Panels - Multi Layer Displays with Real Depth. *SID Symposium Digest of Technical Papers, 39* (1), 352–355. https://doi.org/10.1889/1.3069667

Benson, T., McLaughlin, M. & Giles, M. (2015). The factors underlying the decision to text while driving. *Transportation Research Part F, 35,* 85–100. https://doi.org/ 10.1016/j.trf.2015.10.013

Blake, R. & Sekuler, R. (2006). *Perception* (5. Aufl.). New York: McGraw-Hill Higher Education.

Bortz, J. & Schuster, C. (2010). *Statistik für Human- und Sozialwissenschaftler* (7. Aufl.). Berlin: Springer.

Boufous, S., Ivers, R., Senserrick, T., Stevenson, M., Norton, R. & Williamson, A. (2010). Accuracy of self-report of on-road crashes and traffic offences in a cohort of young drivers: the DRIVE study. *Injury Prevention, 16,* 275–277.

Boyle, L. N., Lee, J. D., Peng, Y., Gahazizadeh, M., Wu, Y., Miller, E. et al. (August 2013). *Text Reading and Text Input Assessment in support of the NHTSA Visual-Manual Driver Distraction Guidelines* (Report No. DOT HS 811 820. Washington, DC: National Highway Traffic Safety). Zugriff am 24.10.2017. Verfügbar unter https://www.nhtsa.gov/sites/nhtsa.dot.gov/files/811820.pdf

Broadbent, D. E. (1969). *Perception and communication* (3. Aufl.). Oxford: Pergamon Press.

Broy, N. (2016). *Stereoscopic 3D User Interfaces. Exploring the Potentials and Risks of 3D Displays in Cars.* Dissertation. Universität Stuttgart. Zugriff am 24.10.2017. Verfügbar unter https://elib.uni-stuttgart.de/bitstream/11682/8868/3/Thesis_Broy.pdf

Broy, N., Alt, F., Schneegass, S., Henze, N. & Schmidt, A. (2013). Perceiving layered information on 3D displays using binocular disparity. In B. N. Schilit, R. Want & T. Ojala (Hrsg.), *Proceedings of the 2nd ACM International Symposium on Pervasive Displays* (S. 61–66). New York: ACM Press.

Broy, N., Alt, F., Schneegass, S. & Pfleging, B. (2014). 3D Displays in Cars. Exploring the User Performance for a Stereoscopic Instrument Cluster. In L. N. Boyle (Hrsg.), *AutomotiveUI '14. Proceedings of the 6th International Conference on Automotive User Interface and Interactive Vehicular Applications* (S. 1–9). New York: ACM Press.

Broy, N., Andre, E. & Schmidt, A. (2012). Is stereoscopic 3D a better choise for information representation in car? In A. L. Kun (Hrsg.), *AutomotiveUI '12. Proceedings of the 4th International Conference on Automotive User Interfaces and Interactive Vehicular Applications* (S. 93–100). New York: ACM Press.

Broy, N., Guo, M., Schneegass, S., Pfleging, B. & Alt, F. (2015). Introducing novel technologies in the car. Conducting a real-world study to test 3D dashboards. In G. Burnett, J. Gabbard, P. Green & S. Osswald (Hrsg.), *AutomotiveUI '15. Proceedings of the 7th International Conference on Conference on Automotive User Interfaces and Interactive Vehicular Applications* (S. 179–186). New York: ACM Press.

Broy, N., Schneegass, S., Alt, F. & Schmidt, A. (2014). FrameBox and MirrorBox. Tools and guidelines to support designers in prototyping interfaces for 3D displays. In M. Jones, P. Palanque, A. Schmidt & T. Grossman (Hrsg.), *CHI '14 Extended Abstracts. Proceedings of the SIGCHI Conference on Human Factors in Computing Systems* (S. 2037–2046). New York: ACM Press.

Broy, N., Zierer, B. J., Schneegass, S. & Alt, F. (2014). Exploring virtual depth for automotive instrument cluster concepts. In M. Jones, P. Palanque, A. Schmidt & T. Grossman (Hrsg.), *CHI '14 Extended Abstracts. Proceedings of the SIGCHI Conference on Human Factors in Computing Systems* (S. 1783–1788). New York: ACM Press.

Bubb, H., Bengler, K., Breuninger, J., Gold, C. & Helmbrecht, M. (2015). Systemergonomie des Fahrzeugs. In H. Bubb, K. Bengler, R. E. Grünen & M. Vollrath (Hrsg.), *Automobilergonomie* (S. 259–344). Wiesbaden: Vieweg & Teubner.

Bubb, H., Grünen, R. E. & Remlinger, W. (2015). Anthropometrische Fahrzeuggestaltung. In H. Bubb, K. Bengler, R. E. Grünen & M. Vollrath (Hrsg.), *Automobilergonomie* (S. 345–470). Wiesbaden: Vieweg & Teubner.

Bubb, H. (2015). Einführung. In H. Bubb, K. Bengler, R. E. Grünen & M. Vollrath (Hrsg.), *Automobilergonomie* (S. 1–25). Wiesbaden: Vieweg & Teubner.

Buck, C., Germelmann, C. C. & Eymann, T. (2014). *Werte und Motive als Treiber der Smartphone-Nutzungsaktivitäten. Eine empirische Studie* (Bayreuther Arbeitspapiere zur Wirtschaftsinformatik; 59). Zugriff am 26.10.2017. Verfügbar unter https://epub.uni-bayreuth.de/2049/

Burns, C. P., Andersson, H. & Ekfjorden, A. (2001). Placing visual Displays in Vehicles: Where should they go? In International Association of Applied Psychology, Traffic and Transport Division (Hrsg.), *Proceedings ICTTP 2000, International Conference on Traffic and Transport Psychology. CD ROM.* Berne.

Byrn, J. C., Schluender, S., Divino, C. M., Conrad, J., Gurland, B., Shlasko, E. et al. (2007). Three-dimensional imaging improves surgical performance for both novice and experienced operators using the da Vinci Robot System. *American Journal of Surgery, 193* (4), 519–522. https://doi.org/10.1016/j.amjsurg.2006.06.042

Caird, J. K., Johnston, K. A., Willness, C. R., Asbridge, M. & Steel, P. (2014). A meta-analysis of the effects of texting on driving. *Accident Analysis & Prevention, 71*, 311–318. https://doi.org/10.1016/j.aap.2014.06.005

Campbell, J. L., Brown, J. L., Graving, J. S., Richard, C. M., Lichty, M. G., Sanquivt, T. et al. (2016). *Human factors design guidance for driver-vehicle interfaces* (Report DOT HS 812 360). Washington, DC: National Highway Traffic Safety Administration. Zugriff am 26.10.2017. Verfügbar unter https://www.nhtsa.gov/sites/nhtsa.dot. gov/files/documents/812360_humanfactorsdesignguidance.pdf

Chapman, P. & Underwood, G. (2000). Forgetting near-accidents. The roles of severity, culpability and experience in the poor recall of dangerous driving situations. *Applied Cognitive Psychology, 14* (1), 31–44. https://doi.org/10.1002/(SICI)1099-0720 (200001)14:1<31::AID-ACP622>3.0.CO;2-9

Charissis, V. & Papanastasiou, S. (2010). Human–machine collaboration through vehicle head up display interface. *Cognition, Technology & Work, 12* (1), 41–50.

Chau, A. W. & Yeh, Y.-Y. (1995). Segregation by color and stereoscopic depth in three-dimensional visual space. *Perception & Psychophysics, 57* (7), 1032–1044. https://doi.org/10.3758/BF03205462

Chen, H.-Y. W., Donmez, B., Hoekstra-Atwood, L. & Marulanda, S. (2016). Self-reported engagement in driver distraction. An application of the Theory of Planned Behaviour. *Transportation Research Part F, 38*, 151–163. https://doi.org/10.1016/j.trf.2016.02.003

Chen, Y.-L. (2007). Driver personality characteristics related to self-report accident involvement and mobile phone use while driving. *Safety Science, 45* (8). https://doi.org/10.1016/j.ssci.2006.06.004

Chen, Y. (2013). Stress State of Driver: Mobile Phone Use While Driving. *Procedia Social and Behavioral Sciences, 96*, 12–16. https://doi.org/10.2016/j.sbspro. 2013.08.004

Cohen, J. (1992). A Power Primer. *Psychological Bulletin, 112* (1), 155–159. https://doi.org/10.1037/0033-2909.112.1.155

Coxe, S., West, S. G. & Aiken, L. S. (2009). The analysis of count data: a gentle introduction to poisson regression and its alternatives. *Journal of Personality Assessment, 91* (2), 121–136. https://doi.org/10.1080/00223890802634175

Cutting, J. E. & Vishton, P. M. (1995). Perceiving Layput and Knowing Distances: The Integration, Relative Potency, and Contextual Use of Different Information about Depth. In W. Epstein & S. J. Rogers (Hrsg.), *Perception of Space and Motion* (Handbook of Perception and Cognition, 2. Aufl., S. 69–117). San Diego: Academic Press.

Dan, A. & Reiner, M. (2016). EEG-based cognitive load of processing events in 3D virtual worlds is lower than processing events in 2D displays. *International Journal of Psychophysiology*. https://doi.org/10.1016/j.ijpsycho.2016.08.013

Dent, K., Braithwaite, J. J., He, X. & Humphreys, G. W. (2012). Integrating space and time in visual search: how the preview benefit is modulated by stereoscopic depth. *Vision Research, 65,* 45–61. https://doi.org/10.1016/j.visres.2012.06.002

Statistisches Bundesamt. (2016). *81 % der Internetnutzer gehen per Handy oder Smartphone ins Internet.* Wiesbaden. Zugriff am 12.07.2017. Verfügbar unter https://www.destatis.de/DE/PresseService/Presse/Pressemitteilungen/2016/12/PD16_430_639 31.html

Statistisches Bundesamt. (2017). *2016: Mehr Unfälle, aber weniger Verkehrstote als jemals zuvor.* Wiesbaden. Zugriff am 18.07.2017. Verfügbar unter https://www.destatis.de/DE/PresseService/Presse/Pressemitteilungen/2017/07/PD17_230_462 41pdf.pdf?__blob=publicationFile

Deutsch, J. A. & Deutsch, D. (1963). Attention. Some Theoretical Considerations. *Psychological Review, 70* (1), 80–90. https://doi.org/10.1037/h0039515

Deutsche Verkehrswacht. (2017). *Fahrverbot bei Handynutzung.* Berlin. Zugriff am 18.07.2017. Verfügbar unter http://www.deutsche-verkehrswacht.de/home/pressecenter/pressemitteilung/article/deutsche-verkehrswacht-fahrverbot-bei-handynutzung.html

(2010). DIAdem 2010 [Computer software]: National Instruments Ireland Resources Limited.

Dingus, T. A., Klauer, S. G., Neale, V. L., Petersen, A., Lee, S. E., Sudweeks, J. et al. (2006). *The 100-Car Naturalistic Driving Study: Phase II - Results of the 100-Car Field Experiment* (Report HS 810 593). Washington, DC: National Highway Traffic Safety Administration. Zugriff am 26.10.2017. Verfügbar unter https://www.nhtsa.gov/sites/nhtsa.dot.gov/files/100carmain.pdf

Dingus, T. A., Guo, F., Lee, S., Antin, J. F., Perez, M., Buchanan-King, M. et al. (2016). Driver crash risk factors and prevalence evaluation using naturalistic driving data. *Proceedings of the National Academy of Sciences of the United States of America, 113* (10), 2636–2641. https://doi.org/10.1073/pnas.1513271113

Dixon, S., Fitzhugh, E. & Aleva, D.(Monday 13 April 2009). *Human factors guidelines for applications of 3D perspectives: a literature review.* Vortrag anlässlich SPIE Defense, Security, and Sensing, Orlando, Florida, USA.

Dodgson, N. A. (2005). Autostereoscopic 3D displays. *Computer, 38* (8), 31–36. https://doi.org/10.1109/MC.2005.252

Dodgson, N. A.(Sunday 18 January 2004). *Variation and extrema of human interpupillary distance.* Vortrag anlässlich Electronic Imaging 2004, San Jose, CA.

Donges, E. (1982). Aspekte der Aktiven Sicherheit bei der Führung von Personenkraftwagen. *Automobil-Industrie, 27* (2), 183–190.

Donges, E. (2012). Fahrerverhaltensmodell. In H. Winner (Hrsg.), *Handbuch Fahrerassistenzsysteme. Grundlagen, Komponenten und Systeme für aktive Sicherheit und Komfort* (S. 15–23). Wiesbaden: Vieweg & Teubner.

Donmez, B., Boyle, L. N. & Lee, J. D. (2010). Differences in Off-Road Glances. Effects on Young Drivers' Performance. *Journal of Transportation Engineering, 136* (5), 403–409. https://doi.org/10.1061/(ASCE)TE.1943-5436.0000068

Döring, N., Hellwing, K. & Klimsa, P. (2005). Mobile Communication among German Youth. In J. K. Nyíri (Hrsg.), *A sense of place. The global and the local in mobile communication* (S. 209–217). Wien: Passagen.

Duffy, B., Smith, K., Terhanian, G. & Bremer, J. (2005). Comparing data from online and face-to-face surveys. *International Journal of Market Research, 47* (6).

Duncan, J. & Humphreys, G. (1989). Visual Search and Stimulus Similarity. *Psychological Review, 96,* 433–458. https://doi.org/10.1037/0033-295X.96.3.433

Dünser, A., Billinghurst, M. & Mancero, G. (2008). Evaluating visual search performance with a multi layer display. In N. Bidwell (Hrsg.), *OZCHI '08. Proceedings of the 20th Australasian Conference on Computer-Human Interaction: Designing for Habitus and Habitat* (S. 307–310). Zugriff am 26.10.2017. Verfügbar unter http://hdl.handle.net/10092/2551

Ecker, R. (2013). *Der verteilte Fahrerinteraktionsraum.* Dissertation. Ludwig-Maximilians-Universität München. Zugriff am 26.10.2017. Verfügbar unter https://edoc.ub.uni-muenchen.de/15760/

Egeth, H., Jonides, J. & Wall, S. (1972). Parallel processing of multielement displays. *Cognitive Psychology, 3* (4), 674–698. https://doi.org/10.1016/0010-0285(72)90026-6

Eid, M., Gollwitzer, M. & Schmitt, M. (2011). *Statistik und Forschungsmethoden. Lehrbuch Grundlagen Psychologie* (2. Aufl.). Weinheim: Beltz.

Eilers, K., Nachreiner, F. & Hänecke, K. (1986). Entwicklung und Überprüfung einer Skala zur Erfassung subjektiv erlebter Anstrengung. *Zeitschrift für Arbeitswissenschaft, 40* (4), 215–224.

Engström, J., Johansson, E. & Östlund, J. (2005). Effects of visual and cognitive load in real and simulated motorway driving. *Transportation Research Part F, 8* (2), 97–120. https://doi.org/10.1016/j.trf.2005.04.012

Farmer, R. & Sundberg, N. D. (1986). Boredom proneness—the development and correlates of a new scale. *Journal of Personality Assessment, 50* (1), 4–17. https://doi.org/10.1207/s15327752jpa5001_2

Ferdinand, A. O. & Menachemi, N. (2014). Associations between driving performance and engaging in secondary tasks: a systematic review. *American Journal of Public Health, 104* (3), e39-48. https://doi.org/10.2105/AJPH.2013.301750

Field, A. P. (2013). *Discovering statistics using IBM SPSS statistics. And sex and drugs and rock 'n' roll* (4. Aufl.). Los Angeles: Sage.

Fitch, G. M. & Hanowski, R. J. (2011, September). *The Risk of a Afety-Critical Event Associated with Mobile Device Use as a Function of Driving Task Demands.* 2nd International Conference on Driver Distraction and Inattention, Göteborg. Verfügbar unter http://www.chalmers.se/safer/ddi2011-en/program/papers-presentations

Fowkes, M., Ward, D. D. & Jesty, P. (2005). *Recommended Metodology for the preliminary safety analysis of the HMI of an IVIS concept or design* (Report of European Project HASTE - D4). Zugriff am 26.10.2017. Verfügbar unter www.its.leeds.ac.uk/projects/haste/downloads/Haste_D4.pdf

Fuller, R. (2005). Towards a general theory of driver behaviour. *Accident Analysis & Prevention, 37,* 461–472. https://doi.org/10.1016/j.aap.2004.11.003

Gabbard, J. L., Fitch, G. M. & Kim, H. (2014). Behind the Glass. Driver Challenges and Opportunities for AR Automotive Applications. *Proceedings of the IEEE, 102* (2), 124–136. https://doi.org/10.1109/JPROC.2013.2294642

Gardner, G. T. (1970). *Spatial Processing Charactersistics in the Perception of Brief Visual Arrays. Appears as Technical Report No. 23 der University of Michigan, Human Performance Center.* Dissertation. University of Michigan.

Geiser, G. (1985). Mensch-Maschine-Kommunikation im Kraftfahrzeug. *ATZ - Automobiltechnische Zeitschrift, 87* (2), 77–84.

Gniech, G., Oetting, T. & Brohl, M. (1993). *Untersuchungen zur Messung von „Sensation Seeking"* (Bremer Beiträge zur Psychologie, Reihe D, 110). Institut für Psychologie und Kognitionsforschung der Univerität Bremen.

Goldstein, E. B. (2008). *Wahrnehmungspsychologie. Der Grundkurs* (7. Aufl.). Berlin: Spektrum Akademischer Verlag.

Götzelmann, T. & Katzer, J. (2012). Challenges and Perspectives for True–3D in Car Navigation. In M. Buchroithner (Hrsg.), *True-3D in Cartography* (S. 357–366). Berlin: Springer. https://doi.org/10.1007/978-3-642-12272-9_25

Hada, H. (1994). *Drivers' Visual Attention to In-Vehicle Displays: Effects of Display Location and Road Type* (Report No. UMTRI - 94 - 9). Zugriff am 26.10.2017. Verfügbar unter https://deepblue.lib.umich.edu/bitstream/handle/2027.42/1061/90851.0001.001.pdf?sequence=2

Hagendorf, H., Krummenacher, J., Müller, H.-J. & Schubert, T. (2011). *Wahrnehmung und Aufmerksamkeit. Allgemeine Psychologie für Bachelor* (1. Auflage). Berlin: Springer.

Halle, M. (1997). Autostereoscopic displays and computer graphics. *Computer Graphics, 31* (2), 58–62.

Hanley, J. A., Negassa, A., Edwardes, M. D. d. & Forrester, J. E. (2003). Statistical Analysis of Correlated Data Using Generalized Estimating Equations: An Orientation. *American Journal of Epidemiology, 157* (4), 364–375. https://doi.org/10.1093/aje/kwf215

Harms, L. & Patten, C. (2003). Peripheral detection as a measure of driver distraction. A study of memory-based versus system-based navigation in a built-up area. *Transportation Research Part F, 6* (1), 23–36. https://doi.org/10.1016/S1369-8478(02)00044-X

Harrington, D. O. (1981). *The Visual Fields. A Textbook and Atlas of Clinical Perimetry.* St. Louis: C. V. Mosby.

Harris, M. B. (2000). Correlates and Characteristics of Boredom Proneness and Boredom. *Journal of Applied Social Psychology, 30* (3), 576–598. https://doi.org/10.1111/j.1559-1816.2000.tb02497.x

Havig, P., McIntire, J., Dixon, S., Moore, J. & Reis, G. (2008). Comparison of 3D displays using objective metrics. In J. T. Thomas & A. M. Malloy (Eds.), *Proceedings of SPIE '08. Display Technologies and Applications for Defense, Security, and Avionics* (69560D). https://doi.org/10.1117/12.773375

He, Z. J. & Nakayama, K. (1992). Surfaces versus features in visual search. *Nature, 359* (6392), 231–233. https://doi.org/10.1038/359231a0

Heller, A. T. (2008). *Affective Forecasting von Langeweile. Wie verändert sich die Vorhersage von Langeweile durch den Erhalt eines Vorgeschmacks?* Diplomarbeit. Universität Wien, Österreich. Zugriff am 24.10.2017. Verfügbar unter http://othes.univie.ac.at/2515/

Helmholtz, H. von, Nagel, W., Gullstrand, A. & Kries, J. von. (1910). *Die Lehre von den Gesichtswahrnehmungen* (Handbuch der Physiologischen Optik, Bd. 3, 3. Aufl.). Hamburg: Leopold Voss.

Hickman, J. S., Hanowski, R. J. & Bocanegra, J. (2010). *Distraction in commercial trucks and busses: Assessing prevalence and risk in conjunction with crashes an near-crashes* (Final Report FMCSA-RRR-10-049). Washington D.C.: Federal Motor Carrier Safety Administration. Zugriff am 24.10.2017. Verfügbar unter http://citeseerx.ist.psu.edu/viewdoc/download?doi=10.1.1.173.3995&rep=rep1&type=pdf

Hills, B. L. (1980). Vision, Visibility, and Perception in Driving. *Perception, 9* (2), 183–216.

Hoffman, J. D., Lee, J. D. & McGehee, D. V. (2006). Dynamic Display of In-Vehicle Text Messages: The Impact of Varying Segment Length and Scrolling Rate. *Proceedings of the Human Factors and Ergonomics Society Annual Meeting, 50,* 574–578.

Holliman, N. S., Dodgson, N. A., Favalora, G. E. & Pockett, L. (2011). Three-Dimensional Displays. A Review and Applications Analysis. *IEEE Transactions on Broadcasting, 57* (2), 362–371. https://doi.org/10.1109/TBC.2011.2130930

Holmqvist, K., Nyström, M., Andersson, R., Dewhurst, R., Jarodzka, H. & van de Weijer, J. (2015). *Eye tracking. A comprehensive guide to methods and measures.* Oxford: Oxford University Press.

Horrey, W. J. & Wickens, C. D. (2004). Driving and Side Task Performance: The Effects of Display Clutter, Separation, and Modality. *Human Factors, 46* (4), 611–624. https://doi.org/10.1518/hfes.46.4.611.56805

Horrey, W. J. & Lesch, M. F. (2009). Driver-initiated distractions. Examining strategic adaptation for in-vehicle task initiation. *Accident Analysis & Prevention, 41,* 115–122. https://doi.org/10.1016/j.aap.2008.10.008

Horrey, W. J. & Wickens, C. D. (2006). Examining the Impact of Cell Phone Conversations on Driving Using Meta-Analytic Techniques. *Human Factors, 48* (1), 196–205. https://doi.org/10.1518/001872006776412135

Huemer, A. K. & Vollrath, M. (2011). Driver secondary tasks in Germany: using interviews to estimate prevalence. *Accident Analysis & Prevention, 43* (5), 1703–1712. https://doi.org/10.1016/j.aap.2011.03.029

ISO/TR, 16352:2005. *Road vehicles - Ergonomic aspects of in-vehicle presentation for transport information and control systems - Warning systems.*

ISO 15008:2009. *Straßenfahrzeuge – Ergonomische Aspekte von Fahrerinformations- und Assistenzsystemen – Anforderungen und Bewertungsmethoden der visuellen Informationsdarstellung im Fahrzeug.*

Jahn, G., Oehme, A., Krems, J. F. & Gelau, C. (2005). Peripheral detection as a workload measure in driving: Effects of traffic complexity and route guidance system use in a driving study. *Transportation Research Part F,* 255–275. https://doi.org/10.1016/j.trf.2005.04.009

Jamson, H. A. & Merat, N. (2005). Surrogate in-vehicle information systems and driver behaviour. Effects of visual and cognitive load in simulated rural driving. *Transportation Research Part F, 8* (2), 79–96. https://doi.org/10.1016/j.trf.2005.04.002

Japan Automobile Manufacturers Association. (2004, 18. August). *JAMA. Guideline for In-vehicle Display Systems — Version 3.0.* Zugriff am 26.10.2017. Verfügbar unter http://www.jama.or.jp/safe/guideline/pdf/jama_guidelines_v30_en.pdf

John, O. P. & Srivastava (1999). The Big-Five Trait Taxonomy: History, Measurement, and Theoretical Perspectives. In L. A. Pervin & O. P. John (Hrsg.), *Handbook of Personality. Theory and Research* (2. Aufl., S. 102–138). New York: Guilford Press.

Jonah, B. A. (1997). Sensation seeking and risky driving: a review and synthesis of the literature. *Accident Analysis & Prevention, 29* (5), 651–665.

Jonah, B. A. & Thiessen, Rachel, Au-Yeung, Elaine. (2001). Sensation seeking, risky driving and behavioral adaption. *Accident Analysis & Prevention, 33,* 679–684.

Julesz, B. (1960). Binocular Depth Perception of Computer-Generated Patterns. *Bell System Technical Journal, 39* (5), 1125–1162. https://doi.org/10.1002/j.1538-7305.1960.tb03954.x

Jürgensohn, T. (2008). Mensch und Kraftfahrzeug: Methoden der Optimierung von Bedienung und Interaktion. In V. Schindler & I. Sievers (Hrsg.), *Forschung für das Auto von morgen. Aus Tradition entsteht Zukunft* (S. 287–300). Berlin: Springer.

Jürgensohn, T. & Timpe, K.-P. (2001). *Kraftfahrzeugführung.* Berlin: Springer.

Kahneman, D., Beatty, J. & Pollack, I. (1967). Perceptual Deficit during a Mental Task. *Science, 157* (3785), 218–219. https://doi.org/10.1126/science.157.3785.218

Kaiser, H. F. (1958). The varimax criterion for analytic rotation in factor analysis. *Psychometrika, 23* (3), 187–200. https://doi.org/10.1007/BF02289233

Klauer, S. G., Dingus, T. A., Neale, V. L., Sudweeks, J. & Ramsey, D. (2006). *The impact of driver inattention on near crash/crash risk. An analysis using the 100-car naturalistic driving study data* (Report HS 810 594). Washington, DC.: National Highway Traffic Safety Administration. Zugriff am 26.10.2017. Verfügbar unter https://www.nhtsa.gov/DOT/NHTSA/NRD/Multimedia/PDFs/Crash%20Avoidance/Driver%20Distraction/810594.pdf

Kluckhohn, C. (1962). Values and value-orientations in the theory of action. A exploration in definition and classification. In T. Parsons & E. Shils (Hrsg.), *Toward a general theory of action* (S. 388–433). Cambridge: Harvard University Press.

Knappe, G., Keinath, A. & Meinecke, C. (2006). Empfehlungen für die Bestimmung der Spurhaltegüte im Kontext der Fahrsimulation. *MMI interaktiv, 11,* 3–13.

Knoll, P. (2012). Anzeigen für Fahrerassistenzsysteme. In H. Winner (Hrsg.), *Handbuch Fahrerassistenzsysteme. Grundlagen, Komponenten und Systeme für aktive Sicherheit und Komfort* (S. 330–342). Wiesbaden: Vieweg & Teubner.

Kommission der Europäischen Union. (2007). European Statement of Principles on Human Machine Interface (HMI) for In-Vehicle Information and Communication Systems. ESop. Zugriff am 06.04.2015. Verfügbar unter http://eur-lex.europa.eu/legal-content/EN/TXT/?uri=uriserv:OJ.L_.2007.032.01.0200.01.ENG

Kooi, F. L. & Toet, A. (2004). Visual comfort of binocular and 3D displays. *Displays, 25* (2-3), 99–108. https://doi.org/10.1016/j.displa.2004.07.004

Krems, J. F., Keinath, A., Baumann, M., Gelau, C. & Bengler, K. (2000). Evaluating Visual Display Designs in Vehicles: Advantages and Disadvantages of the Occlusion Technique. In L. M. Camarinha-Matos, H. Afsarmanesh & H.-H. Erbe (Hrsg.), *Advances in Networked Enterprises* (S. 361–368). Boston: Springer US. https://doi.org/10.1007/978-0-387-35529-0_34

Krüger, K. (2008). *Nutzen und Grenzen von 3D-Anzeigen in Fahrzeugen.* Dissertation. Humboldt-Universität Berlin. Zugriff am 24.10.2017. Verfügbar unter http://edoc.hu-berlin.de/dissertationen/krueger-karen-2007-11-09/PDF/krueger.pdf

La Rosa, S. de, Moraglia, G. & Schneider, B. A. (2008). The magnitude of binocular disparity modulates search time for targets defined by a conjunction of depth and colour. *Canadian Journal of Experimental Psychology, 62* (3), 150–155.

Lamble, D., Laakso, M. & Summala, H. (1999). Detection thresholds in car following situations and peripheral vision: implications for positioning of visually demanding in-car displays. *Ergonomics, 42* (4), 807–815.

Lamble, D., Rajalin, S. & Summala, H. (2002). Mobile phone use while driving: public opinion on restrictions. *Transportation, 29* (3), 223–236. https://doi.org/10.1023/A:1015698129964

Lambooij, M., Ijsselsteijn, W., Fortuin, M. & Heynderickx, I. (2009). Visual Discomfort and Visual Fatigue of Stereoscopic Displays: A Review. *Journal of Imaging Science and Technology, 53* (3), 1–14.

Lambooij, M. T. M., IJsselsteijn, W. A. & Heynderickx, I.(Sunday 28 January 2007). *Visual discomfort in stereoscopic displays: a review.* Vortrag anlässlich Electronic Imaging 2007, San Jose, CA, USA.

Landesverkehrswacht Niedersachsen e.V. (2014). *„Tippen tötet".* *Niedersachsen startet neue Verkehrssicherheits-Kampagne.* Hannover. Zugriff am 18.07.2017. Verfügbar unter http://www.landesverkehrswacht.de/fileadmin/downloads/Presse_LVW/Medieninformation_Tippen_toetet.pdf

Lang, F. R. & Lüdtke, O. (2005). Der Big Five-Ansatz der Persönlichkeitsforschung. Instrumente und Vorgehen. In S. Schumann & H. Schoen (Hrsg.), *Persönlichkeit. Eine vergessene Größe der empirischen Sozialforschung* (S. 29–40). Wiesbaden: VS Verlag für Sozialwissenschaften.

Lee, J. D., Young, K. L. & Regan, M. A. (2009). Defining Driver Distraction. In M. A. Regan, J. D. Lee & K. L. Young (Hrsg.), *Driver distraction. Theory, effects, and mitigation* (S. 31–40). Boca Raton: CRC Press.

Lee, J. D. & Strayer, D. L. (2004). Preface to the Special Section on Driver Distraction. *Human Factors, 64* (4), 583–586. https://doi.org/10.1518/hfes.46.4.583.56811

Lerner, N. D. (2005). Deciding to be distracted. In *Driving assessment 2005. Proceedings of the 3rd International Driving Symposium on Human Factors in Driver Assessment, Training and Vehicle design* (S. 499–505). Iowa City: Public Policy Center.

Liang, K.-Y. & Zeger, S. L. (1986). Longitudinal Data Analysis Using Generalized Linear Models. *Biometrika, 73* (1), 13. https://doi.org/10.2307/2336267

Liang, Y., Horrey, W. J. & Hoffman, J. D. (2015). Reading Text While Driving. Understanding Drivers' Strategic and Tactical Adaptation to Distraction. *Human Factors, 57* (2), 347-359. https://doi.org/10.1177/0018720814542974

Liu, Y.-C. (2003). Effects of using head-up display in automobile context on attention demand and driving performance. *Displays, 24* (4-5), 157–165. https://doi.org/10.1016/j.displa.2004.01.001

Liu, Y.-C. & Wen, M.-H. (2004). Comparison of head-up display (HUD) vs. head-down display (HDD): driving performance of commercialvehicl e operators in Taiwan. *International Journal of Human-Computer Studies, 61,* 679–697. https://doi.org/10.1016/j.ijhcs.2004.06.002

Lueder, E. (2012). *3D displays.* Chichester: Wiley.

MacDonald, W. A. & Hoffmann, E. R. (1980). Review of Relationships Between Steering Wheel Reversal Rate and Driving Task Demand. *Human Factors, 22* (6), 733–739.

Mahlke, S., Rösler, D., Seifert, K., Krems, J. F. & Thüring, M. (2007). Evaluation of six night vision enhancement systems: qualitative and quantitative support for intelligent image processing. *Human Factors, 49* (3), 518–531. https://doi.org/10.1518/001872007X200148

Mancero, G. & Wong, W. (2008). An Evaluation of Perceptual Depth to Enhance Change Detection. *Proceedings of the Human Factor and Ergonomics Society Annual Meeting, 52* (4), 338–342. https://doi.org/10.1177/154193120805200430

Martens, M. H. & van Winsum, W. *Measure distraction: the Periphal Detection Dask.* TNO Human Factors Research Institut, Soestenberg. Zugriff am 24.10.2017. Verfügbar unter https://www-nrd.nhtsa.dot.gov/departments/Human%20Factors/driver-distraction/pdf/34.pdf

Maycock, G. & Lester, J. (1996). *The accident liability of car drivers. the reliability of self report data.* Crowthorne: Transport Research Laboratory.

McCartt, A. T. (2004). Longer term effects of New York State's law on drivers' handheld cell phone use. *Injury Prevention, 10* (1), 11–15. https://doi.org/10.1136/ip.2003.003731

McCartt, A. T., Hellinga, L. A. & Bratiman, K. A. (2006). Cell phones and driving:. Review of research. *Traffic Injury Prevention, 7* (2), 89–106. https://doi.org/10.1080/15389580600651103

McIntire, J. P., Havig, P. R. & Geiselman, E. E. (2014). Stereoscopic 3D displays and human performance: A comprehensive review. *Displays, 35,* 18–26.

McIntire, J. P., Havig, P. R. & Pinkus, A. R. (2015). A guide for human factors research with stereoscopic 3D displays. In D. D. Desjardins, K. R. Sarma, R. L. Marasco, P. R. Having, M. P. Browne & J. E. Melzer (Hrsg.), *Display Technologies and Applications for Defense, Security, and Avionics IX; and Head-and Helmet-Mounted Displays XX.* Proceedings of SPIE Vol. 9470 0A-1. https://doi.org/10.1117/12.2176997

McKee, S. P., Watamaniuk, S. N., Harris, J. M., Smallman, H. S. & Taylor, D. G. (1997). Is stereopsis effective in breaking camouflage for moving targets? *Vision Research, 37* (15), 2047–2055. https://doi.org/10.1016/S0042-6989(96)00330-6

McLean, J. R. & Hoffmann, E. R. (1975). Steering Wheel Reversals as a Measure of Driver Performance and Steering Task Difficulty. *Human Factors, 17* (3), 248–256.

Meroth, A., Tolg, B. & Plappert, C. (2008). Einführung. In A. Meroth & B. Tolg (Hrsg.), *Infotainmentsysteme im Kraftfahrzeug. Grundlagen, Komponenten, Systeme und Anwendungen* (S. 1–6). Wiesbaden: Vieweg. https://doi.org/10.1007/978-3-8348-9430-4_1

Metz, B., Landau, A. & Hargutt, V. (2015). Frequency and impact of hands-free telephoning while driving? Results from naturalistic driving data. *Transportation Research Part F, 29,* 1–13. https://doi.org/10.1016/j.trf.2014.12.002

Metz, B., Landau, A. & Just, M. (2014). Frequency of secondary tasks in driving ? Results from naturalistic driving data. *Safety Science, 68,* 195–203. https://doi.org/10.1016/j.ssci.2014.04.002

Metz, B., Schömig, N. & Krüger, H.-P. (2011). Attention during visual secondary tasks in driving. Adaptation to the demands of the driving task. *Transportation Research Part F, 14* (5), 369–380. https://doi.org/10.1016/j.trf.2011.04.004

Metze, W. (2009). *Handanweisung. Stolperwörter Lesetest.* Zugriff am 24.10.2017. Verfügbar unter http://wilfriedmetze.de/Handanweisung_2009.pdf

Mitchell, M. (2010). The Development of Automobile Speedometer Dials. A Balance of Ergonomic and Style, Regulation and Power. *Visible Language, 44* (3), 331–366.

Miura, T. (1986). Coping with situational demands: a study of eye movements and peripheral vision performance. In A. G. Gale & M. H. Freeman (Hrsg.), *Vision in Vehicles. Proceedings of the Conference on Vision in Vehicles* (S. 205–216). Amsterdam: North-Holland.

Mobil in Deutschland e.V. (2015). *Erste bundesweite Verkehrssicherheitskampagne zum Thema. „BE SMART Hände ans Steuer - Augen auf die Strasse".* München. Zugriff am 18.07.2017. Verfügbar unter https://www.besmart-mobil.de/

Moll, A. M., Rao, R. C., Rotberg, L. B., Roarty, J. D., Bohra, L. I. & Baker, J. D. (2009). The role of the random dot Stereo Butterfly test as an adjunct test for the detection of constant strabismus in vision screening. *Journal of American Association for Pediatric Ophthalmology and Strabismus, 13* (4), 354–356.

Mourant, R. R. & Rockwell, T. H. (1972). Strategies of visual search by novice and experimental drivers. *Human Factors, 14* (4), 325–335.

Mühlenfeld, H.-U. (2004). *Der Mensch in der Online-Kommunikation. Zum Einfluss webbasierter, audiovisueller Fernkommunikation auf das Verhalten von Befragten.* Wiesbaden: Deutscher Universitätsverlag.

Musicant, O., Lotan, T. & Albert, G. (2015). Do we really need to use our smartphone while driving? *Accident Analysis & Prevention, 85,* 13–21. https://doi.org/10.1016/j.aap.2015.08.023

Naikar, N. (1998). *Perspective displays: A review of human factors issues* (Technical Report DSTO-TR-0630). Australia: Aeronautical and Maritime Research Laboratory. Zugriff am 26.10.2017. Verfügbar unter http://dspace.dsto.defence.gov.au/dspace/handle/1947/4253

Nakayama, K. & Joseph, J. S. (1998). Attention, Pattern Recognition, and Pop-Out in Visual Search. In R. Parasuraman (Hrsg.), *The Attentive Brain* (S. 279–298). Cambridge: MIT Press.

Nakayama, K. & Silverman, G. H. (1986). Serial and parallel processing of visual feature conjunctions. *Nature, 320* (6059), 264–265.

National Highway Traffic Safety Administration. (2012, 15. Februar). *Visual-Manual NHTSA Driver Distraction Guidelines for In-Vehicle Electronic Devices. Vorläufige Version.* Zugriff am 26.10.2017. Verfügbar unter https://www.nhtsa.gov/sites/nhtsa.dot.gov/files/distraction_npfg-02162012.pdf

National Highway Traffic Safety Administration. (2013, 26. April). *Visual-Manual NHTSA Driver Distraction Guidelines for In-Vehicle Electronic Devices.* Verfügbar unter https://www.federalregister.gov/articles/2013/04/26/2013-09883/visual-manual-nhtsa-driver-distraction-guidelines-for-in-vehicle-electronic-devices

Nelson, T. R., Ji, E. K., Lee, J. H., Bailey, M. J. & Pretorius, D. H. (2008). Stereoscopic Evaluation of Fetal Bony Structures. *Journal of Ultrasound in Medicine, 27* (1), 15–24. https://doi.org/10.7863/jum.2008.27.1.15

Nemme, H. E. & White, K. M. (2010). Texting while driving: Psychosocial influences on young people's texting intentions and behaviour. *Accident Analysis & Prevention, 42* (4), 1257–1265. https://doi.org/10.1016/j.aap.2010.01.019

Nickel, M., Hugemann, W., Morawski, I. & von-Diergardt, H. (2003). Längs- und Querbeschleunigung im Alltagsverkehr. *EVU Conference, 5* (6).

Nieminen, T. & Summala, H. (1994). Novice and Experienced Drivers' Looking Behavior and Primary Task Control While Doing a Secondary Task. *Proceedings of the Human Factor and Ergonomics Society Annual Meeting, 38* (14), 852–856.

Ntuen, C. A., Goings, M., Reddin, M. & Holmes, K. (2009). Comparison between 2-D & 3-D using an autostereoscopic display. The effects of viewing field and illumination on performance and visual fatigue. *International Journal of Industrial Ergonomics, 39* (2), 388–395. https://doi.org/10.1016/j.ergon.2008.07.001

O'Toole, A. J. & Walker, C. L. (1997). On the preattentive accessibility of stereoscopic disparity. Evidence from visual search. *Perception & Psychophysics, 59* (2), 202–218. https://doi.org/10.3758/BF03211889

Olson, R. L., Hanowski, R. J., Hickman, J. S. & Bocanegra, J. (2009). *Driver distraction in commercial vehicle operations* (Final Report FMCSA-RRR-09-042). Washington, DC.: National Highway Traffic Safety Administration. Zugriff am 26.10.2017. Verfügbar unter https://www.fmcsa.dot.gov/sites/fmcsa.dot.gov/files/docs/FMCSA-RRR-09-042.pdf

Östlund, J., Nilsson, L., Carsten, O., Merat, N., Jamson, H., Jamson, S. et al. (2004). *HMI and Safety-Related Driver Performance* (Report of European Project HASTE - D2).

Östlund, J., Peters, B., Thorslund, B., Engström, J., Markkula, G., Keinath, A. et al. (2005). *Driving performance assessment methods and metrics* (Report of EU Projekt AIDE. IST-1-507674-IP, D2.2.5). Zugriff am 26.10.2017. Verfügbar unter http://www.aide-eu.org/pdf/sp2_deliv_new/aide_d2_2_5.pdf

Othersen, I. (2016). *Vom Fahrer zum Denker und Teilzeitlenker. Einflussfaktoren und Gestaltungsmerkmale nutzerorientierter Interaktionskonzepte für die Überwachungsaufgabe des Fahrers im teilautomatisierten Modus.* Wiesbaden: Springer.

Oviedo-Trespalacios, O., Haque, M. M., King, M. & Washington, S. (2017a). Self-regulation of driving speed among distracted drivers: An application of driver behavioral adaptation theory. *Traffic Injury Prevention, 18* (6), 599–605. https://doi.org/10.1080/15389588.2017.1278628

Oviedo-Trespalacios, O., Haque, M. M., King, M. & Washington, S. (2017b). Effects of road infrastructure and traffic complexity in speed adaptation behaviour of distracted drivers. *Accident Analysis & Prevention, 101,* 67–77. https://doi.org/10.1016/j.aap.2017.01.018

Park, M.-C. & Mun, S. (2015). Overview of Measurement Methods for Factors Affecting the Human Visual System in 3D Displays. *Journal of Display Technology, 11* (11), 877–888. https://doi.org/10.1109/JDT.2015.2389212

Parker, A. J. (2007). Binocular depth perception and the cerebral cortex. *Nature reviews. Neuroscience, 8* (5), 379–391. https://doi.org/10.1038/nrn2131

Parker, A. J., Smith, J. E. T. & Krug, K. (2016). Neural architectures for stereo vision. *Philosophical Transactions of the Royal Society of London. Series B, 371* (1697). https://doi.org/10.1098/rstb.2015.0261

Parrish, R. V., Williams, S. P. & Nold, D. E. (1994). *Effective declutter of complex flight displays using stereoptic 3-D cueing.* NASA Technical Paper 3426. Zugriff am 26.10.2017. Verfügbar unter https://ntrs.nasa.gov/search.jsp?R=19940029030

Pashler, H. (1997). *The psychology of attention.* Cambridge: MIT Press.

Peinsipp-Byma, E., Rehfeld, N. & Eck, R.(Sunday 18 January 2009). *Evaluation of stereoscopic 3D displays for image analysis tasks.* Vortrag anlässlich IS&T/SPIE Electronic Imaging, San Jose, CA.

Pitts, M. J., Hasedžić, E., Skrypchuk, L., Attridge, A. & Williams, M. (2015). Adding Depth: Establishing 3D Display Fundamentals for Automotive Applications. *SAE 2015 World Congress & Exhibition.* https://doi.org/10.4271/2015-01-0147

Pöysti, L., Rajalin, S. & Summala, H. (2005). Factors influencing the use of cellular (mobile) phone during driving and hazards while using it. *Accident Analysis & Prevention, 37,* 47–51. https://doi.org/10.1016/j.aap.2004.06.003

Prat, F., Gras, M. E., Planes, M., Gonzáles-Iglesias, B. & Sullmann, M. (2015). Psychological predictors of texting while driving among university students. *Transportation Research Part F, 34* (76-85). https://doi.org/10.1016/j.trf.2015.07.023

Rajalin, S., Summala, H., Pöysti, L., Anteroinen, P. & Porter, B. E. (2005). In-car cell phone use and hazards following hands free legislation. *Traffic Injury Prevention, 6* (3), 225–229. https://doi.org/10.1080/15389580590969166

Rakauskas, M. E., Gugerty, L. J. & Ward, N. J. (2004). Effects of naturalistic cell phone conversations on driving performance. *Journal of Safety Research, 35* (4), 453–464.

Rammstedt, B. & John, O. O. (2005). Kurzversion des Big Five Inventory (BFI-K). Entwicklung und Validierung eines ökonomischen Inventars zur Erfassung der fünf Faktoren der Persönlichkeit. *Diagnostica, 51* (4), 195–206. https://doi.org/10.1026/0012-1924.51.4.195

Rantanen, E. M. & Goldberg, J. H. (1999). The effect of mental workload on the visual field size and shape. *Ergonomics, 42* (6), 816–834.

Rasmussen, J. (1983). Skills, rules, and knowledge; signals, signs, and symbols, and other distinctions in human performance models. *IEEE Transactions on Systems, Man, and Cybernetics, SMC-13* (3), 257–266. https://doi.org/10.1109/TSMC.1983.6313160

Read, J. C. A. & Bohr, I. (2014). User experience while viewing stereoscopic 3D television. *Ergonomics, 57* (8), 1140–1153. https://doi.org/10.1080/00140139.2014.914581

Reis, G., Liu, Y., Havig, P. & Heft, E. (2011). The effects of target location and target distinction on visual search in a depth display. *Journal of Intelligent Manufacturing, 22* (1), 29–41. https://doi.org/10.1007/s10845-009-0280-z

Reising, J. M. & Mazur, K. M. (1990). 3-D displays for cockpits: where they pay off. In J. O. Merritt & S. S. Fisher (Hrsg.), *Proceedings of SPIE 1256. Stereoscopic displays and applications* (S. 35–43). https://doi.org/10.1117/12.19887.

Rhede, J. (2017). *Konzeption und Evaluation einer hochintegrativen Anzeige für Fahrassistenzsysteme im Pkw in einer handlungsorientierten Warnstrategie.* Dissertation. Technischen Universität Berlin.

Roberts, D. R. (2003). *History of Lenticular and Related Autostereoscopic Methods,* Leap Technologies, LLC. Zugriff am 24.10.2017. Verfügbar unter http://www.lenticularlens. cn/pdfs/history_of_lenticular.pdf

Rockwell, T. H. (1972). Skills, judgement and information acquisition in driving. In T. W. Forbes (Hrsg.), *Human factors in highway traffic safety research* (133-164). New York: Wiley.

Rokeach, M. (1973). *The nature of human values.* New York, NY: Free Press.

Roth, M. & Hammelstein, P. (Hrsg.). (2003). *Sensation Seeking. Konzeption, Diagnostik und Anwendung.* Göttingen: Hogrefe Verlag.

Roth, M. & Herzberg, P. Y. (2004). A Validation and Psychometric Examination of the Arnett Inventory of Sensation Seeking (AISS) in German Adolescents. *European Journal of Psychological Assessment, 20* (3), 205–214. https://doi.org/10.1027/1015-5759.20.3.205

Roth, M. & Mayerhofer, D. (2014). Deutsche Version des Arnett Inventory of Sensation Seeking (AISS-d). *Zusammenstellung sozialwissenschaftlicher Items und Skalen.* https://doi.org/10.6102/zis73

Rudolf, M. & Müller, J. (2012). *Multivariate Verfahren. Eine praxisorientierte Einführung mit Anwendungsbeispielen in SPSS* (2. Aufl.). Göttingen: Hogrefe Verlag.

SAE J3016. *Automated Driving.* Zugriff am 24.10.2017. Verfügbar unter https:// www.sae.org/misc/pdfs/automated_driving.pdf

Salvucci, D. D. & Goldberg, J. H. (2000). Identifying Fixations and Saccades in Eye-Tracking Protocols. In A. T. Duchowski (Hrsg.), *Proceedings of the 2000 Symposium on Eye tracking Research and Applications* (S. 71–78). New York: ACM Press.

Sandbrink, J., Rhede, J., Vollrath, M. & Flehmer, F. (2017). 3D-Displays - Das ungenutzte Potential? Die Wahrnehmung von stereoskopischen Informationen im Fahrzeug. In VDI Wissensforum (Hrsg.), *Der Fahrer im 21. Jahrhundert. Der Mensch im Fokus technischer Innovationen* (VDI-Berichte 2311, S. 153–164).

Schattenberg, K. (2002). *Fahrzeugführung und gleichzeitige Nutzung von Fahrerassistenz- und Fahrerinformationssystemen. Untersuchungen zur sicherheitsoptimierten Gestaltung und Positionierung von Anzeige- und Bedienkomponenten im Kraftfahrzeug.* Dissertation. Technische Hochschule Aachen. Zugriff am 26.10.2017. Verfügbar unter http://publications.rwth-aachen.de/record/57120?ln=de

Schendera, C. F. G. (2007). *Datenqualität mit SPSS.* München: Oldenbourg Wissenschaftsverlag.

Schmidt, P., Bamberg, S., Davidov, E., Herrmann, J. & Schwartz, S. H. (2007). Die Messung von Werten mit dem „Portraits Value Questionnaire". *Zeitschrift für Sozialpsychologie, 38* (4), 261–275. https://doi.org/10.1024/0044-3514.38.4.261

Schömig, N., Schoch, S., Neukum, A., Schumacher, M. & Wandtner, B. (2015). *Simulatorstudien zur Ablenkungswirkung fahrfremder Tätigkeiten* (Forschungsprojekt FE 82.0551/12. Berichte der Bundesanstalt für Straßenwesen M, Bd. 253). Bremen: Carl Schünemann Verlag GmbH.

Schütte, M. (1999). Mental strain and the problem of repeated measurements. *Ergonomics, 42,* 1665–1678. https://doi.org/10.1080/001401399184749

Schütte, M. (2002). Bestimmung der bedingungsbezogenen Messgenauigkeit der Anstrengungsskala. *Zeitschrift für Arbeitswissenschaft, 56,* 37–45.

Schwartz, S. H. (2001). *European Social Survey Core Questionnaire Development. Chapter 7: A Proposal for Measuring Value Orientations across Nations.* Zugriff am 24.10.2017. Verfügbar unter https://www.europeansocialsurvey.org/data/themes.html?t=values

Schwartz, S. H. (2012). An Overview of the Schwartz Theory of Basic Values. *Online Readings in Psychology and Culture, 2* (1). https://doi.org/10.9707/2307-0919.1116

Schweigert, M. (2003). *Fahrerblickverhalten und Nebenaufgaben.* Dissertation. Technische Universität München. Zugriff am 26.10.2017. Verfügbar unter http://mediatum.ub.tum.de?id=601886

Seeing Machines. (2012). *faceLAB 5 User Manual.* Canberra, Australia. Verfügbar unter http://www.seeingmachines.com

Seifert, K. (2002). *Evaluation multimodaler Computer-Systeme in frühen Entwicklungsphasen. Ein empirischer Ansatz zur Ableitung von Gestaltungshinweisen für multimodale Computer-Systeme.* Dissertation. Technische Universität Berlin. Zugriff am 26.10.2017. Verfügbar unter https://depositonce.tu-berlin.de/handle/11303/827

Seiler, S. J. (2015). Hand on the Wheel, Mind on the Mobile: An Analysis of Social Factors Contributing to Texting While Driving. *Cyberpsychology, Behavior, and Social Networking, 18* (2), 72–78. https://doi.org/10.1089/cyber.2014.0535

Senders, J. W., Kristofferson, A. B., Levison, W., Dietrich, C. W. & Ward, J. L. (1967). The attentional demand of automobil driving. *Highway Research Board* (195), 15–33.

Sharafi, Z., Soh, Z. & Guéhéneuc, Y.-G. (2015). A systematic literature review on the usage of eye-tracking in software engineering. *Information and Software Technology, 67,* 79–107. https://doi.org/10.1016/j.infsof.2015.06.008

Shibata, T., Kim, J., Hoffman, D. M. & Banks, M. S. (2011). The zone of comfort: Predicting visual discomfort with stereo displays. *Journal of Vision, 11* (8), 1–29. https://doi.org/10.1167/11.8.11

Society of Automotive Engineers. (2012). *Operational definitions of driving performances measures and statistics. (draft SAE Recommended Practice J2944)*. Warrendale: Society of Automotive Engineers.

Solimini, A. G. (2013). Are there side effects to watching 3D movies? A prospective crossover observational study on visually induced motion sickness. *PLoS ONE, 8* (2), e56160. https://doi.org/10.1371/journal.pone.0056160

Solso, R. L. (2001). *Cognition and the visual arts* (5. Aufl.). Cambridge: MIT Press.

Statista. (2016). *Nutzungsdauer des mobilen Internets in Deutschland bis 2016. Wie viele Minuten pro Tag nutzen Sie mobiles Internet mit Ihrem Smartphone?* Zugriff am 12.07.2017. Verfügbar unter https://de.statista.com/statistik/daten/studie/170522/umfrage/nutzungsdauer-des-mobilen-internets-von-deutschen-usern/

Steiner, B. A. & Dotson, D. A. (1990). The use of 3-D stereo display tactical information. *Proceedings of the Human Factor and Ergonomics Society Annual Meeting, 34* (1), 36–40.

Strasburger, H. & Rentschler, I. (1996). Contrast-dependent Dissociation of Visual Recognition and Detection Fields. *European Journal of Neuroscience, 8* (8), 1787–1791. https://doi.org/10.1111/j.1460-9568.1996.tb01322.x

Strayer, D. L. & Drews, F. A. (2004). Profiles in driver distraction: effects of cell phone conversations on younger and older drivers. *Human Factors, 46* (4), 640–649. https://doi.org/10.1518/hfes.46.4.640.56806

Stutts, J., Hunter, W. W. & Huang, H. F. (2003, Januar). *Cell phone use while driving. Results of a statewide survey*. Transportation Research Board 82nd Annual Meeting, Washington DC, United States.

Stutts, J., Feaganes, J., Reinfurt, D., Rodgman, E., Hamlett, C., Gish, K. et al. (2005). Driver's exposure to distractions in their natural driving environment. *Accident Analysis & Prevention, 37* (6), 1093–1101. https://doi.org/10.1016/j.aap.2005.06.007

Summala, H., Nieminen, T. & Punto, M. (1996). Maintaining Lane Position with Peripheral Vision during In-Vehicle Tasks. *Human Factors, 38* (3), 442–451. https://doi.org/10.1518/001872096778701944

Szczerba, J. & Hersberger, R. (2014). The Use of Stereoscopic Depth in an Automotive Instrument Display. *Proceedings of the Human Factors and Ergonomics Society Annual Meeting, 58* (1), 1184–1188. https://doi.org/10.1177/1541931214581247

Tauer, H. (2010). *Stereo 3D. Grundlagen, Technik und Bildgestaltung*. Berlin: Schiele & Schön.

Terzić, K. & Hansard, M. (2016). Methods for reducing visual discomfort in stereoscopic 3D. A review. *Signal Processing: Image Communication, 47*, 402–416. https://doi.org/10.1016/j.image.2016.08.002

Thulin, H. & Gustafsson, S. (2004). *Mobile Phone Use While Driving. Conclusions from Four Investigations*. Linkoping, Sweden.

Thurlow, C. & Brown, A. (2003). *Generation Txt? The sociolinguistics of young people's text-messaging*. Verfügbar unter http://archive.today/qaHO

Tian, R., Li, L., Rajput, V. S., Witt, G. J., Duffy, V. G. & Chen, Y. (2014). Study on the Display Positions for the Haptic Rotary Device-Based Integrated In-Vehicle Infotainment Interface. *IEEE TRANSACTIONS ON INTELLIGENT TRANSPORTATION SYSTEMS, 15* (3), 1234–1245.

Treisman, A. (1988). Features and objects: The fourteenth bartlett memorial lecture. *The Quarterly Journal of Experimental Psychology Section, 40* (2), 201–237. https://doi.org/10.1080/02724988843000104

Treisman, A. (1991). Search, similarity, and integration of features between and within dimensions. *Journal of Experimental Psychology: Human Perception and Performance, 17* (3), 652–676. https://doi.org/10.1037/0096-1523.17.3.652

Tretten, P. (2008). *The Driver and the Instrument Panel*. Licentiate Thesis. Luleå University of Technology, Luleå.

Überla, K. (1968). *Faktorenanalyse. Eine systematische Einführung für Psychologen, Mediziner, Wirtschafts- und Sozialwissenschaftler*. Berlin: Springer-Verlag.

Urvoy, M., Barkowsky, M. & Le Callet, P. (2013). How visual fatigue and discomfort impact 3D-TV quality of experience. A comprehensive review of technological, psychophysical, and psychological factors. *Annals of Telecommunications, 68* (11-12), 641–655. https://doi.org/10.1007/s12243-013-0394-3

Verwey, W. B. (2000). Evaluating Safety Effects of In-Vehicle Information Systems. In P. A. Hancock & P. A. Desmond (Hrsg.), *Stress Workload, and Fatigue* (S. 409–425). Mahwah, NJ: Erlbaum.

Victor, T., Bärman, J., Boda, C. N., Dozza, M., Engström, J., Flannagan, C. et al. (2014). *Analysis of Naturalistic Driving Study Data. Safer Glances, Driver Inattention, and Crash Risk* (SHRP 2 Safety Project S08A). https://doi.org/10.17226/22297

Victor, T. W., Harblunk, J. L. & Engström, J. A. (2005). Sensitivity of eye-movement measures to in-vehicle task difficulty. *Transportation Research Part F, 8,* 167–190. https://doi.org/10.1016/j.trf.2005.04.014

Vodanovich, S. J. (2003). Psychometric measures of boredom: a review of the literature. *Journal of Psychology, 137* (6), 569–595. https://doi.org/10.1080/00223980309600636

Vodanovich, S. J. & Kass, S. J. (1990). A Factor Analytic Study of the Boredom Proneness Scale. *Journal of Personality Assessment, 55* (1-2), 115–123. https://doi.org/10.1080/00223891.1990.9674051

Vodanovich, S. J., Wallace, J. C. & Kass, S. J. (2005). A confirmatory approach to the factor structure of the Boredom Proneness Scale: evidence for a two-factor short form. *Journal of Personality Assessment, 85* (3), 295–303. https://doi.org/10.1207/s15327752jpa8503_05

Volkswagen Aktiengesellschaft. (2016). *Verantwortung und Wandel. Nachhaltigkeitsbericht 2016.* Zugriff am 18.07.2017. Verfügbar unter http://nachhaltigkeitsbericht2016.volkswagenag.com/home.html

Vollrath, M. (2010). Welche Fehler führen zu Unfällen? *Zeitschrift für Verkehrssicherheit, 1,* 31–36.

Vollrath, M., Huemer, A. K., Nowak, P. & Pion, O. (2014). *Ablenkung durch Informations- und Kommunikationssysteme,* Gesamtverband der Deutschen Versicherungswirtschaft e. V. Unfallforschung der Versicherer. Forschungsbericht 26. Zugriff am 26.10.2017. Verfügbar unter https://udv.de/system/files_force/tx_udvpublications/fb_26_ablenkung.pdf?download=1

Vollrath, M., Huemer, A. K., Teller, C., Likhacheva, A. & Fricke, J. (2016). Do German drivers use their smartphones safely?-Not really! *Accident Analysis & Prevention, 96,* 29–38. https://doi.org/10.1016/j.aap.2016.06.003

Vollrath, M. & Krems, J. F. (2011). *Verkehrspsychologie. Ein Lehrbuch für Psychologen, Ingenieure und Informatiker.* Stuttgart: Kohlhammer Verlag.

Wang, F., Yang, W., Zhang, L., Gundran, A., Zhu, X., Liu, J. et al. (2016). Brain activation difference evoked by different binocular disparities of stereograms: An fMRI study. *Physica Medica, 32* (10), 1308–1313. https://doi.org/10.1016/j.ejmp.2016.07.007

Watkins, W. R., Heath, G. D., Phillips, M. D., Valeton, M. & Toet, A. (2001). Search and target acquisition. Single line of sight versus wide baseline stereo. *Optical Engineering, 40* (9), 1914. https://doi.org/10.1117/1.1390300

Werneke, J. & Vollrath, M. (2013). Signal evaluation environment: a new method for the design of peripheral in-vehicle warning signals. *Behavior Research Methods, 43* (2), 537–547. https://doi.org/10.3758/s13428-010-0054-8

Wickens, C. D. (2000). The When and How of Using 2-D and 3-D Displays for Operational Tasks. *Proceedings of the Human Factors and Ergonomics Society Annual Meeting, 44* (21), 3-403-3-406. https://doi.org/10.1177/154193120004402107

Wickens, C. D., Lee, J., Liu, Y. & Gordon-Becker, S. (2014). *An introduction to human factors engineering.* Edinburgh: Pearson Education Limited.

Wickens, C. D. (2002). Multiple resources and performance prediction. *Theoretical Issues in Ergonomics Science, 3* (2), 159–177. https://doi.org/10.1080/14639220210123806

Wickens, C. D., Goh, J., Helleberg, J., Horrey, W. J. & Talleur, D. A. (2003). Attentional models of multitask pilot performance using advanced display technology. *Human Factors, 45* (3), 360–380. https://doi.org/10.1518/hfes.45.3.360.27250

Wickens, C. D., Hollands, J. G., Banbury, S. & Parasuraman, R. (2013). *Engineering Psychology & Human Performance* (4. Aufl.). Boston: Pearson Psychology Press.

Wierwille, W. W. (1993). Visual and manual demands of in-car controls and displays. In B. Peacock & W. Karwowski (Hrsg.), *Automotive Ergonomics* (S. 299–320). London: Taylor & Francis.

Wikman, A.-S., Nieminen, T. & Summala, H. (1998). Driving experience and time-sharing during in-car tasks on roads of different width. *Ergonomics, 41* (3), 358–372. https://doi.org/10.1080/001401398187080

Wilde, G. J. S. (1982). The Theory of Risk Homeostasis. Implications for Safety and Health. *Risk Analysis, 2* (4), 209–225. https://doi.org/10.1111/j.1539-6924.1982.tb01384.x

Williams, L. J. (1982). Cognitive Load and the Functional Field of View. *Human Factors, 24* (6), 683–692. https://doi.org/10.1177/001872088202400605

Williams, L. J. (1985). Tunnel Vision Induced by a Foveal Load Manipulation. *Human Factors, 27* (2), 221–227. https://doi.org/10.1177/001872088502700209

Wittmann, M., Kiss, M., Gugg, P., Steffen, A., Fink, M., Pöppel, E. et al. (2006). Effects of display position of a visual in-vehicle task on simulated driving. *Applied Ergonomics, 37* (2), 187–199. https://doi.org/10.1016/j.apergo.2005.06.002

Wolfe, J. M. (1994). Guided Search 2.0. A revised model of visual search. *Psychonomic Bulletin & Review, 1* (2), 202–238. https://doi.org/10.3758/BF03200774

Wolfe, J. M. & Horowitz, T. S. (2004). What attributes guide the deployment of visual attention and how do they do it? *Nature reviews. Neuroscience, 5* (6), 495–501. https://doi.org/10.1038/nrn1411

Wong, W., Jokekurun, R., Mansour, H., Amaldi, P., Nees, A. & Villanueva, R. (2005). Depth, layering and transparency: developing design techniques. *OZCHI '05. Proceedings of the 17th Australia conference on Computer-Human Interaction*, 1–10.

Woodson, W. E. & Conover, D. W. (1964). *Human Engineerng Guide for Eqiupment Designers* (2. Aufl.). Berkeley: University of California Press.

Yerkes, R. M. & Dodson, J. D. (1908). The relation of strength of stimulus to rapidity of habit-formation. *Journal of Comparative Neurology and Psychology, 18* (5), 459–482. https://doi.org/10.1002/cne.920180503

Young, K. & Regan, M. (2007). Driver distraction. A review of the literature. In I. J. Faulks, M. Regan, M. Stevenson, J. Brown, A. Porter & J. D. Irwin (Hrsg.), *Distracting driving* (S. 379–405). Sydney: Australasian College of Road Safety.

Young, K. L. & Lenné, M. G. (2010). Driver engagement in distracting activities and the strategies used to minimise risk. *Safety Science, 48* (3), 326–332. https://doi.org/10.1016/j.ssci.2009.10.008

Zaroff, C. M., Knutelska, M. & Frumkes, T. E. (2003). Variation in Stereoacuity. Normative Description, Fixation Disparity, and the Roles of Aging and Gender. *Investigative Opthalmology & Visual Science, 44* (2), 891. https://doi.org/10.1167/iovs.02-0361

Zheng, R., Nakano, K., Ishiko, H., Hagita, K., Kihira, M. & Yokozeki, T. (2016). Eye-Gaze Tracking Analysis of Driver Behavior While Interacting With Navigation Systems in an Urban Area. *IEEE Transactions on Human-Machine Systems, 46* (4), 546–556. https://doi.org/10.1109/THMS.2015.2504083

Zhou, R., Rau, P.-L. P., Zhang, W. & Zhuang, D. (2012). Mobile phone use while driving: Predicting drivers' answering intentions and compensatory decisions. *Safety Science, 50,* 138–149. https://doi.org/10.1016/j.ssci.2011.07.013

Zuckerman, M. (1979). *Sensation seeking. Beyond the optimal level of arousal.* Hillsdale, N.J.: Erlbaum.

Zuckerman, M. (1996). Item revision in the Sensation Seeking Scale Form V (SSS-V). *Personality and Individual Differences, 20* (4), 515. https://doi.org/10.1016/0191-8869(95)00195-6

Zuckerman, M., Bone, R. N., Neary, R., Mangelsdorff, D. & Brustman, B. (1972). What is the sensation seeker? Personality trait and experience correlates of the Sensation-Seeking Scales. *Journal of Consulting and Clinical Psychology, 39* (2), 308–321. https://doi.org/10.1037/h0033398

Zuckerman, M., Kolin, E. A., Price, L. & Zoob, I. (1964). Development of a sensation-seeking scale. *Journal of Consulting Psychology, 28* (6), 477–482. https://doi.org/10.1037/h0040995

Zwahlen, H. T., Adams, C. & DeBald, D. P. (1987). Safety asprects of CRT touch panel controls. In A. G. Gale, M. H. Freeman, C. M. Haslegrave, P. Smith & S. P. Taylor (Hrsg.), *Vision in Vehicles - II. Proceedings of the Second Internation Conference on Vision in Vehicles* (S. 335–344). Amsterdam: North-Holland.

Anhang

Anhang A: Zusatzmaterial zur Onlinestudie zum Nutzerwunsch

Anhang B: Zusatzmaterial zur Realfahrtstudie zum Einfluss der Display-position

Anhang C: Zusatzmaterial der Grundlagenuntersuchung zur stereoskopischen Wahrnehmung

Anhang D: Zusatzmaterial zur Realfahrtstudie zur 3D-Wahrnehmung im Fahrkontext

© Springer Fachmedien Wiesbaden GmbH, ein Teil von Springer Nature 2019
J. Sandbrink, *Gestaltungspotenziale für Infotainment-Darstellungen im Fahrzeug*,
AutoUni – Schriftenreihe 132, https://doi.org/10.1007/978-3-658-23942-8

Anhang A: Zusatzmaterial zur Onlinestudie zum Nutzerwunsch

Anhang A.1:   Protokoll der Datenbereinigung zur Onlinebefragung.

Fortschreiten des Ausfüllens	N
Link aufgerufen	689
Begonnen mit dem Ausfüllen	563
Teil 1 vollständig ausgefüllt	455
Ausschluss: In den letzten 2 Wochen kein Auto gefahren	35
Nach Ausschluss von Teil 1	420
Davon Teil 2 vollständig ausgefüllt	362

Anhang A.2:   Onlinefragebogen zur Nutzung des Smartphones.

1 Einleitung

Herzlich Willkommen zur Online-Umfrage

Ich freue mich, dass Sie sich bereit erklären an dieser Fragebogenstudie teilzunehmen. Ziel der Studie ist es, die Smartphonenutzung von Autofahrern im deutschsprachigen Raum zu untersuchen.

Diese wissenschaftliche Studie wird im Rahmen meiner Dissertation durchgeführt und richtet sich an alle Autofahrer, die ein Smartphone besitzen.

Die Teilnahme dauert ca. 20-25 Minuten. Die Daten werden anonym erhoben, Sie werden nicht nach Namen oder Mailadresse gefragt. Zudem lässt sich nicht nachverfolgen von welchem privaten Zugang der Fragebogen ausgefüllt wurde.

Im Folgenden finden Sie eine Reihe von Fragen und Antworten, die Sie und Ihre Smartphonenutzung betreffen. Für die Bewertung der Aussagen gibt es keine richtigen oder falschen Antworten. Denken Sie bitte nicht lange über die Antworten nach, sondern wählen Sie die Antwort, die Ihnen als Erste in den Sinn kommt.

Die Ähnlichkeit einiger Fragen ist methodisch beabsichtigt.

Vielen Dank für Ihre Zeit und Unterstützung!

2 Soziodemografische Daten

Soziodemografische Daten

Bitte machen Sie im Folgenden einige Angaben zu Ihrer Person.

Welches Geschlecht haben Sie?

o   Weiblich
o   Männlich

Wie alt sind Sie?

Bitte geben Sie Ihr Alter in Ziffern an (z.B. 51).

```
[                    ]
```

Besitzen Sie einen Führerschein?

Bitte geben Sie an, ob Sie einen Führerschein besitzen, der Sie berechtigt einen Pkw zu fahren.

o   Ja
o   Nein

Seit wie vielen Jahren besitzen Sie Ihren Führerschein?

Bitte geben Sie die Anzahl der Jahre in Ziffern an (z.B. 10).

```
[                    ]
```

Besitzen Sie ein eigenes Auto?

o   Ja
o   Nein

Wie viele Kilometer fahren Sie durchschnittlich im Jahr?

Bitte geben Sie die Kilometerzahl in Ziffern an (z.B. 10.000).

```
[                    ]
```

Bitte geben Sie Ihren höchsten Bildungsabschluss an.

o   Keinen Schulabschluss
o   Hauptschulabschluss
o   Mittlere Reife (z.B. Realschulabschluss)
o   Hochschulreife/ Fachhochschulreife (z.B. Abitur)
o   Hochschulabschluss(Fachhochschulabschluss/ Promotion

3 Ausschluss: Kein Führerschein

Ziel dieser Studie ist, es bestimmte Tätigkeiten während des Autofahrens zu bewerten. Deswegen können leider nur Personen teilnehmen, die einen Führerschein besitzen, der sie berechtigt einen Pkw zu fahren.

Ich möchte Ihnen dennoch für Ihre Bereitschaft an der Studie teilzunehmen danken.

Die Befragung ist beendet, Sie können das Fenster schließen.

4 Smartphonenutzung generell

Smartphonenutzung

Bitte machen Sie im Folgenden Angaben zu Ihrer Smartphonenutzung.

Besitzen Sie ein Smartphone?

o   Ja

   Nein

Wie häufig nutzen Sie folgende Funktionen mit Ihrem Smartphone?

Bitte wählen Sie für jeden Punkt eine der Antwortkategorien von „gar nicht" bis „sehr häufig" aus.

	Gar nicht	Selten	Manch-mal	Häufig	Sehr häufig
Telefonieren	O	O	O	O	O
Navigation	O	O	O	O	O
Verkehrsvorhersage	O	O	O	O	O
Musik hören	O	O	O	O	O
Wettervorhersage	O	O	O	O	O
Fotografieren	O	O	O	O	O
Online-Shopping	O	O	O	O	O
E-Mail	O	O	O	O	O
Messaging (z.B. WhatsApp)	O	O	O	O	O
Kalender	O	O	O	O	O
Zeitung/ Magazin lesen	O	O	O	O	O
Spielen	O	O	O	O	O
Social Media (z.B. Facebook)	O	O	O	O	O
Surfen im Internet (z.B. Googlen)	O	O	O	O	O

Bitte geben Sie an, wie sehr folgende Aussagen zur Smartphonenutzung auf Sie zutreffen.

Bitte wählen Sie für jeden Punkt eine der Antwortkategorien von „trifft gar nicht zu" bis „trifft sehr zu" aus.

	Trifft gar nicht zu	Trifft kaum zu	Weder noch	Trifft bedingt zu	Trifft sehr zu
Ich finde es schwierig mein Smartphone auszuschalten.	O	O	O	O	O
Wenn ich kein Smartphone hätte, würden meine Freunde es schwierig finden mich zu erreichen.	O	O	O	O	O
Ich werde nervös, wenn ich mein Smartphone für Termine, Essensverabredungen oder im Kino ausschalten muss.	O	O	O	O	O
Manchmal wenn ich mit etwas beschäftigt bin und nebenbei kurz etwas auf dem Smartphone nachschaue, achte ich nicht mehr auf das was ich tue.	O	O	O	O	O

5 Ausschluss: Kein Smartphone

Ziel dieser Studie ist, es bestimmte Tätigkeiten mit dem Smartphone zu bewerten. Deswegen können leider nur Personen teilnehmen, die ein Smartphone besitzen.

Ich möchte Ihnen dennoch für Ihre Bereitschaft an der Studie teilzunehmen danken.

Die Befragung ist beendet, Sie können das Fenster schließen.

6 Smartphonenutzung Fahrt

Smartphonenutzung während des Autofahrens

Bitte machen Sie im Folgenden einige Angaben zu Ihrer Smartphonenutzung während des Autofahrens.

Unter Autofahren ist auf den nächsten Seiten immer die Situation zu verstehen, bei der Sie auf dem Fahrersitz sitzen, der Motor läuft und Sie sich auf einer öffentlichen Straße oder einem öffentlichen Gelände befinden.

Haben Sie in den letzten 2 Wochen Ihr Smartphone während des Autofahrens genutzt?

Zur Nutzung zählt jede Aktion, die Sie mit Ihrem Smartphone ausführen (inkl. Telefonieren, Messaging, Navigation, etc.). Dabei ist es egal, ob Sie das Smartphone mit dem Fahrzeug gekoppelt haben, es sich in einer Halterung befindet oder Sie es in der Hand halten.

o Ja
o Nein

Würden Sie die Funktionen des Smartphones nutzen wollen, wenn dies beim Autofahren gefahrlos möglich wäre?

o   Ja

o   Nein

Glauben Sie, dass mehr Freiheiten für Tätigkeiten während des Fahrens entstehen, wenn Fahrerassistenzsysteme im Fahrzeug zunehmen, die in bestimmten Situationen selbstständig bremsen und die Spur halten?

o   Ja

o   Nein

7 „Ja, nutze ich"

Wie häufig nutzen Sie das Smartphone während des Autofahrens?

o   Seltener

o   Jede vierte Fahrt (25%)

o   Jede zweite Fahrt (50%)

o   Drei von vier Fahrten (75%)

o   Jede Fahrt (100%)

Wenn Sie Ihr Smartphone bei einer Autofahrt nutzen, wie häufig nutzen Sie es bei dieser Fahrt im Durchschnitt?

o   Einmal

o   Zwei- bis dreimal

o   Vier- bis fünfmal

o   Sechs- bis zehnmal

o   Mehr als zehn Mal

Wenn Sie Ihr Smartphone während der Fahrt nutzen, zu wie viel Prozent ist es dabei mit dem Fahrzeug gekoppelt?

Klicken Sie bitte auf den Slider, im Anschluss können Sie diesen weiter verschieben.

Wenn Sie Ihr Smartphone während der Fahrt nutzen, zu wie viel Prozent befindet es sich dabei in einer Smartphonehalterung?

Klicken Sie bitte auf den Slider, im Anschluss können Sie diesen weiter verschieben.

Wie häufig nutzen Sie folgende Funktionen während der Fahrt auf dem Smartphone?

Bitte wählen Sie für jeden Punkt eine der Antwortkategorien von „gar nicht" bis „sehr häufig" aus.

	Gar nicht	Selten	Manch-mal	Häufig	Sehr häufig
Telefonieren	O	O	O	O	O
Navigation	O	O	O	O	O
Verkehrsvorhersage	O	O	O	O	O
Musik hören	O	O	O	O	O
Wettervorhersage	O	O	O	O	O
Fotografieren	O	O	O	O	O
Online-Shopping	O	O	O	O	O
E-Mail	O	O	O	O	O
Messaging (z.B. WhatsApp)	O	O	O	O	O
Kalender	O	O	O	O	O
Zeitung/ Magazin lesen	O	O	O	O	O
Spielen	O	O	O	O	O
Social Media (z.B. Facebook)	O	O	O	O	O
Surfen im Internet (z.B. Googlen)	O	O	O	O	O

Warum nutzen Sie Ihr Smartphone während des Autofahrens?

	Ja	Nein
Aus Langeweile	O	O
Um erreichbar zu sein	O	O
Um auf dem Laufenden zu bleiben	O	O
Um die Daten/ Funktionen zur Verfügung zu haben	O	O
Sonstiges:	O	O

[_____]

In welchen Situationen nutzen Sie Ihr Smartphone?

Sie können mehrere Situationen auswählen.

☐ An der Ampel
☐ Im Stop & Go-Verkehr
☐ Auf dem Standstreifen
☐ Beim Parken
☐ Im Stadtverkehr
☐ Auf der Landstraße
☐ Auf der Autobahn

Machen Sie Ihre Smartphonenutzung vom äußeren Verkehr abhängig?

o Ja
o Nein

Welche der folgenden Faktoren haben einen Einfluss darauf, ob Sie das Smartphone nutzen oder nicht?

	Ja	Nein
Verkehrsdichte	O	O
Streckenkenntnis	O	O
Mitfahrer im Auto	O	O
Wetterverhältnisse	O	O
Persönlicher Zeitdruck (für die Ankunft)	O	O
Persönlicher Zeitdruck (zur Kommunikation)	O	O
Infrastruktur (Autobahn, Stadt, Land)	O	O
Zuschauer	O	O
Geschwindigkeit	O	O

8 „Nein, nutze ich nicht"

Warum nutzen Sie Ihr Smartphone während des Autofahrens nicht?

	Ja	Nein
Um mich auf die Fahraufgabe zu konzentrieren	O	O
Um meine Ruhe zu haben	O	O
Um keine Probleme mit der Polizei zu bekommen	O	O
Um ein Vorbild zu sein	O	O
Weil es verboten ist	O	O
Um keinen Unfall zu provozieren		
Sonstiges:	O	O

9 Regelkenntnis und -einstellung

Verkehrsregeln

Bitte beantworten Sie die nächsten Fragen nach Ihrer eigenen Einschätzung und benutzen Sie keine Hilfsmittel.

Ist es dem Fahrer erlaubt während des Autofahrens...

	Ja	Nein
mit dem Smartphone in der Hand zu telefonieren?	O	O
zu essen und zu trinken (z.B. einen Apfel)?	O	O
per Touch ein neues Ziel ins Navigationsgerät einzugeben?	O	O
eine andere CD einzulegen?	O	O
das Smartphone zu bedienen, wenn sich dieses in einer Halterung befindet?	O	O
auf der Autobahn, wenn der Verkehr auf der linken Spur mit 20 km/h fährt, rechts mit 60 km/h vorbeizufahren?	O	O
mit dem Smartphone über eine Freisprecheinrichtung zu telefonieren?	O	O
die Seitenspiegel zu verstellen?	O	O
das Smartphone zu bedienen, das man in der Hand hält?	O	O
seine Jacke auszuziehen?	O	O
sich per Smartphone navigieren zu lassen, wenn dieses sich in einer Halterung befindet?	O	O
das Smartphone ohne Halterung mit laufendem Motor im Stand an einer roten Ampel zu bedienen?	O	O

Wie bewerten Sie folgende Aussagen bzgl. der Verkehrsregeln?

Bitte wählen Sie für jede Aussage eine der Antwortkategorien von „stimmt gar nicht" bis „stimmt genau" aus.

	Stimmt gar nicht	Stimmt kaum	Unent-schie-den	Stimmt in etwa	Stimmt genau
Wenn man sich auf die eigene Erfahrung verlässt, braucht man keine Vorschriften.	O	O	O	O	O
Ein geschickter Fahrer kann es sich erlauben, öfters gegen die Verkehrsregeln zu verstoßen.	O	O	O	O	O
Andere Verkehrsteilnehmer halten sich oft zu wenig an die Vorschriften.	O	O	O	O	O
Die richtige Einschätzung der Verkehrssituation ist wichtiger, als das ständige Einhalten von Vorschriften.	O	O	O	O	O

10 Verkehrsverhalten

Verhalten im Straßenverkehr

Bitte beantworten Sie die nächsten Fragen zu Ihrem Verhalten im Straßenverkehr.

Wie häufig kommen folgende Dinge bei Ihnen vor?

Bitte wählen Sie für jede Aussage eine der Antwortkategorien von „nie" bis „immer" aus.

	Nie	Selten	Manch-mal	Häufig	Immer
Mit dem Fahrrad über eine rote Ampel fahren.	O	O	O	O	O
Über Nach mit dem Auto im Parkverbot halten.	O	O	O	O	O
Zu Fuß über eine rote Ampel gehen.	O	O	O	O	O
Das Smartphone beim Fahrradfahren bedienen.	O	O	O	O	O
Auf der Autobahn rechts überholen.	O	O	O	O	O
Nach links in Straßen abbiegen, obwohl nur das Geradeausfahren und Rechtsabbiegen erlaubt ist.	O	O	O	O	O

Halten Sie sich immer genau an das Tempolimit?

o   Ja
o   Nein

Falls Sie sich nicht immer exakt an das Tempolimit halten, wie viel km/h fahren Sie im Schnitt schneller als erlaubt?

Bitte geben Sie die hm/h in Ziffern an.

	Kilometer pro Stunde
In der Stadt (Tempolimit. 50 km/h)	
Auf der Landstraße (Tempolimit. 80 km/h)	
Auf der Autobahn (Tempolimit. 130 km/h)	

Waren Sie in den letzten 5 Jahren als Autofahrer an einem Unfall beteiligt?

o   Ja
o   Nein

Waren Sie in den letzten 5 Jahren als Autofahrer aufgrund von eigener Ablenkung an einem Unfall beteiligt?

o   Ja
o   Nein

11 Dissonanz

Tätigkeiten während des Autofahrens

Bitte beantworten Sie die nächsten Fragen zu Tätigkeiten während des Autofahrens.

Wie häufig führen Sie folgende Tätigkeiten während des Autofahrens aus?

Bitte wählen Sie für jede Aussage eine der Antwortkategorien von „gar nicht" bis „immer" aus.

	Gar nicht	Selten	Manch-mal	Häufig	Immer
Mit dem Smartphone in der Hand zu telefonieren.	O	O	O	O	O
Essen und Trinken (z.B. einen Apfel)	O	O	O	O	O
Per Touch ein neues Ziel ins Navigationsgerät einzugeben	O	O	O	O	O
Eine andere CD einlegen.	O	O	O	O	O
Das Smartphone bedienen, wenn sich dieses in einer Halterung befindet.	O	O	O	O	O
Auf der Autobahn, wenn der Verkehr auf der linken Spur mit 20 km/h fährt, rechts mit 60 km/h vorbeifahren.	O	O	O	O	O
Mit dem Smartphone über eine Freisprecheinrichtung telefonieren.	O	O	O	O	O
Die Seitenspiegel verstellen.	O	O	O	O	O
Das Smartphone bedienen, das Sie in der Hand halten.	O	O	O	O	O
Ihre Jacke ausziehen.	O	O	O	O	O
Sich per Smartphone navigieren lassen, wenn sich dieses in einer Halterung befindet.	O	O	O	O	O
Das Smartphone ohne Halterung mit laufendem Motor im Stand an einer roten Ampel bedienen.	O	O	O	O	O

Für wie riskant halten Sie folgende Tätigkeiten während des Autofahrens aus?

Bitte wählen Sie für jede Aussage eine der Antwortkategorien von „nicht riskant" bis „riskant" aus.

	Nicht riskant	Kaum riskant	Unent-schie-den	Eher riskant	Riskant
Mit dem Smartphone in der Hand zu telefonieren.	O	O	O	O	O
Essen und Trinken (z.B. einen Apfel)	O	O	O	O	O
Per Touch ein neues Ziel ins Navigationsgerät einzugeben	O	O	O	O	O
Eine andere CD einlegen.	O	O	O	O	O
Das Smartphone bedienen, wenn sich dieses in einer Halterung befindet.	O	O	O	O	O
Auf der Autobahn, wenn der Verkehr auf der linken Spur mit 20 km/h fährt, rechts mit 60 km/h vorbeifahren.	O	O	O	O	O
Mit dem Smartphone über eine Freisprecheinrichtung telefonieren.	O	O	O	O	O
Die Seitenspiegel verstellen.	O	O	O	O	O
Das Smartphone bedienen, das Sie in der Hand halten.	O	O	O	O	O
Ihre Jacke auszuziehen.	O	O	O	O	O
Sich per Smartphone navigieren lassen, wenn sich dieses in einer Halterung befindet.	O	O	O	O	O
Das Smartphone ohne Halterung mit laufendem Motor im Stand an einer roten Ampel bedienen.	O	O	O	O	O

Bitte geben Sie an, was für ein Gewissen Sie bei folgenden Tätigkeiten während des Autofahrens haben?

Bitte wählen Sie für jede Aussage eine der Antwortkategorien von „schlechtes Gewissen" bis „gutes Gewissen" aus. Falls Sie die Tätigkeit nie ausführen, geben Sie bitte an, wie es für Sie vermutlich wäre.

	Schlechtes Gewissen	Eher schlechtes Gewissen	Weder noch	Eher gutes Gewissen	Gutes Gewissen
Mit dem Smartphone in der Hand zu telefonieren.	O	O	O	O	O
Essen und Trinken (z.B. einen Apfel)	O	O	O	O	O
Per Touch ein neues Ziel ins Navigationsgerät einzugeben	O	O	O	O	O
Eine andere CD einlegen.	O	O	O	O	O
Das Smartphone bedienen, wenn sich dieses in einer Halterung befindet.	O	O	O	O	O
Auf der Autobahn, wenn der Verkehr auf der linken Spur mit 20 km/h fährt, rechts mit 60 km/h vorbeifahren.	O	O	O	O	O
Mit dem Smartphone über eine Freisprecheinrichtung telefonieren.	O	O	O	O	O
Die Seitenspiegel verstellen.	O	O	O	O	O
Das Smartphone bedienen, das Sie in der Hand halten.	O	O	O	O	O
Ihre Jacke ausziehen.	O	O	O	O	O
Sich per Smartphone navigieren lassen, wenn sich dieses in einer Halterung befindet.	O	O	O	O	O
Das Smartphone ohne Halterung mit laufendem Motor im Stand an einer roten Ampel bedienen.	O	O	O	O	O

Bitte geben Sie an, wie unwohl Sie sich bei folgenden Tätigkeiten während des Autofahrens fühlen.

Bitte wählen Sie für jede Aussage eine der Antwortkategorien von „gar nicht unwohl" bis „sehr unwohl" aus. Falls Sie die Tätigkeit nie ausführen, geben Sie bitte an, wie es für Sie vermutlich wäre.

	Gar nicht unwohl	Kaum unwohl	Unent-schie-den	Eher unwohl	Sehr unwohl
Mit dem Smartphone in der Hand zu telefonieren.	O	O	O	O	O
Essen und Trinken (z.B. einen Apfel)	O	O	O	O	O
Per Touch ein neues Ziel ins Navigationsgerät einzugeben	O	O	O	O	O
Eine andere CD einlegen.	O	O	O	O	O
Das Smartphone bedienen, wenn sich dieses in einer Halterung befindet.	O	O	O	O	O
Auf der Autobahn, wenn der Verkehr auf der linken Spur mit 20 km/h fährt, rechts mit 60 km/h vorbeifahren.	O	O	O	O	O
Mit dem Smartphone über eine Freisprecheinrichtung telefonieren.	O	O	O	O	O
Die Seitenspiegel verstellen.	O	O	O	O	O
Das Smartphone bedienen, das Sie in der Hand halten.	O	O	O	O	O
Ihre Jacke ausziehen.	O	O	O	O	O
Sich per Smartphone navigieren lassen, wenn sich dieses in einer Halterung befindet.	O	O	O	O	O
Das Smartphone ohne Halterung mit laufendem Motor im Stand an einer roten Ampel bedienen.	O	O	O	O	O

12 Offene Anmerkungen

Haben Sie noch Anmerkungen in Bezug zur Smartphonenutzung während des Autofahrens?

```
┌─────────────────────────────────────────────────────────────────┐
│                                                                   │
│                                                                   │
└─────────────────────────────────────────────────────────────────┘
```

13 Persönlichkeitsfaktoren - KUT

Persönliche Faktoren

Geben Sie bitte im Folgenden Ihre Selbsteinschätzung zum Umgang mit technischen Geräten an.

	Stimmt gar nicht	Stimmt eher nicht	Teils/ teils	Stimmt eher	Stimmt völlig
Ich kann ziemlich viele der technischen Probleme, mit denen ich konfrontiert bin, alleine lösen.	O	O	O	O	O
Technische Geräte sind oft undurchschaubar und schwer zu beherrschen.	O	O	O	O	O
Es macht mir richtig Spaß, ein technisches Problem zu knacken.	O	O	O	O	O
Weil ich mit bisherigen technischen Problemen gut zurechtgekommen bin, blicke ich auch künftigen Problemen optimistisch entgehen.	O	O	O	O	O
Ich fühle mich technischen Geräten gegenüber so hilflos, dass ich lieber die Finger von Ihnen lasse.	O	O	O	O	O
Auch wenn Widerstände auftreten, bearbeite ich ein technisches Problem weiter.	O	O	O	O	O
Wenn ich ein technisches Problem löse, so geschieht das meistens durch Glück.	O	O	O	O	O
Die meisten technischen Probleme sich so kompliziert, dass es wenig Sinn hat, sich mit ihnen auseinanderzusetzen.	O	O	O	O	O

14 Persönlichkeitsfaktoren – Fahrstil

Fahrtbezogen

	Stimmt gar nicht	Stimmt eher nicht	Teils/ teils	Stimmt eher	Stimmt völlig
Autofahren ist für mich auch eine sportliche Herausforderung.	O	O	O	O	O
An unübersichtlichen Kreuzungen fühle ich mich häufig gestresst.	O	O	O	O	O
Beim Autofahren vermeide ich jedes Risiko.	O	O	O	O	O
Mit etwas Mut kann man auch in unübersichtlichen Situationen überholen.	O	O	O	O	O
Sehr schnelles Fahren flößt mir Unbehagen ein.	O	O	O	O	O
Ein bisschen Nervenkitzel gehört für mich zum Autofahren dazu.	O	O	O	O	O
Wenn ich sehe, wie andere fahren, bekomme ich es oft mit der Angst zu tun.	O	O	O	O	O
Es ist schade, dass man seinen Wagen selten ganz ausfahren kann.	O	O	O	O	O
Um schneller vorwärts zu kommen, wechsle ich öfter die Spur.	O	O	O	O	O

Handlungsbezogen

	Stimmt gar nicht	Stimmt eher nicht	Teils/ teils	Stimmt eher	Stimmt völlig
Wenn ich für etwas verantwortlich bin, will ich auch alle Entscheidungen treffen.	O	O	O	O	O
Ich muss nicht alles verstehen, Hauptsache die Dinge gehen ihren Gang.	O	O	O	O	O
Solange alles gut geht, ist es mir egal, ob ich Einfluss nehmen kann oder nicht.	O	O	O	O	O
Es fällt mir nicht schwer, Verantwortung zu delegieren.	O	O	O	O	O
Es bereitet mir Unbehagen, mich auf andere verlassen zu müssen.	O	O	O	O	O
Ich ertrage es nicht, wenn andere das Geschehen diktieren.	O	O	O	O	O
Ich merke öfter, dass sich andere nach mir richten.	O	O	O	O	O
Es macht mir Spaß, andere von meiner Meinung zu überzeugen.	O	O	O	O	O

15 Persönlichkeitsfaktoren – Bremer SSS

Persönliche Faktoren

Bitte geben Sie für jede der nachfolgenden Aussagen an, inwieweit diese auf Sie persönlich zutreffen von „trifft nicht zu" bis „trifft zu".

	Trifft nicht zu	Trifft eher nicht zu	Weder noch	Trifft bedingt zu	Trifft zu
Ich habe großen Spaß an risikoreichen Sportarten.	O	O	O	O	O
Ich brauche die Möglichkeit, mich von Zeit zu Zeit wild und ungehemmt ausleben zu können.	O	O	O	O	O
Ich trage gerne außergewöhnliche Kleidung, um aufzufallen.	O	O	O	O	O
Ich suche häufig Situationen auf, in denen ich mich voll verausgaben kann.	O	O	O	O	O
Gefahrvolle Situationen üben auf mich einen starken Reiz aus.	O	O	O	O	O
Mir liegt es, zu schauspielern und in eine zweite Haut zu schlüpfen.	O	O	O	O	O
Ich gehe häufig an die Grenzen meiner physischen und psychischen Belastbarkeit.	O	O	O	O	O
Es treibt mich oft an Orte, wo ordentlich was los ist.	O	O	O	O	O
Ich bin fasziniert von Bungee-Springen und würde es selbst ausprobieren.	O	O	O	O	O
Ich liebe es, mit einer Achterbahn oder anderen schnellen Karussells zu fahren.	O	O	O	O	O
Ich versuche so oft es geht aus dem Alltag auszubrechen und neue ungewöhnliche Dinge zu erleben.	O	O	O	O	O
Ich suche aktiv und manchmal aggressiv die Konfrontation mit anderen Menschen.	O	O	O	O	O

	Trifft nicht zu	Trifft eher nicht zu	Weder noch	Trifft bedingt zu	Trifft zu
Ich finde Gefallen an starken körperlichen Reizen (eiskalt duschen, saunen, usw.).	O	O	O	O	O
Ich erfülle mir eine Vielzahl von Genüssen, auch wenn die Gefahr eines gesundheitlichen Risikos besteht (z.B. Rauchen und Alkohol).	O	O	O	O	O
Ich lasse mich gerne von unvorhergesehenen Ereignissen überraschen.	O	O	O	O	O
Wenn ich die Möglichkeit hätte, würde ich bestimmt Fallschirmspringen oder Drachenfliegen.	O	O	O	O	O
Ich lasse mich gerne von aufpeitschender lauter Musik anheizen.	O	O	O	O	O
Ich habe großen Spaß daran, beim Betrachten spannender Filme oder der Lektüre von Abenteuerromanen in die Rolle des Helden zu schlüpfen.	O	O	O	O	O
Sex und Erotik sind für mich wie eine Droge.	O	O	O	O	O
Große Veranstaltungen mit einer unübersichtlichen Masse von Menschen ziehen mich magisch an.	O	O	O	O	O

16 Persönlichkeitsfaktoren – BFI-K

Persönliche Faktoren

Bitte geben Sie für jede der nachfolgenden Aussagen an, inwieweit diese auf Sie persönlich zutreffen von „sehr unzutreffend" bis „sehr zutreffend".

Ich...

	Sehr unzu-treffend	Eher unzu-treffend	Weder noch	Eher zutref-fend	Sehr zutref-fend
bin eher zurückhaltend, reserviert.	O	O	O	O	O
neige dazu, andere zu kritisieren.	O	O	O	O	O
erledige Aufgaben gründlich.	O	O	O	O	O
werde leicht deprimiert, niederge-schlagen.	O	O	O	O	O
bin vielseitig interessiert.	O	O	O	O	O
bin begeisterungsfähig und kann andere leicht mitreißen.	O	O	O	O	O
schenke anderen leicht Vertrauen, glaube an das Gute im Menschen.	O	O	O	O	O
bin bequem, neige zur Faulheit.	O	O	O	O	O
bin entspannt, lasse mich durch Stress nicht aus der Ruhe bringen.	O	O	O	O	O
bin tiefsinnig, denke gerne über Sachen nach.	O	O	O	O	O
bin eher der „stille" Typ, wortkarg.	O	O	O	O	O
kann mich kalt und distanziert verhalten.	O	O	O	O	O
bin tüchtig und arbeite flott.	O	O	O	O	O
mache mir viele Sorgen.	O	O	O	O	O
habe eine aktive Vorstellungskraft, bin phantasievoll.	O	O	O	O	O
gehe aus mir heraus, bin gesellig.	O	O	O	O	O
kann mich schroff und abweisend anderen gegenüber verhalten.	O	O	O	O	O
mache Pläne und führe sie auch durch.	O	O	O	O	O

	Sehr unzu- treffend	Eher unzu- treffend	Weder noch	Eher zutref- fend	Sehr zutref- fend
werde leicht nervös und unsicher.	O	O	O	O	O
schätze künstlerische und ästheti- sche Eindrücke.	O	O	O	O	O
habe nur wenig künstlerisches Interesse.	O	O	O	O	O

17 Persönlichkeitsfaktoren – AISS

Persönliche Faktoren

Bitte geben Sie für jede der nachfolgenden Aussagen an, inwieweit diese auf Sie persönlich zutreffen von „trifft gar nicht zu" bis „trifft stark zu".

	Trifft gar nicht zu	Trifft kaum zu	Trifft etwas zu	Trifft stark zu
Ich fände es interessant jemanden aus dem Ausland zu heiraten.	O	O	O	O
Wenn das Wasser sehr kalt ist, gehe ich selbst an heißen Tagen nicht gerne schwimmen.	O	O	O	O
Wenn ich in einer langen Schlange stehe, bin ich für gewöhnlich sehr ungeduldig.	O	O	O	O
Wenn ich Musik höre, sollte sie laut sein.	O	O	O	O
Wenn ich verreise, denke ich, dass es am besten ist, so wenig Pläne wie möglich zu machen und es so zu nehmen, wie es kommt.	O	O	O	O
Ich gehe nicht in Kinofilme, die ängstigend oder „nervenaufreibend" sind.	O	O	O	O
Es würde mir Spaß machen, und ich fände es aufregend, vor einer Gruppe aufzutreten oder zu sprechen.	O	O	O	O
Wenn ich auf einem Rummel gehe, würde ich die Achterbahn oder andere schnelle Bahnen bevorzugen.	O	O	O	O
Ich würde gerne an fremde und entfernte Orte reisen.	O	O	O	O

	Trifft gar nicht zu	Trifft kaum zu	Trifft etwas zu	Trifft stark zu
Ich würde niemals Glücksspiele um Geld machen, selbst wenn ich es mir leisten könnte.	O	O	O	O
Mir hätte es gefallen, eine/r der ersten Entdecker eines unbekannten Landes gewesen zu sein.	O	O	O	O
Ich mag Filme, in denen eine Menge Explosionen und Verfolgungsjagden vorkommen.	O	O	O	O
Ich mag keine extrem scharfen und gewürzten Speisen.	O	O	O	O
Im Allgemeinen kann ich besser arbeiten, wenn ich unter Druck bin.	O	O	O	O
Ich habe gerne und häufig das Radio oder den Fernseher an, wenn ich etwas anderes mache (z.B. lesen oder saubermachen).	O	O	O	O
Es wäre interessant, einen Autounfall zu beobachten.	O	O	O	O
Ich denke, wenn man im Restaurant isst, ist es am besten, sich etwas Bekanntes zu bestellen.	O	O	O	O
Ich mag das Gefühl am Rande eines Abgrundes oder in großer Höhe zu stehen und herunterzuschauen.	O	O	O	O
Wenn es möglich wäre, umsonst auf den Mond oder einen anderen Planten zu fliegen, wäre ich unter den ersten, die sich dafür melden würden.	O	O	O	O
Ich kann mir vorstellen, dass es aufregend sein muss, während eines Krieges in einem Kampf zu sein.	O	O	O	O

18 Persönlichkeitsfaktoren – ESS

Persönliche Faktoren

Im Folgenden beschreibe ich Ihnen einige Personen. Bitte sagen Sie mir, wie ähnlich oder unähnlich Ihnen die jeweils beschriebene Person ist von „ist mir überhaupt nicht ähnlich" bis „ist mir sehr ähnlich" oder geben Sie „weiß nicht" an, wenn Sie es nicht einschätzen können.

	Ist mir überhaupt nicht ähnlich	Ist mir nicht ähnlich	Ist mir nur ein kleines bisschen ähnlich	Ist mir etwas ähnlich	Ist mir ähnlich	Ist mir sehr ähnlich	Weiß nicht
Es ist ihm wichtig, neue Ideen zu entwickeln und kreativ zu sein. Er macht Sachen gerne auf seine eigene originelle Art und Weise.	O	O	O	O	O	O	O
Es ist ihm wichtig, reicht zu sein. Er möchte viel Geld haben und teure Sachen besitzen.	O	O	O	O	O	O	O
Er hält es für wichtig, dass alle Menschen auf der Welt gleich behandelt werden sollten. Er glaubt, dass jeder Mensch im Leben gleiche Chancen haben sollte.	O	O	O	O	O	O	O
Es ist ihm wichtig, seine Fähigkeiten zu zeigen. Er möchte, dass die Leute bewundern, was er tut.	O	O	O	O	O	O	O
Es ist ihm wichtig, in einem sicheren Umfeld zu leben. Er vermeidet alles, was seine Sicherheit gefährden könnte.	O	O	O	O	O	O	O
Er mag Überraschungen und hält immer Ausschau nach neuen Aktivitäten. Er denkt, dass im Leben Abwechslung wichtig ist.	O	O	O	O	O	O	O

	Ist mir über- haupt nicht ähnlich	Ist mir nicht ähnlich	Ist mir nur ein kleines biss- chen ähnlich	Ist mir etwas ähnlich	Ist mir ähnlich	Ist mir sehr ähnlich	Weiß nicht
Er glaubt, dass die Menschen tun sollten, was man ihnen sagt. Er denkt, dass Menschen sich immer an Regeln halten sollten, selbst dann, wenn es niemand sieht.	O	O	O	O	O	O	O
Es ist ihm wichtig, Menschen zuzuhören, die anders sind als er. Auch wenn er anderer Meinung ist als andere, will er sie trotzdem verstehen.	O	O	O	O	O	O	O
Es ist ihm wichtig, zurückhaltend und bescheiden zu sein. Er versucht, die Aufmerk- samkeit nicht auf sich zu lenken.	O	O	O	O	O	O	O
Es ist ihm wichtig, Spaß zu haben. Er gönnt sich selbst gerne etwas.	O	O	O	O	O	O	O
Es ist ihm wichtig, selbst zu entscheiden, was er tut. Er ist gern frei und unabhängig von anderen.	O	O	O	O	O	O	O
Es ist ihm sehr wichtig, den Menschen um ihn herum zu helfen. Er will für deren Wohl sorgen.	O	O	O	O	O	O	O
Es ist ihm wichtig, sehr erfolgreich zu sein. Er hofft, dass die Leute seine Leistungen anerkennen.	O	O	O	O	O	O	O

	Ist mir überhaupt nicht ähnlich	Ist mir nicht ähnlich	Ist mir nur ein kleines bisschen ähnlich	Ist mir etwas ähnlich	Ist mir ähnlich	Ist mir sehr ähnlich	Weiß nicht
Es ist ihm wichtig, dass der Statt seine persönliche Sicherheit vor allen Bedrohungen gewährleistet. Er will einen starken Staat, der seine Bürger verteidigt.	O	O	O	O	O	O	O
Er sucht das Abenteuer und geht gerne Risiken ein. Er will ein aufregendes Leben haben.	O	O	O	O	O	O	O
Es ist ihm wichtig, sich jederzeit korrekt zu verhalten. Er vermeidet es, Dinge zu tun, die andere Leute für falsch halten könnten.	O	O	O	O	O	O	O
Es ist ihm wichtig, dass andere ihn respektieren. Er will, dass die Leite tun, was er sagt.	O	O	O	O	O	O	O
Es ist ihm wichtig, seinen Freunden gegenüber loyal zu sein. Er will sich für Menschen einsetzen, die ihm nahe stehen.	O	O	O	O	O	O	O
Er ist fest davon überzeugt, dass die Menschen sich um die Natur kümmern sollten. Umweltschutz ist ihm wichtig.	O	O	O	O	O	O	O

	Ist mir überhaupt nicht ähnlich	Ist mir nicht ähnlich	Ist mir nur ein kleines bisschen ähnlich	Ist mir etwas ähnlich	Ist mir ähnlich	Ist mir sehr ähnlich	Weiß nicht
Tradition ist ihm wichtig. Er versucht, sich an die Sitten und Gebräuche zu halten, die ihm von seiner Religion oder seiner Familie überliefert wurden.	O	O	O	O	O	O	O
Er lässt keine Gelegenheit aus, Spaß zu haben. Es ist ihm wichtig, Dinge zu tun, die ihm Vergnügen bereiten.	O	O	O	O	O	O	O

19 Persönlichkeitsfaktoren – Neigung zur Langeweile

Persönliche Faktoren

Bitte wählen Sie für jede Aussage eine der Antwortkategorien von „stimme nicht zu" bis „stimme zu" aus.

	Stimme nicht zu	Stimme eher nicht zu	Weder noch	Stimme eher zu	Stimme zu
Die Reisefotos von anderen Menschen anzusehen langweilt mich.	O	O	O	O	O
Ich finde es leicht mich selbst zu unterhalten.	O	O	O	O	O
Ich habe so viele Interessen, dass ich nicht genug Zeit habe sie alle auszuüben.	O	O	O	O	O
Immer wenn ich an etwas arbeite, bemerke ich, dass ich mir über andere Dinge Gedanken mache.	O	O	O	O	O
Ich weiß oft nicht was ich machen soll.	O	O	O	O	O
In Situationen, in denen ich warten muss, z.B. in einer Warteschlange, werde ich sehr ruhelos.	O	O	O	O	O

Anhang A.3: Vergleich der Datensätze der Onlinestudie mit N = 420 und dem Teildatensatz N = 362.

	N = 420	N = 362
Geschlecht	241 Frauen (57,4 %)	213 Frauen (58,8 %)
Alter	*Mdn* = 27	*Mdn* = 27
Führerscheinbesitz	*Mdn* = 9	*Mdn* = 9
Km pro Jahr	*Mdn* = 12000	*Mdn* = 12000

Anhang A.4: Überprüfung der Faktorenstruktur und Testgütekriterien der standardisierten Persönlichkeitsfragebögen.

Kontrollüberzeugungen und Fahrstil (Beier, 2004)

Kriterium	Teststatistik	
Reliabilität der Skalen	KUT: Cronbachs α = .91	8 Items
	Fahrertyp: Cronbachs α = .53	5 Items
	Kontrollbedürfnis: Cronbachs α = .50	5 Items

Arnett Inventory of Sensation Seeking (Roth & Herzberg, 2004)

Kriterium	Teststatistik	
Kaiser-Meyer-Olkin-Koeffizient	KMO = .68	
Bartlett-Test auf Sphärizität	$\chi^2_{(190)} = 909.89, p < .001$	
Faktorenanzahl nach Kaiser-Guttman-Kriterium	7 Faktoren (55,2 % Varianzaufklärung)	
Faktorenanzahl nach Skalenkonstruktion	2 Faktoren (24,1 % Varianzaufklärung)	
Itemladungen	Ladungen entsprechen nicht der Literatur	
Reliabilität der Skalen	Intensity: Cronbachs α = .58	10 Items
	Novelity: Cronbachs α = .44	10 Items
	Gesamtskala: Cronbachs α = .62	20 Items

BFI-K (Rammstedt & John, 2005)

Kriterium	Teststatistik	
Kaiser-Meyer-Olkin-Koeffizient	KMO = .77	
Bartlett-Test auf Sphärizität	$\chi^2_{(210)} = 2696.52, p < .001$	
Faktorenanzahl nach Kaiser-Guttman-Kriterium	6 Faktoren (64,8 % Varianzaufklärung)	
Faktorenanzahl nach Skalenkonstruktion	5 Faktoren (59,2 % Varianzaufklärung)	
Itemladungen	Weder mit 5 noch nach 6 Faktoren entsprechen die Itemladungen den vorgegebenen Strukturen. Besonders Neurotizismus und Extraversion trennen nicht deutlich.	
Reliabilität der Skalen	Extraversion: Cronbachs α = .83	4 Items
	Verträglichkeit: Cronbachs α = .67	4 Items
	Gewissenhaftigkeit: Cronbachs α = .65	4 Items
		4 Items
	Neurotizismus: Cronbachs α = .80	8 Items
	Offenheit: Cronbachs α = .72	

Werte und Normen aus dem ESS (Schwartz, 2012)

Kriterium	Teststatistik	
Kaiser-Meyer-Olkin-Koeffizient	KMO = .71	
Bartlett-Test auf Sphärizität	$\chi^2_{(210)} = 1578.21, p < .001$	
Faktorenanzahl nach Kaiser-Guttman-Kriterium	6 (58,1 % Varianzaufklärung)	
Faktorenanzahl nach Skalenkonstruktion	10 (74,8 % Varianzaufklärung)	
Itemladungen	Faktorenstruktur stimmt durchgängig nicht mit der Theorie überein.	
Reliabilität der Skalen	Selbstbestimmung: Cronbachs α = .43	2 Items
	Macht: Cronbachs α = .49	2 Items
	Universalismus: Cronbachs α = .53	3 Items
	Leistung: Cronbachs α = .74	2 Items
	Sicherheit: Cronbachs α = .43	2 Items
	Stimulation: Cronbachs α = .74	2 Items
	Konformität: Cronbachs α = .56	2 Items
	Tradition: Cronbachs α = .13	2 Items
	Hedonismus: Cronbachs α = .70	2 Items
	Benevolenz: Cronbachs α = .40	2 Items

Auszug: Boredom Proponess Scale (Heller, 2008; Vodanovich et al., 2005)

Kriterium	Teststatistik		
Kaiser-Meyer-Olkin-Koeffizient	KMO = .60		
Bartlett-Test auf Sphärizität	$\chi^2_{(19)} = 191.59, p < .001$		
Faktorenanzahl nach Kaiser-Guttman-Kriterium	2 (51,6 % Varianzaufklärung)		
Faktorenanzahl nach Skalenkonstruktion	2 bis 5 (viele Faktorlösungen, aber immer zwei Cluster ergeben, welche zum einen die Empfindung einer geringen externen Stimulation ist und zum anderen die Fähigkeit (oder Unfähigkeit) von Personen sich selbst zu beschäftigen (Vodanovich, 2003; Vodanovich et al., 2005).		
Itemladungen	Diese zwei Cluster sind auch hier zu finden, wobei das Item „Ich weiß oft nicht, was ich machen soll" auf beide Faktoren stark läd.		
Reliabilität der Skalen	Externe Stimulation: Cronbachs α = .36		3 Items
	Selbstbeschäftigung Cronbachs α = .58		3 Items
			6 Items
	Gesamtskala: Cronbachs α = .50		

Anhang A.5:   Genutzte Funktionen im Fahrzeug N = 290.

	Anteil der Nutzung in Prozent
Telefonie	19,7
Navigation	18,5
Messaging	17,8
Musik hören	13,2
Verkehrsvorhersage	7,7
E-Mail	5,2
Social Media	4,3
Surfen	3,8
Fotografieren	3,3
Kalender	3,0
Wettervorhersage	2,1
Zeitung lesen	0,7
Spielen	0,5
Online-Shopping	0,3

Anhang A.6:   Risikoeinschätzung von Nutzern und Nicht-Nutzern mit Mann-Whitney-U-Test.

Item	Nutzer	N = 420	M	SD	U-Test
Mit dem Smartphone in der Hand telefonieren.	Nein	236	3.32	0.81	U = 11.708 z = -8.655
	Ja	184	2.60	0.88	p < .001 r = .42
Das Smartphone bedienen, das Sie in der Hand halten.	Nein	142	3.34	0.72	U = 11.88 z = -7.70
	Ja	278	3.82	0.48	p < .001 r = .38
Das Smartphone bedienen, wenn sich dieses in einer Halterung befindet.	Nein	293	2.76	0.852	U = 14.40 z = -3.93
	Ja	127	2.38	0.942	p < .001 r = .19
Das Smartphone ohne Halterung mit laufendem Motor im Stand an einer roten Ampel bedienen.	Nein	102	1.75	1.11	U = 12.46 z = -3.72
	Ja	318	1.30	0.93	p < .001 r = .18
Mit dem Smartphone über eine Freisprecheinrichtung telefonieren.	Nein	210	1.11	0.92	p = .072
	Ja	210	0.93	0.79	
Sich per Smartphone navigieren lassen, wenn sich dieses in einer Halterung befindet.	Nein	220	0.77	0.92	p = .867
	Ja	200	0.71	0.79	

Anhang A.7: Unwohlsein von Nutzern und Nicht-Nutzern mit Mann-Whitney-U-Test.

Item	Nutzer	N = 420	MW	SD	U-Test
Mit dem Smartphone in der Hand telefonieren.	Nein	236	3.37	0.92	U = 12.960 z = -7.59 p < .001 r = .37
	Ja	184	2.62	1.15	
Das Smartphone bedienen, das Sie in der Hand halten.	Nein	142	3.54	0,82	U = 13.01 z = -6.21 p < .001 r = .30
	Ja	278	3.02	0.97	
Das Smartphone bedienen, wenn sich dieses in einer Halterung befindet.	Nein	293	2.27	1.10	p = .107
	Ja	127	2.09	1.11	
Das Smartphone ohne Halterung mit laufendem Motor im Stand an einer roten Ampel bedienen.	Nein	102	2.50	1.28	U = 10.93 z = -5.11 p < .001 r = .25
	Ja	318	1.77	1.77	
Mit dem Smartphone über eine Freisprecheinrichtung telefonieren.	Ja	210	1.00	1.03	U = 16.71 z = -4.67 p < .001 r = .23
	Nein	210	0.57	0.84	
Sich per Smartphone navigieren lassen, wenn sich dieses in einer Halterung befindet.	Ja	220	0.80	0.99	p = .108
	Nein	200	0.66	.80	

Anhang A.8:   Korrelationen nach Spearman für die Variablen Alter, Geschlecht und Funktionsnutzung im Fahrzeug mit zweiseitiger Signifikanzprüfung (N = 290).

Variable	Funktionen	Korrelation
Alter	Messaging (z. B. WhatsApp)	$r_p = -.124, p = .035$
	Telefonieren	$r_p = .164, p = .005$
	Verkehrsvorhersage	$p = .787$
	Navigation	$r_p = -.160, p = .006$
	Musik hören	$r_p = -.256, p < .001$
Geschlecht (weiblich = 1, männlich = 2)	Messaging (z. B. WhatsApp)	$p = .429$
	Telefonieren	$r_p = .118, p = .045$
	Verkehrsvorhersage	$r_p = .146, p = .013$
	Navigation	$p = .344$
	Musik hören	$r_p = .117, p < .046$

Anhang A.9:   Korrelationen nach Spearman für die „Big Five" Persönlichkeitsfaktoren und die Funktionsnutzung im Fahrzeug mit zweiseitiger Signifikanzprüfung (N = 369); Neurotizismus zeigt keine signifikanten Korrelationen.

Item	Extra-version	Verträg-lich-keit	Gewissen-haftigkeit	Offenheit
Mit dem Smartphone in der Hand zu telefonie-ren.	$p = .540$	$p = .685$	$r_p = -.111, p = .034$	$r_p = -.150, p = .004$
Das Smartphone bedienen, wenn sich dies in einer Halterung befindet.	$p = .978$	$p = .907$	$p = .461$	$p = .795$
Mit dem Smartphone über die Freisprechein-richtung telefonieren.	$r_p = .154, p = .003$	$p = .811$	$p = .428$	$p = .421$
Das Smartphone bedienen, das Sie in der Hand halten.	$p = .050$	$r_p = -.139, p = .008$	$p = .208$	$p = .093$
Sich per Smartphone navigieren lassen, wenn sich dies in einer Halterung befindet.	$p = .131$	$p = .249$	$p = .219$	$p = .838$
Das Smartphone ohne Halterung mit laufen-dem Motor im Stand an einer roten Ampel bedienen.	$r_p = .124, p = .017$	$p = .088$	$p = .119$	$p = .626$

Anhang A.10: Korrelationen nach Spearman für die Nutzung des Smartphones und die Variablen Kontrollüberzeugung im Umgang mit Technik und Fahrstil (N = 379).

Item	KUT	Fahrertyp
Mit dem Smartphone in der Hand zu telefonieren.	$p = .148$	$r_p = .168, p = .001$
Das Smartphone bedienen, wenn sich dies in einer Halterung befindet.	$r_p = .119, p = .021$	$r_p = .136, p = .008$
Mit dem Smartphone über die Freisprecheinrichtung telefonieren.	$r_p = .115, p = .025$	$r_p = .233, p < .001$
Das Smartphone bedienen, das Sie in der Hand halten.	$p = .716$	$r_p = .312, p < .001$
Sich per Smartphone navigieren lassen, wenn sich dies in einer Halterung befindet.	$r_p = .171, p = .001$	$p = .821$
Das Smartphone ohne Halterung mit laufendem Motor im Stand an einer roten Ampel bedienen.	$p = .878$	$r_p = .270, p < .001$

Anhang A.11: Korrelationen nach Spearman für die Persönlichkeitseigenschaft des Sensation Seeking und die Funktionsnutzung im Fahrzeug mit zweiseitiger Signifikanzprüfung (N = 290).

Item	AISS Novelity	AISS Intensity	AISS Gesamtscore
Mit dem Smartphone in der Hand zu telefonieren.	$p = .223$	$r_p = .144, p = .028$	$p = .609$
Das Smartphone bedienen, wenn sich dies in einer Halterung befindet.	$p = .668$	$r_p = .126, p = .015$	$p = .090$
Mit dem Smartphone über die Freisprecheinrichtung telefonieren.	$r_p = .126, p = .015$	$p = .073$	$r_p = .131, p = .011$
Das Smartphone bedienen, das Sie in der Hand halten.	$p = .333$	$r_p = .147, p = .005$	$p = .228$
Sich per Smartphone navigieren lassen, wenn sich dies in einer Halterung befindet.	$p = .111$	$r_p = .130, p = .007$	$r_p = .130, p = .012$
Das Smartphone ohne Halterung mit laufendem Motor im Stand an einer roten Ampel bedienen.	$p = .832$	$r_p = .124, p = .017$	$p = .182$

Anhang A.12: Korrelationen für die Werte und Normen des ESS und die Funktionsnutzung mit zweiseitiger Signifikanzprüfung (N = 358), Teil 1.

Item	Selbst-bestimmung	Macht	Universal-ismus	Leistung
Mit dem Smartphone in der Hand zu telefonieren.	$p = .079$	$p = .274$	$p = .052$	$p = .756$
Das Smartphone bedienen, wenn sich dies in einer Halterung befindet.	$r_p = .136,$ $p = .010$	$p = .401$	$r_p = .116,$ $p = .030$	$p = .160$
Mit dem Smartphone über die Freisprecheinrichtung telefonieren.	$r_p = .139,$ $p = .008$	$r_p = .118,$ $p = .026$	$p = .656$	$p = .118$
Das Smartphone bedienen, das Sie in der Hand halten.	$r_p = -.105,$ $p = .047$	$p = .322$	$p = .077$	$p = .172$
Sich per Smartphone navigieren lassen, wenn sich dies in einer Halterung befindet.	$p = .102$	$p = .161$	$r_p = .134,$ $p = .012$	$p = .574$
Das Smartphone ohne Halterung mit laufendem Motor im Stand an einer roten Ampel bedienen.	$r_p = -.106,$ $p = .046$	$p = .528$	$p = .102$	$r_p = .110$, $p = .037$

Anhang A. 13: Korrelationen für die Werte und Normen des ESS und die Funktionsnutzung mit zweiseitiger Signifikanzprüfung (N = 358), Teil 2; Sicherheit und Benevolenz zeigen keine sign. Korrelation.

Item	Stimulation	Konformität	Tradition	Hedonismus
Mit dem Smartphone in der Hand zu telefonieren.	$p = .798$	$r_p = -.133,$ $p = .013$	$p = .953$	$p = .181$
Das Smartphone bedienen, wenn sich dies in einer Halterung befindet.	$p = .144$	$p = .68$	$p = .604$	$p = .050$
Mit dem Smartphone über die Freisprecheinrichtung telefonieren.	$r_p = .145,$ $p = .006$	$p = .945$	$p = .582$	$r_p = .160,$ $p = .003$
Das Smartphone bedienen, das Sie in der Hand halten.	$p = .338$	$p = .118$	$p = .652$	$r_p = .116,$ $p = .029$
Sich per Smartphone navigieren lassen, wenn sich dies in einer Halterung befindet.	$p = .960$	$p = .743$	$p = .699$	$p = .249$
Das Smartphone ohne Halterung mit laufendem Motor im Stand an einer roten Ampel bedienen.	$p = .094$	$r_p = .134,$ $p = .012$	$p = .493$	$r_p = .192,$ $p < .001$

Anhang B: Zusatzmaterial zur Realfahrtstudie zum Einfluss der Displayposition

Anhang B.1: Displaygrößen im Fahrversuch mit entsprechender Größenanpassung für die Blickerfassung um 15 Prozent.

Display		Real gemessen [cm]	Angepasstes AoI + 15 % [cm]	Geschätzte Größe [cm]
HUD	X			10
	Y			8
MMI	X	17	20	
	Y	10	12	
MFA	X	10	12	
	Y	10	12	

Anhang B.2: Fragebogen zur Person und Persönlichkeitsfaktoren (Fragebogenteil 1).

Fragebogen zur Person

Beginnend möchten wir Informationen zu Ihrer Person erfassen. Füllen Sie dafür bitte die folgenden Fragen aus.

Sollten Sie Rückfragen haben oder Unklarheiten entstehen, wenden Sie sich bitte an den Versuchsleiter.

[] Welches Geschlecht haben Sie?*

Bitte wählen Sie nur eine der folgenden Antworten aus:

- ○   weiblich
- ○   männlich
- ○   sonstiges

[] Wie alt sind Sie?*

In dieses Feld dürfen nur Zahlen eingegeben werden.

Bitte geben Sie Ihre Antwort hier ein:

```
[                    ]
```

[] Ist Deutsch Ihre Muttersprache?*

Bitte wählen Sie nur eine der folgenden Antworten aus:

- ○   ja
- ○   nein

[] Seit wie vielen Jahren besitzen Sie Ihren Führerschein?*

In dieses Feld dürfen nur Zahlen eingegeben werden. Ihre Antwort darf maximal 99 sein.

Bitte geben Sie Ihre Antwort hier ein:

```
[                    ]
```

[] Wie viele Kilometer fahren Sie durchschnittlich im Jahr?*

Bitte wählen Sie nur eine der folgenden Antworten aus:

- ○   bis 5.000 km
- ○   5.000 – 10.000 km
- ○   11.000 – 20.000 km
- ○   21.000 – 30.000 km
- ○   31.000 – 40.000 km
- ○   41.000 – 50.000 km
- ○   mehr als 50.000 km

[] Mit welcher Schaltung fahren Sie in Ihrem Auto?*

Bitte wählen Sie nur eine der folgenden Antworten aus:

- ○   Manuelle Gangschaltung
- ○   Automatikschaltung

[] Wie viel Erfahrung haben Sie mit dem Autofahren mit einem Head-Up-Display?*

Bitte wählen Sie nur eine der folgenden Antworten aus:

- Keine Erfahrung/ noch nie mit gefahren
- Wenig Erfahrung/ ein paarmal mit gefahren
- Mäßig viel Erfahrung/ mehrmals mit gefahren, aber unregelmäßig
- Viel Erfahrung/ regelmäßige Nutzung
- Sehr viel Erfahrung/ Nutzung bei jeder Fahrt

Persönlichkeit

In diesem Teil des Fragebogens geht es um Ihre Persönlichkeit. Dazu finden Sie auf den folgenden Seiten verschiedene Aussagen oder Fragen zu denen wir gerne wissen möchten inwieweit diese auf Sie persönlich zutreffen.

Es gibt keine richtigen oder falschen Antworten. Kreuzen Sie bitte die Antwort an, die nach Ihrer Meinung am ehesten auf Sie zutrifft.

[]*

Bitte wählen Sie die zutreffende Antwort für jeden Punkt aus:

	Stimmt gar nicht	Stimmt eher nicht	Teils/ teils	Stimmt eher	Stimmt völlig
Ich kann ziemlich viele der technischen Probleme, mit denen ich konfrontiert bin, alleine lösen.	O	O	O	O	O
Technische Geräte sind oft undurchschaubar und schwer zu beherrschen.	O	O	O	O	O
Es macht mir richtig Spaß, ein technisches Problem zu knacken.	O	O	O	O	O
Weil ich mit bisherigen technischen Problemen gut zurechtgekommen bin, blicke ich auch künftigen Problemen optimistisch entgehen.	O	O	O	O	O
Ich fühle mich technischen Geräten gegenüber so hilflos, dass ich lieber die Finger von Ihnen lasse.	O	O	O	O	O
Auch wenn Widerstände auftreten, bearbeite ich ein technisches Problem weiter.	O	O	O	O	O
Wenn ich ein technisches Problem löse, so geschieht das meistens durch Glück.	O	O	O	O	O
Die meisten technischen Probleme sich so kompliziert, dass es wenig Sinn hat, sich mit ihnen auseinanderzusetzen.	O	O	O	O	O

[]*

Bitte wählen Sie die zutreffende Antwort für jeden Punkt aus:

	Stimmt gar nicht	Stimmt eher nicht	Teils/ teils	Stimmt eher	Stimmt völlig
Autofahren ist für mich auch eine sportliche Herausforderung.	O	O	O	O	O
An unübersichtlichen Kreuzungen fühle ich mich häufig gestresst.	O	O	O	O	O
Beim Autofahren vermeide ich jedes Risiko.	O	O	O	O	O
Mit etwas Mut kann man auch in unübersichtlichen Situationen überholen.	O	O	O	O	O
Um schneller vorwärts zu kommen, wechsle ich öfter die Spur.	O	O	O	O	O

[]*

Bitte wählen Sie die zutreffende Antwort für jeden Punkt aus:

	Trifft gar nicht zu	Trifft kaum zu	Trifft etwas zu	Trifft stark zu
Wenn das Wasser sehr kalt ist, gehe ich selbst an heißen Tagen nicht gerne schwimmen.	O	O	O	O
Wenn ich Musik höre, sollte sie laut sein.	O	O	O	O
Ich gehe nicht in Kinofilme, die ängstigend oder „nervenaufreibend" sind.	O	O	O	O
Wenn ich auf einem Rummel gehe, würde ich die Achterbahn oder andere schnelle Bahnen bevorzugen.	O	O	O	O
Ich würde niemals Glücksspiele um Geld machen, selbst wenn ich es mir leisten könnte.	O	O	O	O
Ich mag Filme, in denen eine Menge Explosionen und Verfolgungsjagden vorkommen.	O	O	O	O
Im Allgemeinen kann ich besser arbeiten, wenn ich unter Druck bin.	O	O	O	O
Es wäre interessant, einen Autounfall zu beobachten.	O	O	O	O

	Trifft gar nicht zu	Trifft kaum zu	Trifft etwas zu	Trifft stark zu
Ich mag das Gefühl am Rande eines Abgrundes oder in großer Höhe zu stehen und herunterzuschauen.	O	O	O	O
Ich kann mir vorstellen, dass es aufregend sein muss, während eines Krieges in einem Kampf zu sein.	O	O	O	O

[]*

Bitte wählen Sie die zutreffende Antwort für jeden Punkt aus:

	Sehr unzutreffend	Eher unzutreffend	Weder noch	Eher zutreffend	Sehr zutreffend
Ich bin eher zurückhaltend, reserviert.	O	O	O	O	O
Ich erledige Aufgaben gründlich.	O	O	O	O	O
Ich werde leicht deprimiert, niedergeschlagen.	O	O	O	O	O
Ich bin begeisterungsfähig und kann andere leicht mitreißen.	O	O	O	O	O
Ich bin bequem, neige zur Faulheit.	O	O	O	O	O
Ich bin entspannt, lasse mich durch Stress nicht aus der Ruhe bringen.	O	O	O	O	O
Ich bin eher der „stille" Typ, wortkarg.	O	O	O	O	O
Ich bin tüchtig und arbeite flott.	O	O	O	O	O
Ich mache mir viele Sorgen.	O	O	O	O	O
Ich gehe aus mir heraus, bin gesellig.	O	O	O	O	O
Ich mache Pläne und führe sie auch durch.	O	O	O	O	O
Ich werde leicht nervös und unsicher.	O	O	O	O	O

[] Im Folgenden werden Ihnen einige Personen beschrieben. Bitte geben Sie an, wie ähnlich oder unähnlich Ihnen die jeweils beschriebene Person ist.*

Bitte wählen Sie die zutreffende Antwort für jeden Punkt aus:

	Ist mir überhaupt nicht ähnlich	Ist mir nicht ähnlich	Ist mir nur ein kleines bisschen ähnlich	Ist mir etwas ähnlich	Ist mir ähnlich	Ist mir sehr ähnlich	Weiß nicht
Es ist ihm wichtig, reich zu sein. Er möchte viel Geld haben und teure Sachen besitzen.	O	O	O	O	O	O	O
Er mag Überraschungen und hält immer Ausschau nach neuen Aktivitäten. Er denkt, dass im Leben Abwechslung wichtig ist.	O	O	O	O	O	O	O
Er glaubt, dass die Menschen tun sollten, was man ihnen sagt. Er denkt, dass Menschen sich immer an Regeln halten sollten, selbst dann, wenn es niemand sieht.	O	O	O	O	O	O	O
Er sucht das Abenteuer und geht gerne Risiken ein. Er will ein aufregendes Leben haben.	O	O	O	O	O	O	O
Es ist ihm wichtig, sich jederzeit korrekt zu verhalten. Er vermeidet es, Dinge zu tun, die andere Leute für falsch halten könnten.	O	O	O	O	O	O	O
Es ist ihm wichtig, dass andere ihn respektieren. Er will, dass die Leite tun, was er sagt.	O	O	O	O	O	O	O

Anhang B.3:   Fragebogen zur Smartphonenutzung und Fahrgewohnheiten (Fragebogenteil 2).

[ ]

Das Smartphone wird ein immer größerer Bestandteil unseres Alltags und ein wichtiges Kommu-
nikations- und Informationsmittel. Viele Funktionen erleichtern uns den Alltag und sind für einige
Personen auch während des Autofahrens wichtig.

In vielen Fahrzeugen auf dem Markt gibt es bereits Funktionen, die das Telefonieren, Sms-
Schreiben und Ähnliches während der Fahrt ermöglichen.

Um für die Zukunft Konzepte erarbeiten zu können, möchten wir gerne erfahren, wie groß Ihr
Interesse an diesen Funktionen im Fahrzeug ist und was Sie nutzen, damit wir die Autos der
Zukunft an die Wünsche unserer Kunden anpassen können.

Aus diesem Grund, würden wir Ihnen gerne verschiedene Fragen stellen zu Ihrer Smartphonenutzung allgemein und während der Fahrt.

Ihre Antworten würden uns sehr helfen und werden in keiner Weise gegen Sie verwendet.

Wenn Sie sich bei dem Beantworten unwohl fühlen, unterbrechen Sie den Fragebogen einfach
und geben das Tablet zurück an den Versuchsleiter.

Die Beantwortung dieser Fragen ist freiwillig. Es steht Ihnen frei diese abzulehnen.

[] Besitzen Sie ein Smartphone?

Bitte wählen Sie nur eine der folgenden Antworten aus:

o   Ja
o   Nein

[] Wie häufig nutzen Sie die folgenden Funktionen mit Ihrem Smartphone?

Beantworten Sie diese Frage nur, wenn folgende Bedingungen erfüllt sind:
Antwort war „Ja" bei Frage '3 [Smartbesitz]' (Besitzen Sie ein Smartphone?)

Bitte wählen Sie die zutreffende Antwort für jeden Punkt aus:

	Gar nicht	**Selten**	**Manch- mal**	**Häufig**	**Sehr häufig**
Telefonieren	O	O	O	O	O
Navigation	O	O	O	O	O
Verkehrsvorhersage	O	O	O	O	O
Musik hören	O	O	O	O	O
Wettervorhersage	O	O	O	O	O
E-Mail	O	O	O	O	O
Messaging (z.B. WhatsApp)	O	O	O	O	O
Kalender	O	O	O	O	O
Social Media (z.B. Facebook)	O	O	O	O	O
Surfen im Internet (z.B. Googlen)	O	O	O	O	O

[] Haben Sie in den letzten 2 Wochen Ihr Smartphone während des Autofahrens genutzt?

Beantworten Sie diese Frage nur, wenn folgende Bedingungen erfüllt sind:
((524942X33X499.NAOK == „Y"))

Bitte wählen Sie nur eine der folgenden Antworten aus:

o   Ja
o   Nein

[] Wie häufig nutzen Sie das Smartphone während des Autofahrens?

Beantworten Sie diese Frage nur, wenn folgende Bedingungen erfüllt sind:
Antwort war „Ja" bei Frage '5 [SmartnutzungFahrt]' (Haben Sie in den letzten 2 Wochen Ihr Smartphone während des Autofahrens genutzt?)

Bitte wählen Sie nur eine der folgenden Antworten aus:

o   Seltener
o   Jede vierte Fahrt (25%)
o   Jede zweite Fahrt (50%)
o   Drei von vier Fahrten (75%)
o   Jede Fahrt (100%)

[] Wenn Sie Ihr Smartphone bei einer Autofahrt nutzen, wie häufig nutzen Sie es bei dieser Fahrt im Durchschnitt?

Beantworten Sie diese Frage nur, wenn folgende Bedingungen erfüllt sind:
Antwort war „Ja" bei Frage '5 [SmartnutzungFahrt]' (Haben Sie in den letzten 2 Wochen Ihr Smartphone während des Autofahrens genutzt?)

Bitte wählen Sie nur eine der folgenden Antworten aus:

o   Einmal
o   Zwei- bis dreimal
o   Vier- bis fünfmal
o   Sechs- bis zehnmal
o   Mehr als zehn Mal

[] Warum nutzen Sie Ihr Smartphone während des Autofahrens?

Beantworten Sie diese Frage nur, wenn folgende Bedingungen erfüllt sind:
Antwort war „Ja" bei Frage '5 [SmartnutzungFahrt]' (Haben Sie in den letzten 2 Wochen Ihr Smartphone während des Autofahrens genutzt?)

Bitte wählen Sie nur eine der folgenden Antworten aus:

	Ja	**Nein**
Aus Langeweile	O	O
Um erreichbar zu sein	O	O
Um auf dem Laufenden zu bleiben	O	O
Um die Daten/ Funktionen zur Verfügung zu haben	O	O

[] Zu wie viel Prozent der Zeit, die Sie Ihr Smartphone während der Fahrt nutzen, befindet sich dies in einer Halterung?

Beantworten Sie diese Frage nur, wenn folgende Bedingungen erfüllt sind:
((524942X33X499.NAOK == „Y") and (524942X25X507.NAOK == „Y")

In dieses Feld dürfen nur Zahlen eingegeben werden.

Bitte geben Sie Ihre Antwort hier ein:

[   ]

[] Zu wie viel Prozent der Zeit, die Sie Ihr Smartphone während der Fahrt nutzen, erfolgt diese Nutzung über eine Kopplung mit dem Fahrzeug?

Beispiel. Ihr Smartphone ist per Bluetooth mit dem Fahrzeug gekoppelt und Sie telefonieren über eine Freisprecheinrichtung.

Beantworten Sie diese Frage nur, wenn folgende Bedingungen erfüllt sind:
((524942X33X499.NAOK == "Y") and (524942X25X507.NAOK == "Y")

In dieses Feld dürfen nur Zahlen eingegeben werden.

Bitte geben Sie Ihre Antwort hier ein:

[   ]

[] Wie häufig nutzen Sie die folgenden Funktionen während der Fahrt auf dem Smart-phone?

Beantworten Sie diese Frage nur, wenn folgende Bedingungen erfüllt sind:
((524942X33X499.NAOK == "Y") and (524942X25X507.NAOK == "Y")

Bitte wählen Sie die zutreffende Antwort für jeden Punkt aus:

	Gar nicht	Selten	Manch-mal	Häufig	Sehr häufig
Telefonieren	O	O	O	O	O
Navigation	O	O	O	O	O
Verkehrsvorhersage	O	O	O	O	O
Musik hören	O	O	O	O	O
Wettervorhersage	O	O	O	O	O
E-Mail	O	O	O	O	O
Messaging (z.B. WhatsApp)	O	O	O	O	O
Kalender	O	O	O	O	O
Social Media (z.B. Facebook)	O	O	O	O	O
Surfen im Internet (z.B. Googlen)	O	O	O	O	O

[] Warum nutzen Sie Ihr Smartphone während des Autofahrens nicht?

Beantworten Sie diese Frage nur, wenn folgende Bedingungen erfüllt sind:
((524942X33X499.NAOK == "Y") and (524942X25X507.NAOK == "Y")

Bitte wählen Sie die zutreffende Antwort für jeden Punkt aus:

	Ja	Nein
Um mich auf die Fahraufgabe zu konzentrieren	O	O
Um meine Ruhe zu haben	O	O
Um keine Probleme mit der Polizei zu bekommen	O	O
Um ein Vorbild zu sein	O	O
Weil es verboten ist	O	O
Um keinen Unfall zu provozieren	O	O
Weil ich in den letzten 2 Wochen kein Auto gefahren bin	O	O

[] Würden Sie die Funktionen des Smartphones nutzen wollen, wenn dies beim Autofahren gefahrlos möglich wäre?

Beantworten Sie diese Frage nur, wenn folgende Bedingungen erfüllt sind:
((524942X33X499.NAOK == "Y") and (524942X25X507.NAOK == "Y")

Bitte wählen Sie die zutreffende Antwort für jeden Punkt aus:

o   Ja
o   Nein

Verkehrsverhalten

In diesem Teil möchten wir Ihnen einige Fragen stellen zu Ihrem Verkehrsverhalten.

Auch diese Informationen werden in keiner Weise gegen Sie verwendet und sind nur zum Zwecke dieser Studie. Bitte beantworten Sie diese Fragen daher so wahrheitsgemäß wie möglich.

[] Halten Sie sich immer genau an das Tempolimit?

Bitte wählen Sie die zutreffende Antwort für jeden Punkt aus:

o   Ja
o   Nein

[] Falls Sie sich nicht immer exakt an das Tempolimit halten, wie viel km/h fahren Sie im Schnitt schneller als erlaubt?

Beantworten Sie diese Frage nur, wenn folgende Bedingungen erfüllt sind:
Antwort war „Nein" bei Frage '14 [Tempolimit]' (Halten Sie sich immer genau an das Tempolimit?)

Bitte geben Sie Ihre Antworte(en) hier ein:

In der Stadt (Tempolimit. 50 km/h)

Auf der Landstraße (Tempolimit. 80 km/h)

Auf der Autobahn (Tempolimit. 130 km/h)

Anhang B.4:   Boxplot der durchschnittlichen Blickdauer je Bedingungsrunde.

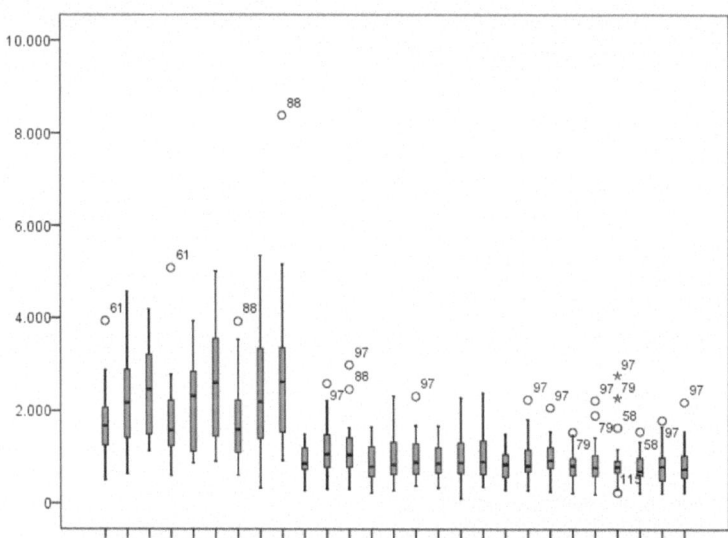

Anhang B.5:   Maximale Blickdauer der Faktoren „Display" und „Komplexität" der Studie zur Displayposition.

Faktor	Ausprägung	Mittelwert	Kontraste
Display	HUD	8956.45 (SD = 805.67)	HUD – MMI:$F_{(1, 20)}$ = 79.43, $p < .001$
	MMI	2110.64 (SD = 124.52)	MMI – MFA: $F_{(1, 20)}$ = 17.37, $p < .001$
	MFA	2564.31 (SD = 169.33)	
Komplexität	Gering	4156.88 (SD = 352.42)	gering – mittel: $F_{(1, 20)}$ = 2.90; p = .104
	Mittel	4568.67 (SD = 333.60)	mittel – hoch: $F_{(1, 20)}$ = 2.99; p = .099
	Hoch	4905.85 (SD = 376.28)	

Anhang C: Zusatzmaterial der Grundlagenuntersuchung zur stereoskopischen Wahrnehmung

Anhang C.1:   Fragebogen zur Person.

Fragebogen zur Person   VP_____   G:_____

Beginnend möchten wir Informationen zu Ihrer Person erfassen. Füllen Sie dafür bitte die folgenden Fragen aus. Sollten Sie Rückfragen haben oder Unklarheiten entstehen, wenden Sie sich bitte an den Versuchsleiter.

1. Welches Geschlecht haben Sie?

- o   weiblich
- o   männlich
- o   sonstiges

2. Wie alt sind Sie?

_____

3. Ist Deutsch Ihre Muttersprache?

- o   ja
- o   nein

4. Seit wie vielen Jahren besitzen Sie einen Führerschein?

_____

5. Wie viele Kilometer fahren Sie durchschnittlich im Jahr?

- o   bis 5.000 km
- o   5.000 – 10.000 km
- o   11.000 – 20.000 km
- o   21.000 – 30.000 km
- o   31.000 – 40.000 km
- o   41.000 – 50.000 km
- o   mehr als 50.000 km

6. Wie viel Erfahrung haben Sie mit der 3D-Darstellung?

(z. B. durch Kinofilme, Fernsehen, Computerspiele)

- o   keine Erfahrung
- o   wenig Erfahrung
- o   mäßig viel Erfahrung
- o   viel Erfahrung
- o   sehr viel Erfahrung

6.1 Wo haben Sie 3D-Darstellungen gesehen?

_____

Anhang C.2:   Fragebogen zur Displayqualität.

Fragebogen zum Display   VP:___   D: ___

Nun möchten wir gerne Informationen über das soeben betrachtete Display erfassen. Füllen Sie dafür bitte die folgenden Fragen aus. Sollten Sie Rückfragen haben oder Unklarheiten entstehen, wenden Sie sich bitte an den Versuchsleiter.

1. Die Qualität des Displays hat mir ... gefallen?

sehr gut   ☐   ☐   ☐   ☐   ☐   gar nicht

2. Das Betrachten dieses Displays hat meine Augen ...

nicht beansprucht   ☐   ☐   ☐   ☐   ☐   sehr beansprucht

3. Der Bereich, indem ich meinen Kopf bewegen und noch 3D sehen konnte war...

zu klein   ☐   ☐   ☐   ☐   ☐   Ausreichend groß

4. Der 3D-Eindruck war ... aufrecht zu halten

leicht   ☐   ☐   ☐   ☐   ☐   schwer

5. Ich habe ... Doppelbilder gesehen

ständig   ☐   ☐   ☐   ☐   ☐   nie

6. Die Schrift in dem 3D-Display war ...

schlecht lesbar   ☐   ☐   ☐   ☐   ☐   gut lesbar

7. Die Auflösung (Schärfe) dieses 3D-Displays war ...

sehr gut   ☐   ☐   ☐   ☐   ☐   sehr schlecht

Anhang D: Zusatzmaterial der Realfahrtstudie zur 3D-Wahrnehmung im Fahrkontext

Anhang D.1:   Fragebogen zum Mehrwert von 3D im Fahrzeug.

3D-Effekt

Abschließend möchten wir Ihnen sehr gerne noch drei kurze Fragen zum 3D-Effekt stellen. Füllen Sie dafür bitte die folgenden Fragen aus.

Sollten Sie Rückfragen haben oder Unklarheiten bestehen, wenden Sie sich bitte an den Versuchsleiter.

[ ] Welchen Mehrwert hat ein 3D-Effekt für das Fahren für Sie?
*
Bitte wählen Sie nur eine der folgenden Antworten aus:

O   gar keinen

O   geringen

O   mittleren

O   großen

O   sehr großen

[ ] Welchen Mehrwert hat ein 3D-Effekt für ein innovatives/ attraktives Design für Sie?
*
Bitte wählen Sie nur eine der folgenden Antworten aus:

O   gar keinen

O   geringen

O   mittleren

O   großen

O   sehr großen

[ ] Wofür könnte man den 3D-Effekt noch nutzen im Fahrzeug?

Bitte geben Sie Ihre Antwort hier ein:

Anhang D.2: Teststatistik der Steering Wheel Reversal Rate.

Typ	Faktoren	Teststatistik
Telefonbuch	Gestaltungsvarianten	$F_{(6, 168)} = 0.51, p = .799$
Karte	Dimension	$F_{(1, 27)} = 0.64, p = .429$
	Komplexität	$F_{(1, 27)} = 0.07, p = .799$

Anhang D.3: Mittelwerte der Korrekturbremsungen der Telefonbuchvariante.

	2D	3D
Icon	$M = 1.00\ (SD = 0.18)$	$M = 0.52\ (SD = 0.11)$
Icon + Schrift	$M = 0.86\ (SD = 0.18)$	$M = 0.57\ (SD = .012)$
Farbe	$M = 0.66\ (SD = 0.18)$	$M = 0.82\ (SD = 0.24)$
Tiefe		$M = 0.70\ (SD = 0.14)$

Anhang D.4: Boxplot der maximalen Blickdauer aus dem Grundlagenteil je Bedingung.

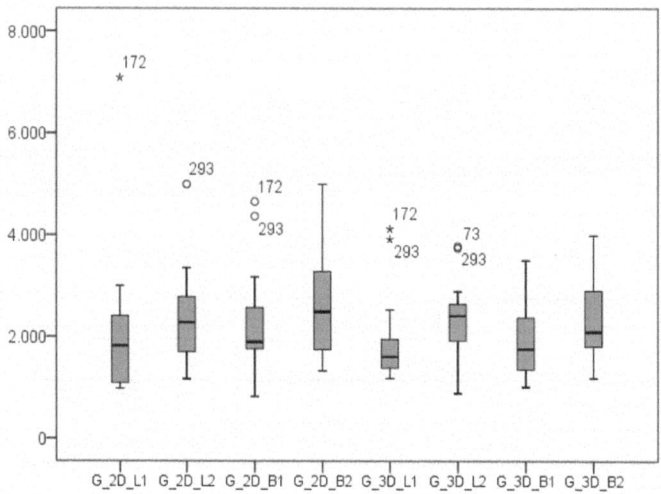

Anhang D.5:   Mittelwerte der Anzahl benötigter Blicke beim Grundlagenteil.

		Komplexität	
		gering	hoch
Dimension	**2D**	$M = 2.05$ ($SD = 0.10$)	$M = 6.52$ ($SD = 0.46$)
	3D	$M = 1.58$ ($SD = 0.08$)	$M = 2.67$ ($SD = 0.20$)

Anhang D.6:   Boxplot der maximalen Blickdauer aus dem Anwendungsteil Karte je Bedingung.

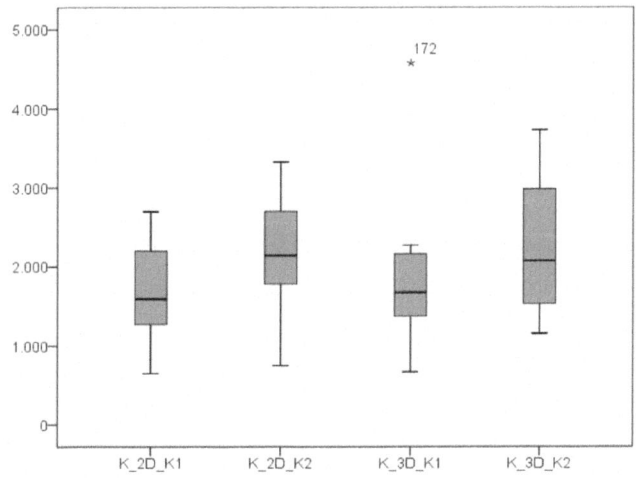

Anhang D.7:   Mittelwerte der verpassten Events beim Grundlagenteil.

		Komplexität	
		gering	hoch
Kategorie	**Liste**	$M = 0.48$ ($SD = 0.10$)	$M = 0.84$ ($SD = 0.15$)
	Bilder	$M = 0.98$ ($SD = 0.13$)	$M = 0.98$ ($SD = 0.13$)

Anhang D.8:   Mittelwerte der Aufgabenqualität aus dem Grundlagenteil.

		Komplexität	
		gering	hoch
Dimension	**2D**	$M = 9.49$ ($SD = 1.42$)	$M = 27.76$ ($SD = 2.84$)
	3D	$M = 4.04$ ($SD = 0.75$)	$M = 7.45$ ($SD = 1.33$)

Anhang D.9:   Mittelwerte der Aufgabenquantität aus dem Grundlagenteil.

		Komplexität	
		gering	hoch
Dimension	**2D**	$M = 35.32$ ($SD = 2.23$)	$M = 12.41$ ($SD = 0.70$)
	3D	$M = 53.56$ ($SD = 3.76$)	$M = 30.57$ ($SD = 2.50$)

Anhang D.10: Mittelwerte der Aufgabenqualität der Telefonbuchvarianten.

	2D	3D
Icon	$M = 8.67$ ($SD = 1.50$)	$M = 2.05$ ($SD = 0.56$)
Icon + Schrift	$M = 3.61$ ($SD = 0.86$)	$M = 1.39$ ($SD = 0.50$)
Farbe	$M = 3.32$ ($SD = 0.62$)	$M = 1.45$ ($SD = 0.37$)
Tiefe		$M = 2.14$ ($SD = 0.62$)

Anhang D.11: Mittelwerte der Aufgabenquantität der Telefonbuchvarianten.

	2D	3D
Icon	$M = 25.38$ ($SD = 0.95$)	$M = 34.17$ ($SD = 1.09$)
Icon + Schrift	$M = 30.52$ ($SD = 1.03$)	$M = 38.00$ ($SD = 1.15$)
Farbe	$M = 42.28$ ($SD = 1.21$)	$M = 45.31$ ($SD = 1.25$)
Tiefe		$M = 34.66$ ($SD = 1.09$)

The manufacturer's authorised representative in the EU is Springer Nature Customer Service Centre GmbH, Europaplatz 3, 69115 Heidelberg, Germany. If you have any concerns regarding our products, please contact ProductSafety@springernature.com

Printed and bound by CPI Group (UK) Ltd, Croydon, CR0 4YY
27/04/2026
02097564-0004